都市のデザイン

〈きわだつ〉から〈おさまる〉へ

都市美研究会 編

井口勝文
樋口忠彦
丸茂弘幸
土田旭
山崎正史
吉田慎悟
面出薫
宮前保子 著

学芸出版社

目次

序章 〈きわだつ〉デザインから〈おさまる〉デザインへ

井口勝文 Inokuchi Yoshifumi 7

第1章 住処《すみか》のけしき

樋口忠彦 Higuchi Tadahiko 29

第2章

自己実現の環境デザイン

丸茂弘幸 Marumo Hiroyuki

第3章

都市デザインの思想と現在

土田旭 Tsuchida Akira

第4章

町並みをまもり、育て、つくる

山崎正史
Yamasaki Masafumi

第5章

都市と色彩

吉田慎悟
Yoshida Shingo

第6章

都市の環境照明

面出薫 Mende Kaoru 181

第7章

都市のオープンスペース

宮前保子 Miyamae Yasuko
井口勝文 Inokuchi Yoshifumi
203

序章

〈きわだつ〉デザインから〈おさまる〉デザインへ――

井口勝文

ニュールンベルクのユースホステルは小さな丘の上にある。市の北端の丘全体が城砦・カイザーブルクで、その一部がユースホステルに利用されている。ユースホステルに帰る道の途中で何気なく振り返って街を見下ろした。そこで動けなくなった。全身が何かに共鳴して動けなくなった。今までに経験したことのない感動だった。自分が目の前に広がっている都市の風景に感動しているのに気づくのに、しばらく間があった。目頭が熱くなった。

これが、私が都市に感動した最初の経験である。

アルノ川に架かるサンタトリニタ橋からフィレンツェの街を見返したとき、同じように立ちすくんだ。ボスポラス海峡の渡し船のデッキからイスタンブールのなだらかな街のシルエットを眺めながらしばらく立ちつくした。ニューヨークでは涙こそ流さなかったものの、やはり深く感動した。日本の都市でこのような感動を経験したことはない。そもそも日本に都市を美しくつくろうという意識があったのだろうか。

図1　ニュールンベルクの街並み

1　日本における都市美の不在

ヨーロッパの街を歩くときにしばしば体験する深い感動。内田芳明はヨーロッパの都市におけるこのような印象体験に注目している。

「都市風景はヨーロッパ近代市民社会の文化の作り出した最高の傑作である」[*1]と内田は言う。そして都市においてこの種の感動を体験できないわが国の文化的背景について述べている。

「都市の『全体像』や『都市風景』への積極的な志向が根本的に欠けているのです。それは神社や

＊1　『風景とは何か』朝日新聞社。

仏寺という特定の文化財保存の意識であるにすぎません。世俗都市の文化的（美的）形成という意識が全くないということです。人間が創り人間が住んで生活する都市を自然風景と調和させて美しいたたずまいに構成（創造）するという発想や意識が全く欠けていることが、そこに示されているわけです」[*2]。

それ以前に内田は、もともと日本人は自分自身の眼と心で真実の風景を見てはいないという、風景に対する印象体験の弱さを挙げている。例えば日本三景。日本三景は名所であり美しい場所だという一般の定説を観念的に受け入れて、日本人はそれに従って行動する。あるいは俳句や過去の文学によってパターン化された風景を頭で認識するだけで、自分の眼で真実の風景をそこで捉えようとはしない、と内田は言う[*3]。

日本人は、教えられたマニュアルに従ってそこにある風景を見ることに慣らされていて、本当の風景を自分の眼で主体的に直視することはしていないのだ。せっかく訪ねた景勝の観光地で店や看板、ホテルが乱立する醜い風景があっても少しも気にしない日本人の無神経さを思えば、内田の論には説得力がある。自然の風景はともかく、都市の風景は人がつくるものであるから、風景を主体的に捉える意識がない限り、都市の「全体像」や美の対象としての「都市風景」が構築されないのは当然の結果と言えるだろう。

樋口忠彦は同じように、都市景観を美の対象として主体的に構築しようとしない日本の文化的特質を述べている。樋口は、自然に依存し自然に甘えて生きてきた日本人の受身の風景観が結果的に日本の風景を貧しいものにしていると言う。

「もちろん日本人は、新しい風景をつくりだしてきた。しかし既にみたように、そこに行使された技術は、自然に倣い、自然に依存する自然流のものであった。（中略）自然の平衡状態を保った風景

＊2　前掲＊1。
＊3　前掲＊1。

が、まさに自然に生み出されてきたのである。このような環境に置かれた日本人が、風景は自然に生み出されるもので、風景は人間の力によって好くも悪くも統制されるものであるとは考えもしなかったのは当然かもしれない。

だから、自然の風景を大きく変えてしまうような、全くスケールの違う技術を、今まで通り無意識に使用しても、全体としての風景の平衡状態は自然に保たれるものと考えてしまう。まさに幼児的な甘えの風景観といわざるをえない」[*4]。

空を横切る高速道路と裏街の路地、高層建築物と木造家屋、看板とネオンサインと電柱がすべて混ざり合って熱に浮かされたように渦巻く東京の都心部(図2)。わが国の経済のエネルギーが一極に集中した結果出現した、この世界で最もエキサイティングなカオス(混沌)都市・東京は注目に値する。樋口の指摘する甘えの風景観が産み落とした鬼子、と言ってしまおう。

「これこそが日本特有の都市の美しさである」とする考えがある。私もこのような都市の美しさを否定しない。都市の全体像をイメージしない日本の文化風土だからこそ生み出せたカオスのダイナミズムであり、人間の欲望と生き様があけすけに表現されている。アジア的な生々しい生の露出がもたらした美しさといえるだろう。

しかし、その美しさをもってわが国の都市風景の目指すところと割り切るほど無邪気にはなりきれない。東京に代表される日本の大都市のカオスの美しさを認めたとしても、そのことで日本の都市のすべてのカオス状態を正当化できるとは思わない。我々はごく日常的な、身の回りの市街地の美しさをどうつくるかを論じようとしているのであって、そのことに関する意識の欠如が今日の日本の都市をカオス状態にし、都市風景の貧しさをもたらしているとは考えられないか。

東京のカオスが美しいものであっても、その美しさをもたらした文化風土こそが我々の身の回り

図2　カオス都市・東京(新宿甲州街道)
(撮影:大竹静市郎)

*4　『日本の景観』筑摩書房。

の都市風景を醜いものにしているのだ。
もともとわが国に都市風景を美の対象として意識する文化があったのかどうかが疑わしい。記紀、万葉集以来の日本の詩歌に自然の風物を詠んだ優れた作品はあっても、都市の風景を詠んだ作品はまず見当たらない。近年、ようやく海野弘、田口律男らによって近代の都市風景が絵画、文学の対象として意識されるようになったにすぎない。[*5]
都市の「全体像」や「風景」への積極的な思考と責任感を欠く日本の都市に、いかなる都市デザインが成立するのか、成立させるべきか。私はこの課題を、都市、建築をデザインする立場から考えてみたい。

*5 海野弘『都市風景の発見』求龍堂。田口律男編『都市』有精堂出版。

2 連続する街並みの美しさ

なぜ日本では人を深く感動させる美しい都市がつくれなかったのか。それを解く鍵は「都市空間の連続性」にある。都市空間の連続性とは、隣り合う一連の建築群やオープンスペースが何らかのデザイン要素を共有することであり、あるいは空間のリズムを構成することである。それによって街並みにある種の趣きが感じられるとき、我々はそこに都市の美しさを見出す。

例えば京都、祇園新橋を歩く(図3)。江戸中期に廓《くるわ》として発祥した祇園内六町の一つ。時代を経て今は古い京都の情緒を残す貴重な一角となった。昭和五一年には国の「重要伝統的建造物群保存地区」に指定されている。

新橋通りには道を挟んで北に二二軒、南に一七軒、木造二階建ての町家が並ぶ。そのほとんどが

図3 祇園新橋

御茶屋。その中に和食、洋食のレストランが混じる。名札が掛かるだけの町家の住まいと思われる家もある。表通りの家の構えは一様にむくりを持った瓦葺の屋根と、庇屋根が連続する。出格子、面格子、玄関格子、駒寄せに犬矢来。一五〇メートルほどの通りは、いかにも京都ならではの趣きを漂わせる。樋口忠彦の言う「自然に保たれた平衡状態」の美しさ、あるいはそれ以上の洗練された美しさがそこには残っている。すぐ裏手に高層建築物の繁華街が広がっていることを忘れれば、我々も江戸末期の日本の美しさに感動した西洋人の気持ちに近づくことができる。[*6]

トスカーナの小都市チェトーナの街を歩く(図4)。イタリアの国土幹線、太陽高速道路をフィレンツェから南へ一時間、キウジで下りて西へ二〇分。緩やかな丘陵地帯を走る。チェトーナは小さな丘の上にそびえる人口三〇〇〇人のチェントロ・ストリコ(歴史的中心市街地)である。

街は小高い丘に指輪をはめたようにつくられた環状の都市だ。だから通りを歩くと一巡してまた元のところに戻って来る。道幅は狭いところで二メートル、広いところで八メートル程度。いくつかの通りが合流して小さな広場になる。通りは広くなったり狭くなったりしながら緩やかにカーブし、分岐し、合流する。壁の色は、薄いピンクやベージュやブルー、あるいは石や煉瓦の素材の色であったりする。通りの空気は壁の色に染まったようにほのかに漂う。両側の連続する壁に挟まれて、まるで屋根のない回廊を歩いて行くようだ。曲がりながら道は下り坂になる。正面の建物の屋根越しに街の外に広がる田園が見えてくる。テラスのように張り出した通りにさしかかると、街の半分が見渡せる。紅い屋根瓦とベージュの壁。その外に広がる緑の田園、緩やかな山並み。街の全体が一つの建築群であることがわかる。屋根と壁と色の関係、通りや広場の石畳、塀や擁壁、建築物のファサードの関係がすべて連続して存在している。どの個所もが全体の一部であり、それでいて部分は部分の美しさを主張している。一つ一つの美しさが連続することで全体の美しさをもたら

＊6　渡辺京二『逝きし世の面影』葦書房。

(次頁)図4　チェトーナの街並み

していることは、まさに驚きである。

3 空間の連続性が「都市の趣き」をつくる

ドイツ、オーストリアで言う「アンサンブル ensembleschutz」、あるいはイタリアのチェントロ（中心市街地）で頻繁に使われる「テッスート・ウルバーノ tessuto urbano」に対応する言葉が日本の都市計画にはない。

アンサンブルもテッスート・ウルバーノも都市空間の「連続性」抜きには成立しない。

ドイツにおける都市形態の保全について革新的な役割を担ったといわれる、バイエルン州文化財保護法（Bayerische Denkmalschutzgesetz、一九七三年発効）の中で、ミュンヘン市は旧市街全域を「アンサンブル保護地区」としている。坂本英之は、アンサンブルを「芸術作品の総体」と訳している。ミュンヘン市は旧市街全域をミュンヘンの文化が結実した「芸術作品の総体」と考えているのである。[*7]

オーストリアでは連邦記念物保全法を改正し（一九七八年）、従来の重要文化財級の建築物だけでなく、「アンサンブル」をもその保全対象とするよう改めている。三島伸雄は、オーストリアのアンサンブルを「歴史的・文化的に価値が認められる建築物群」と訳している。[*8]

ドイツ、オーストリアいずれの場合も都市空間の価値を音楽における合奏、合唱と同義語である「アンサンブル」という言葉で表現しているところが興味深い。都市の美しさはあたかも音楽を聴くように全体の流れが鑑賞されるものであるということであろうか。

＊7　坂本英之「ドイツ　環境施策と融合した面的規制による都市風景の形成」『都市の風景計画』（学芸出版社）所収。

＊8　三島伸雄「オーストリア　地区詳細計画と風景計画による都市風景の創造」『都市の風景計画』所収。

イタリアにおける「テッスート・ウルバーノ」は、物理的には都市の組織、構造。感覚的には都市の肌合い。この二つを合わせて、都市の総体が発する、その都市独自の「趣き」と訳すのがその意図するところに近い。[*9]

テッスート・ウルバーノを都市の中で連続させること、継承することがイタリアにおけるチェントロ・ストリコの地区詳細計画の目標とされている。テッスート・ウルバーノは形や色、空間といった物理的な存在に現れる都市の趣きだけでなく、生活やそれを支える経済や産業などの社会的仕組み、人間のアクティビティに現れる都市の趣きでもある。都市の趣きを継承するという主題が支持される背景には、現在身の回りに存在している都市の趣きがかけがえのない価値を持つものであり、そのことに多くの市民がプライドを共有しているという事実がある。そのことなしには「現在の（文化的）豊かさを継承したい」という市民の合意は成立しない。[*10]

ケビン・リンチは都市空間の「視覚のシークエンス」の重要性を強調する。シークエンスとは、連続する都市空間の中に感じられる一連の場面の展開であり、「部分はいずれも次の部分と関連を持ち、基本テーマに則った変奏曲がいつも奏でられている」[*11]と彼は言う。

都市空間のアンサンブル、テッスート・ウルバーノ、シークエンスという三つの言葉の背景には、都市の固有の「趣き」に注目し、そして都市の趣きは都市空間の連続性がもたらすものだという共通の認識がある。

一つの建築、一つの公園がいかに美しくあるいは個性的な空間を実現していても、それだけでそこに都市の「趣き」が感じられることにはならない。ある種の空間が連続して存在するとき、そこに我々は、あたかも音楽を聴くように都市の「趣き」を感じとっている。街並みの美しさとは、建築物やオープンスペースが連続してつくる美しさのことである。

＊9　宮脇勝「イタリア　ガラッソ法の風景計画と歴史都心の計画」『都市の風景計画』所収。
＊10　井口勝文『Re』No.110、㈶建築保全センター。
＊11　ケビン・リンチ著／山田学訳『〈新版〉敷地計画の技法』鹿島出版会。

都市の美しさとは空間の連続性がつくる美しさであるとは、言ってみれば当然の帰結である。それにもかかわらず、わが国の多くの市街地でその連続性が見事に失われてしまったのはなぜか。連続性は回復できるのだろうか。できるとすれば、どのような連続性が回復できるのか。それを求めることが都市デザインの課題である。

4 空間の連続性とデザインの創造性

❖都市のストックと空間の連続性

もう一度、祇園新橋とチェトーナの街並みを思い起こしてみよう。

二つの街で見るように、建築群やオープンスペースがある種の空間的なまとまりを形成するには、やはり時代を経て取捨選択される価値の蓄積、その結果としての統一感が欠かせない。

計画的に建設された大規模なニュータウン開発や新都市の開発を別にすれば、既存の市街地で我々がある種の空間的なまとまりを感じるのは、いずれも、数世代を経て形成された街並みにおいてである。時代を経ることによって取捨選択されてきた生活の知恵と審美眼の結果がそこに蓄積されているとき、我々はそこにある種の個性、統一感、すなわち「空間の連続性」を感じとる。そこでは、建築物の様式や素材、町割りや地形、樹木などに見られる物理的・空間的な歴史の継承、変遷にとどまらず、生活のルールや習慣など、人々の生活、営みに現れる街のアクティビティの継承、変遷も欠かせない。人々の営みと物理的・空間的な存在とは常に不可分の関係にある。

飛騨高山、奈良今井町、岡山県倉敷などの重要伝統的建造物群保存地区の街並みを除けば、近代以降のわが国の街並みでそのような例を挙げることは少し難しい。東京丸の内、大阪御堂筋、長野県小布施などの例を挙げることになろうか。タイプは違っても新宿歌舞伎町、大阪道頓堀通りなどの繁華街もまたこの例に含めたい。いずれにしても都市空間の連続性が一朝一夕にして出現することは稀である。

❈「空間の連続性」——ジャンカルロ・デ・カルロの試み

ジャンカルロ・デ・カルロは、一九八三年、ヴェネツィア近郊、ブラーノ島に近いマッツォルボの集合住宅で現代建築と都市における歴史の継承、空間の連続性とは何であるかを見せてくれた〔図5〕。

ジャンカルロのデザインは、ヴェネツィア地方の歴史の継承・変遷、そしてそれによる空間の連続性を読み解くことから多くの発想を得ている。久保田章敬は、マッツォルボにおけるジャンカルロの三種類のディテールを次のように紹介している。[*12]

まずその一つに、伝統的なディテールの継承を挙げる。

「それは昔ながらの瓦屋根、あるいは白色系の石を用いた窓や扉の額縁の中に、見出すことが出来る。ここで氏が注目する額縁は、内と外の接点としての意味性を表現したものであり、何世紀にもおよぶ長いヴェネツィア地方の歴史の中で培われ、またその地の優れた職人達によって支えられている。こうした氏のディテールの中に、ヴェネツィア地方の市民に共通して内在する〈記憶〉への永遠なる継承を意図した氏の建築思想を読みとることができるのではないだろうか」。

二つ目に、ジャンカルロ独自の表現としてのディテールを挙げる。

「氏の豊富な体験、情報、知識を通して生み出された独自のディテールであり、氏の特徴となって

図5　マッツォルボの集合住宅

それぞれの作品の中に共通して見受けられることが多い。それは螺旋階段、テラス、出窓の中にといった具合で、例えば、台所部分の出窓については、（中略）氏好みの軽快な形とメタリックな素材、さらに独自のモデュールに基づいて決定されている」。

三つ目に、これら二つを踏まえた新たなるディテールへの提案を挙げている。

「煙突を例にしてみると、その形態、機能性においては伝統的スタイルを継承しながらも、その単純化されたモチーフやＩＮＯＸというメタリックな素材において、新たなる試みがなされている。（中略）全体像は、この地方の町に新たなる〈記憶〉を刻み込んでいるかのように思われる」。

脱近代主義（ポストモダニズム）の先駆けを成したチーム10、そのメンバーであったジャンカルロの近代主義への挑戦は、多くの泡沫ポストモダニストの近代主義への無意味な挑戦とは比べようもなく真摯だ。ともすればデザインの創造性を抑制するものと見なされがちな「歴史の継承」あるいは「空間の連続性」を求めるデザイン行為が、実は優れて創造的なデザイン行為となるものであることを、ジャンカルロはここで実証している。

❖「空間の連続性」——わが国の試み

イタリアではともかく、今やわが国の市街地で歴史の継承、変遷を読みとることはほとんど不可能であるように思われる。現在目にするわが国の市街地は、一九六〇年代からのほぼ三〇年間でつくられたといっても過言ではない。近代建築が無秩序に建ち並ぶ都心部と郊外のスプロール。そこにどのような歴史の変遷、継承を見ればよいのか、我々はただ立ちすくむばかりである。

しかし、どのような街にもその場所と人間の生活の歴史がある。その場所の歴史を凝視すれば、空間の連続性が見えるはずである。例えば、現代の東京における都市空間の密かな、しかし確かな

＊12　「ジャンカルロ・デ・カルロ特集」『ＳＤ』一九八七年七月号。

＊13　槇文彦『見えがくれする都市』鹿島出版会。

＊14　五十嵐敬喜他『美の条例』学芸出版社。

連続性を、槇文彦はその「奥性」に見る。そして自らのデザイン姿勢を次のように語っている。「(現代の都市の構築の)もう一つのシナリオは、たとえ部分にであれ、現在の状況の中でも、再び都市の空間に奥性を附与すべく、利用しうる古い、あるいは新しい空間言語と技術を使ってその再生を試みることである」[*13]。

そして槇は、その具体的な姿を代官山ヒルサイドテラスに見せてくれた(図6)。そこでも我々は空間の連続性を読み解く行為が創造的なデザインの発想につながるものであることを見ることができる。わが国ではこのようなデザインのアプローチがほとんど見過ごされているところに都市デザインの大きな問題がある。

今日、わが国の多くの自治体が景観基準をつくっている。しかし現実には、建築物などのデザインに具体的な基準を提示している例は極めて稀である。ほとんどの場合が、「周囲の景観に配慮した計画とすること」という精神論的表現で終わっている。そして多くのデザイナー、建築主は、周囲の景観に配慮するということが、場所を読み、空間の連続性を読み解くことであることなど思いも及ばず、したがってその能力は持ち合せていない。

それでも近年いくつかの注目すべき試みがなされている。

一九九四年、神奈川県真鶴町はまちづくり条例を施行し、「美の基準」として「69のキーワード」を定めた[*14]。

一九九五年、筆者が関わっている神戸市六甲道駅南地区再開発(図7)では「環境デザイン基準」として「74のデザインキーワード」を定めた。

都市を美しいと感じるとき、そこには何らかの統一感があり、その全体像がイメージされる。そしてその統一感をもたらしている多くの場所があり、それらに共通する個性が見出されるはずであ

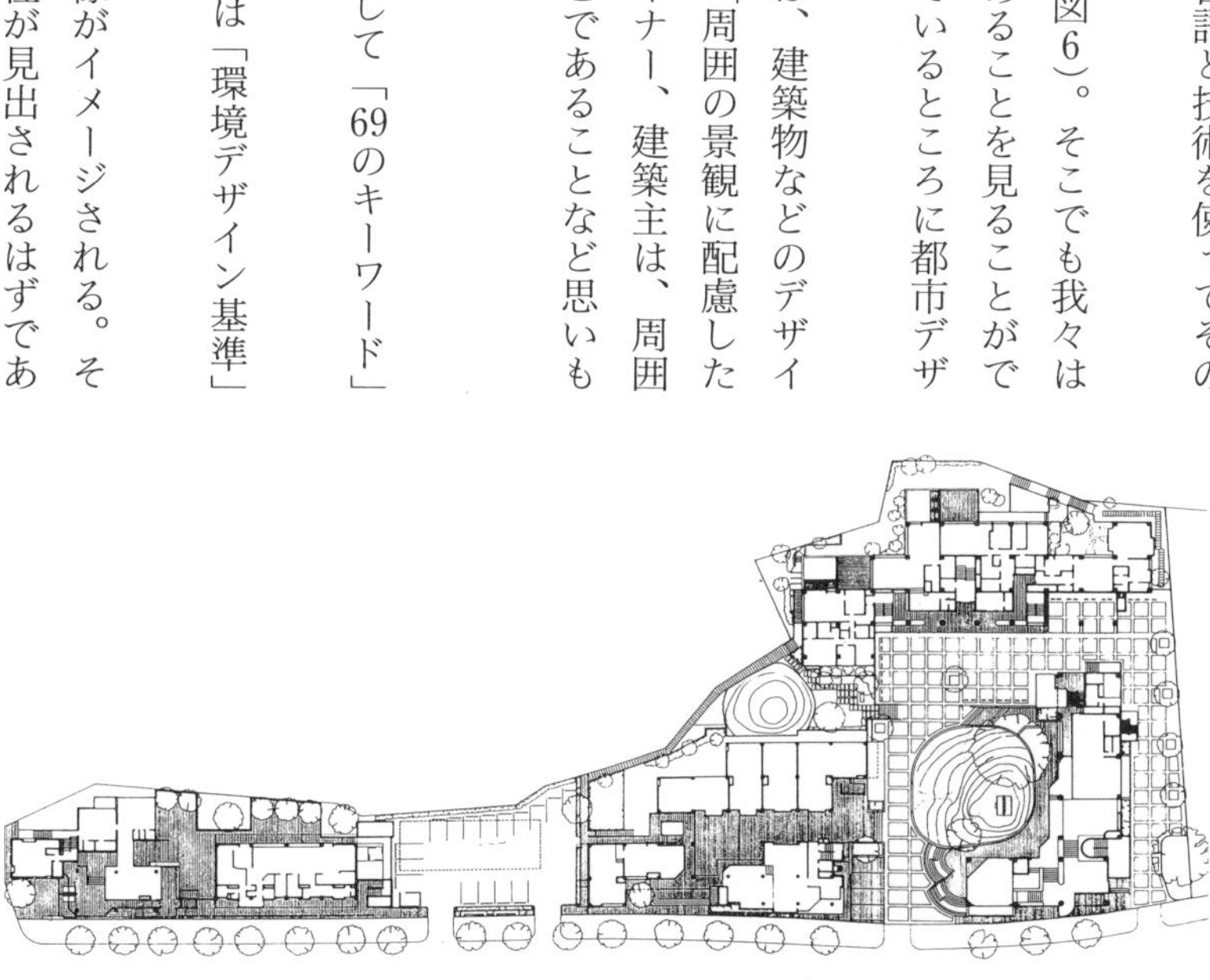

図6 代官山ヒルサイドテラス1階平面図
(出典:『SD』一九七九年六月号)

る。前記の二つの街では、いずれもそのような個性を表わす言語を探り出し、それを景観基準の「キーワード」とする方法をとっている。イタリアの都市類型学的デザインの手法[*15]を下敷きにして、C・アレグザンダーのパタン・ランゲージの手法に依ったものである。

例えば真鶴町の「美の基準」では、「静かな背戸（背戸とは家の裏手のこと—筆者注）」がキーワードの一つに挙げられている。その理由（前提条件）は次のように説明されている。

「真鶴のイメージを一層引き立てているものの一つに、静寂な場所『静かな背戸』がある。細い裏道でつながれた山際の背戸は、とても静かに人を迎えてくれる。また斜面の起伏に沿ったり、よぎったりするこの背戸は、微妙な光や風景を演出してくれる。（後略）」。

そしてそのデザイン指針（解決法）は、「賑わいを演出した建物の背後には、騒音から逃れられる『静かな背戸』を用意すること。既存の小さな裏道を大切に扱うこと。『静かな背戸』は優しい光が降り注ぎ、騒音から壁や距離や建物で守られるよう、見通し、風景、自然の生態系などを保全し、それらが息づくよう演出すること」となる。

六甲道駅南地区の「環境デザイン基準」では、「混在」がキーワードの一つになる（図8）。その理由（継承したい六甲道らしさ）は次のように説明されている。

「六甲のまちの特徴の一つとして、様々な生活様式や趣味の混在が挙げられる。建物の材料、色、様式、作庭、植栽など、いろいろな面で多様な要素が混在しており、一様でない住宅地の景観を形成している」。

そしてデザイン指針（計画の方針）は、「色々な要素を計画的に混在させることにより、郊外型ニュータウンにありがちな人工的で画一的なまちではなく、古くからの市街地住宅地にふさわしい自然発生的な雰囲気を出す」となる。

図7　六甲道駅南地区再開発

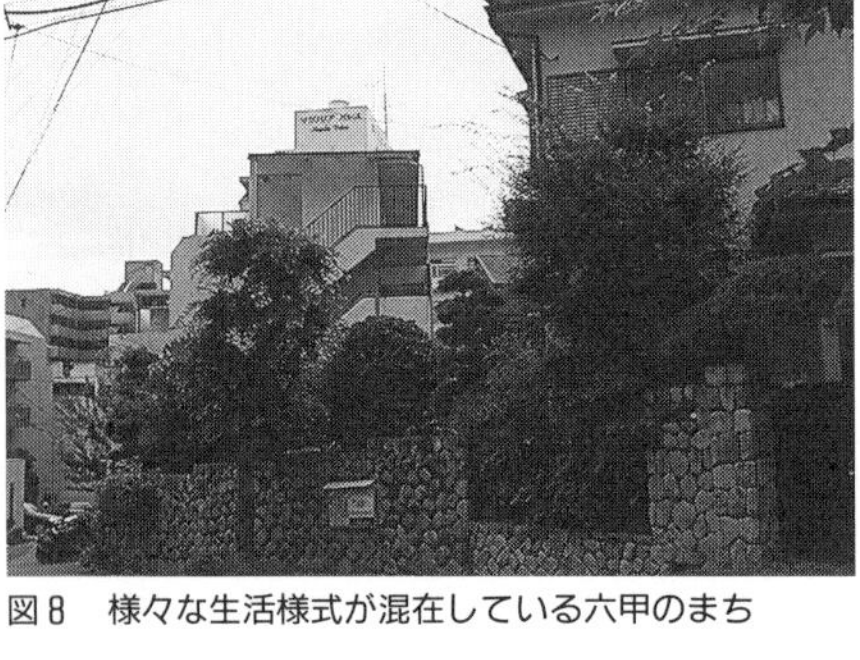

図8　様々な生活様式が混在している六甲のまち

おそらくわが国で最も具体的な景観基準であるこの二つの例をもってしても、前出のヨーロッパの例に比べればモノや空間の連続性に関する表現はずいぶんと具体性を欠く抽象的な表現に終始している。原則としてファサードを変えないというイタリアなどのチェントロ・ストリコとは比べようもない。既に多くの歴史的な証言は消失しており、具体的な基準をつくる拠り所となるモノや空間が極めて少ないのだ。それだけ、デザイナーの場所を読む能力に頼る部分が多いことになり、景観基準はそのことに関するデザイナーの自覚を促すことが主たる目的とならざるをえない。デザイナーには、場所を読む創造的な能力が求められているのである。

一方、郊外のニュータウンや新都市の開発など大規模な都市の開発では、空間の連続性は計画的につくることができる。

多摩や千里のニュータウン、千葉幕張、東京新宿、横浜みなと未来、大阪ビジネスパーク（OBP、図9）、神戸六甲アイランドなど、各地の大規模な新都市の開発は、日本の伝統的な木造町家の街並みとは断絶した文明がもたらしたものであることは言うまでもない。一九六〇年代以後、現在に至る短期間ではあっても、そのなかで試みられた都市デザインの実験的な成果は既に数多く存在しており、そこでは新しい都市デザインの伝統が既につくられ始めている。我々が誇りとする都市の姿は、既存の市街地よりもこれらの新都市の開発に期待する方がより現実的であるようにすら思われる。筆者は自身が関わった大阪ビジネスパークの開発等を通じてそのような実感を持った。

しかし、このような大規模な都市開発をわが国の国土の中でどのように位置づけるかという課題が残されている。ここでは突然出現する新都市と、山や海、田園や既存の市街地との関係など、国土スケールにおける空間の連続性が課題になっている。

このように、既存の市街地整備、新都市の開発において空間の連続性をつくる試みはなされてい

＊15　井口勝文「史的都市形態論—トスカナのチェントロ」『SD』一九七四年一月号〜一二月号。

図9　大阪ビジネスパーク

るにしても、我々の身の回りの市街地の景観が目に見えて美しくなる兆候は依然として見えていない。その理由は日本人の都市美に対する無関心にあると割り切るのでは、事は済まない。

責任の過半は実際に都市環境をつくる立場にあるデザイナーにある。デザイナーに空間の連続性をつくろうとする自覚がない限り、そこにデザインの創造性を自覚しない限り、我々の都市は依然として醜い姿を晒し続けるしかないであろう。

5 空間の連続性をつくる三つの課題

空間の連続性を読みとり、つくっていくデザインがなぜわが国では難しいのか。乗り越えるべき三つの課題がある。乗り越えることは可能か、そして都市における空間の連続性は回復されるのだろうか。

※根強いモダニズムの伝統

第一の課題は、近代建築、近代都市計画が持ちこんだデザインの姿勢である。

一九二六年、ル・コルビュジェが誇らしく宣言した近代建築の五つの要点は、ピロティ、屋上庭園、自由なプラン、横長の窓そして自由なファサードである。かくして近代建築は地面から離れ、道路との直接の関係を失った(図10)。建築は周囲から孤立した存在となり、そのファサードのデザインは建築家の表現力を顕示する最も重要な対象として意識されることになる。都市のデザインを複数の建築物の群のデザインであるとして疑わなかったカミロ・ジッテの *Der Städtebau nach seien*

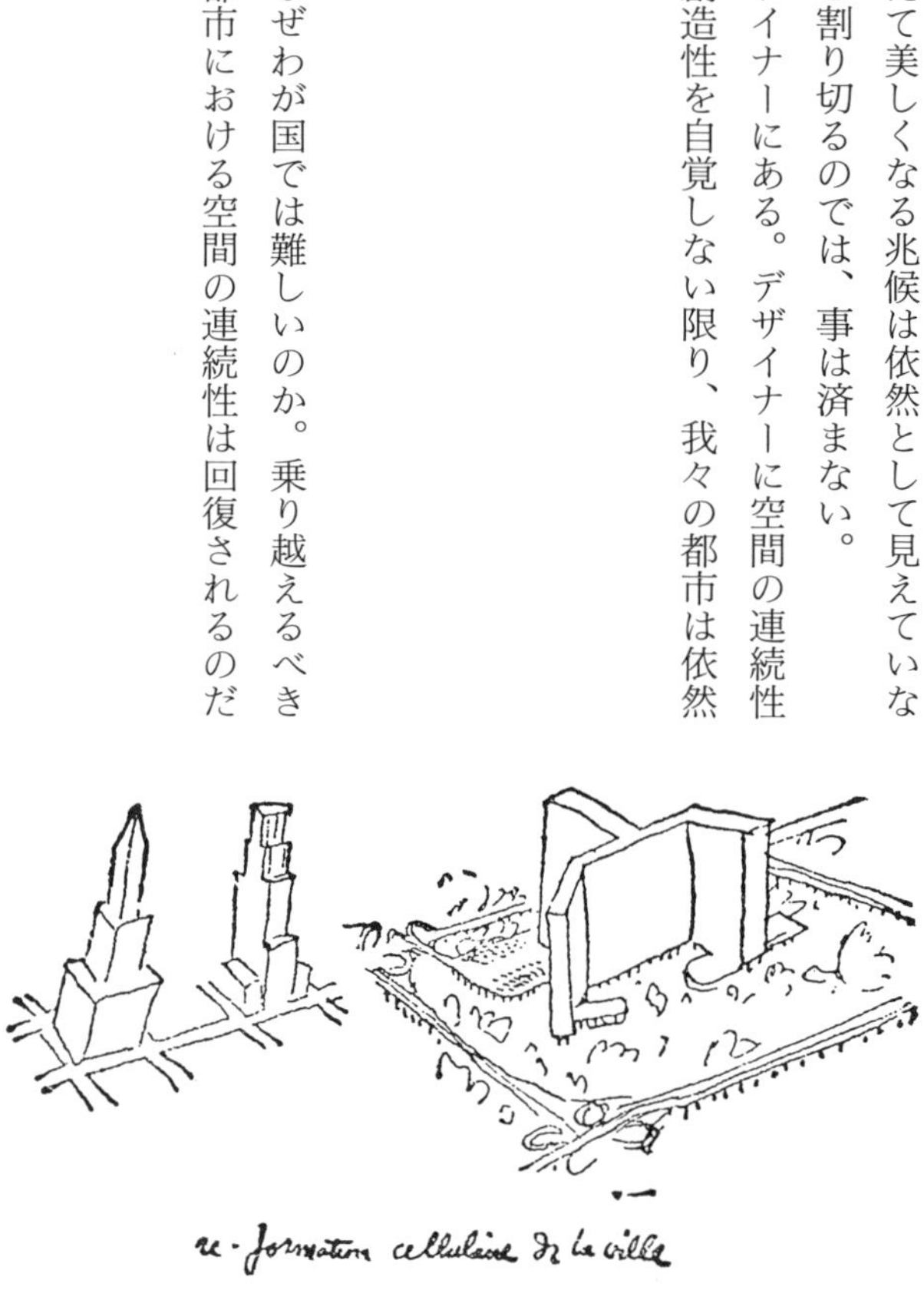

図10　道路との直接の関係を失った近代建築。㊧は道路に面して高層ビルの建つニューヨーク。㊨はコルビュジエによるその改造案（出典：ル・コルビュジエ著／生田勉他訳『伽藍が白かったとき』岩波書店）

künstlerischen Grundsätzen を、[16] コルビュジェは「感傷的な過去」と一蹴している。[17] 建築の革命家を自認するコルビュジェにとってカミロ・ジッテを否定することは最もわかりやすい論法であった。しかし同時にコルビュジェが、カミロ・ジッテの「絵画的な都市の姿にうまく誘いこまれてしまった」と正直に言っているところは見過ごされてしまった。

周囲の街並みから孤立して自由なファサードのデザインに熱中する近代建築の伝統は、このように始まり、今も根強く生きている。多くの建築家が依然として前世紀初頭の教義から抜け出せないでいる。

❈商業主義が支配する都市デザイン

第二の課題は、都市デザインの最も強力な共通言語、キーワードが「お金」であることだ。デザインの自由を主張するのはデザイナーばかりではない。建築物の発注者、事業主にとってもデザインの自由は手放したくない既得権である。人目を引く店づくりをやろうとすれば、周囲とは異なる、つまり連続性を破った看板やファサードをつくりたいところだ。商業地の都市デザインの目指す方向は「差別化」であり、いかにして周囲との連続性を断ち切ってそこに別世界を出現させるか、いかにして自分だけが目立つか、ということだ。デザイナーはそこで嬉々として力を振り絞る。デザインに関する無制限の自由に誰も疑問を感じない。ここでは都市のデザインキーワードは「お金」である。お金に目がくらんだオーナーとそのよきパートナーであるデザイナーの二人三脚ゲームが、街中で休むことなく進行している。

住宅地の建築協定をつくるときも、多くの人々が規制のない自由を主張する。規制があればその分不動産の利用や家のデザインに自由裁量の余地が狭まり、そのことが価格の低下を招くと考えて

＊16　一八八九年、ウィーンで出版された（邦訳／大石敏雄訳『広場の造形』鹿島出版会）。連続する建築のファサードがつくる都市空間の魅力を説いた名著。

＊17　前掲＊15。

図11　商業地に見られる〈きわだつ〉景観

多くの人が規制に抵抗する。「お金」というデザインキーワードが本来差別化とは無関係なはずの住宅地やオフィス街にまで余すところなく浸透している。「目立つことがデザイン」と錯覚しているデザイナーが、ここでも場所をわきまえないデザインの自由を煽り立てる。周囲から隔絶した、際立つデザインが街中に氾濫する所以である。

※快適至上主義が「自然」を殺す

第三の課題は、自然環境の軽視である。

歩道のアーケードを撤去してオープンモールとした一九七八年の横浜市伊勢佐木町商店街（図12）はその後に続く商店街オープンモール事業の先駆けとなった。「伊勢佐木町に雨が帰ってきた」という当時のコピーは新鮮で、新しい街の時代が始まることを予感させた。筆者も八〇年代初期にそのような期待を持ってオープンモールの仕事に熱中した。

しかし、オープンモールは一部の商店街で実施されたにすぎず、今も主流はアーケードのある商店街である。特に関西以西の地域で、そして都心に近い大きな商店街ほどその傾向は強い。

アーケード商店街や地下街、大規模建築物のアトリウムが都市に広がっている。それにつれて地上の街から人影が消えていき、人はますます自然から遠ざかる。我々は季節や天候をコントロールした均一な快適空間を都市に求める。日本人ほど人工の快適環境をつくることに情熱を傾ける民族を私は他に知らない。デザイナーも技術者も新しい人工環境をつくる機会をいつも期待している。こんな日本人を、私は自然を愛さない民族であるとしか思えない。

街並みに切り取られた深く高い空、通りを吹き抜けていく風は都市の自然である。ビルの狭間に遠くの山並みが見えると嬉しい。アーケードの架かった商店街や地下街では雨の風情は楽しめない

図12　伊勢佐木モール

し、夏の強い日差しや真冬の寒風の想い出も残らない。自然こそがまずその土地のデザインの共通言語、キーワードとなるはずである。にもかかわらず、空や日差し、雨や風、坂道や周辺の山並みといった自然に関する共通言語が、都市の中から急速に失われていく。その見返りとして都市はますます「快適」になっていく。

これら三つの課題は、我々に新しいデザインの姿勢を持つことを要求している。それは今までよりも少しばかり多く周囲の環境に関心を持つことであり、日常の生活感覚を豊かにすることである。特別な選民意識でデザインをする時代は終わっている。デザインは極めて日常的な関心事であり、誰もが参加できるものであるべきだ。

6　都市美の再生に向けて

日本の都市の美しさとは何か、いかにしてそれをつくるのか。デザイナーはどこに目を配り、何をなすべきかという認識から、二〇〇〇年九月、京都北白川で都市美を考える研究会を催した。本書は、そのときの参加者の発言内容をもとに書き下ろした文章を編纂したものである。

八人の著者が一様に注目しているところがある。自分が今見ている風景、その場所における自分の感受性をデザインの基点に置くということである。それは場所から離れた処で考える、単純で観念的なデザインを避けるということである。

つまり、それは自分の目を信じるということだ。その場所が語りかけてくるものに反応する豊かな感受性と教養が試される。歴史の継承、変遷、そして現にそこで営まれている生活と空間。肌で感じとるそのような空間、場所から我々のデザインは発想される。その視点と手法が第1章から第7章に述べられる。

第1章「住処《すみか》のけしき」（樋口忠彦）では、都市風景の発見の経緯をルネッサンスのイタリア以来のヨーロッパ、アメリカに探る。そのことによって同じく都市の文明を持ちながらも西洋とは異なる風景観を持つ中国、その影響を受けながら都市の文明を持たなかった日本の風景観の特異性を明らかにする。そこから我々が目指すべき日本の「都市の美しい風景」への道が提示される。

第2章「自己実現の環境デザイン」（丸茂弘幸）では、西洋の父性社会の都市と日本を含むアジアの母性社会の都市とを対置して、近代以降、圧倒的な情報やモノが海外から流れてくるなかで日本の母性都市が解体してしまい、危機に瀕している現状を指摘する。そして日本の母性都市を保つために今何をなすべきかを提示する。

第3章「都市デザインの思想と現在」（土田旭）では、第二次大戦以降に試みられたわが国の都市デザインの多様な経験を振り返り、そこで培われたデザインの手法と現代的課題を提示する。そしてますます重要となる都市デザインの社会的、文化的役割が明らかにされる。

第4章「町並みをまもり、育て、つくる」（山崎正史）では、伝統的町並みなど市民に愛され誇りとされる都市の景観には、いずれも「統一的多様性」というべきものが見られることに注目する。それが地域の都市空間文化であり、そのような都市の景観をつくるためのデザインの姿勢と手法、規制やコントロールのあり様について提言する。

第5章「都市と色彩」（吉田慎悟）では、環境色彩計画によって地域の景観に統一性と変化をつくり出す手法を紹介している。カラリストという新しい都市デザインの職能がつくる、より豊かで厚みのある風景の可能性が提案される。

第6章「都市の環境照明」(面出薫)では、安全と効率優先の過剰照明の現状を省みて、快適で美しい夜の景色をつくるには、まず光のダイエットが必要であることを説く。そのうえで光の絵筆を持って夜の闇に個性的な景観を描いていくという、都市における光のデザインを紹介する。

第7章「都市のオープンスペース」(宮前保子、井口勝文)では、都市の外部空間が建築物の外構やファサード等も含めて一体的に構想されるべきであること、そしてオープンスペースこそが都市の風景の主役であるべきことを、課題と手法を導きながら解き明かす。

八人に共通するデザインの視点は、場所の持つ個性をいかにつかみ、それをどう表現するかということである。

ミケランジェロはカッラーラの山に大理石を求めて八カ月間、寝食を忘れて歩き回った。そのとき、彼の胸に、前方にそびえる山全体を、地中海に向かって青い空にそびえる、一個の真っ白い巨人像に掘り出したいという思いが、むらむらと湧き上がったと、ヴァザーリが伝えている。[*18] ミケランジェロ自身に内在する強力な自我が、場所と反応して猛然と湧き上がる。場所から発想するとはそういうことだ。

*

場所から発想し、空間の連続性をつくるデザインの重要性について述べてきた。

都市が空間の連続性を回復し、街並みの連続性をつくる方向に進み始めるには、我々デザイナーが身の回りの日常的な生活環境を尊重することが何よりも大切だ。路面に映る日差しや風の音、年を経た壁面の肌合い、季節によって趣きが変わる街の明かり、そのような身近な生活環境の価値を発見し、重視すること。そのような生活のクオリティ(豊かさ)を確かめるデザインの視点を持とう。そのことが、場所の持つ力を発見し、引き出し、活かし、強めるデザインにつながる。

*18 Giorgio Vasari, *Le Vite* volume sesto, Salani Editore, 1963。

一つの建築、一つの公園がいかに美しく個性的な空間を実現しているかということだけでなく、それらが連続することで生まれる空間の美しさを優先して評価するべきである。一個の建築物、一個の照明器具であっても、そのような視点でデザインするとき、それは「都市の」デザインである。そこでは一つの建築、一つの公園が必ずしも際立って目に映るものではないだろう。むしろその場所に静かに納まって目立たない存在であるかもしれない。しかし、そこにはある種の確かな趣きが感じられて、我々に感動を与えてくれる。そのような誇るべき都市美が我々の都市にも再生することを期待したい。

第1章

住処《すみか》のけしき

樋口忠彦

1 都市景観の発見

❖日常的な生活世界の景観

ゴードン・カレンの *Townscape* が出版[*1]されたのは、一九六一年である。一九四七年頃から一九五〇年代後半にかけて、英国の建築雑誌 *Architectual Review* 誌に発表してきたものを、本にまとめたものである。この雑誌のバックナンバーをたどってみると、著者はゴードン・カレンばかりではない。アイバー・ド・ウォルフやケネス・ブラウンも重要な役割を果たしていて、彼らグループの仕事であったことがわかる。

ゴードン・カレンを中心とする彼ら英国タウンスケープ派は、今までとは違う全く新しい都市景観を発見した。最大の発見は、日常的な生活世界の景観を発見したことではないか、と私は思う。

このことは、カレンが *Townscape* に載せている写真やスケッチを見るとよくわかる。ほとんどすべてが、日常的な生活世界の景観である。例えば、「地図上の規模」と題するところに使われているスケッチと地図を取り上げてみよう（図1）。このスケッチは、エブ・サドリンの『ロンドンの散策者』から引用されている。

木々の緑を満喫し、チェルシーの愉快な人々といっしょに憩いのひとときを過ごすことのできるこの公園を、ロンドンの地図で探そうとすると、なかなか大変なことで、左隅のWALKという文字の下の「小さな松葉のような形」をした一画にすぎない、というのである。

スケッチに描かれているのは、日常的な生活世界の景観である。ここで生活する人達が経験して

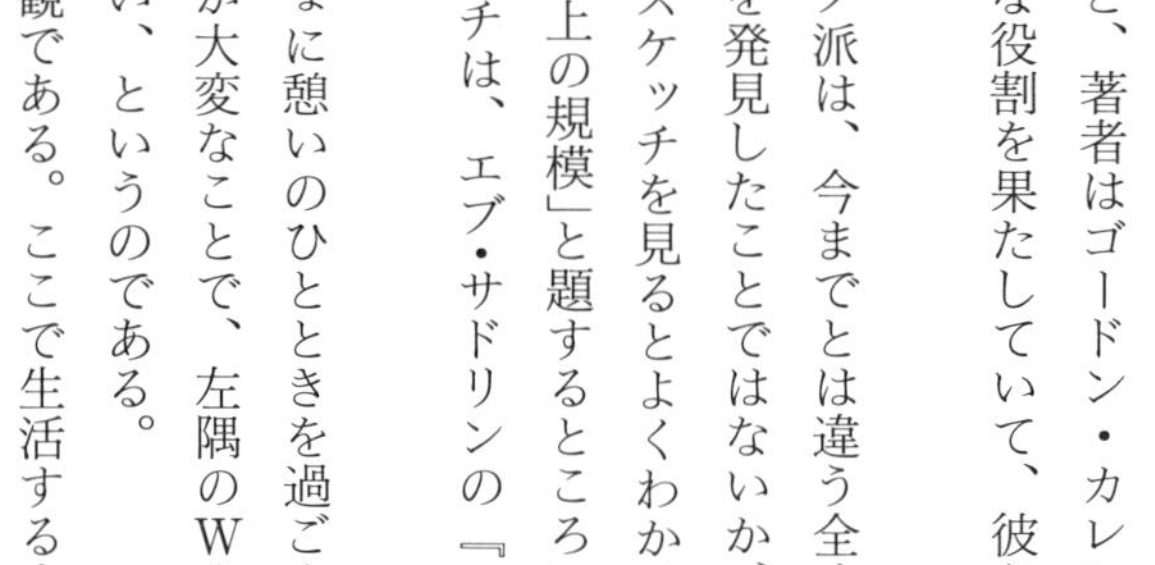

図1 「生活世界の景観」と「地図の世界」（出典：G・カレン『都市の景観』）

＊1 Gordon Cullen, *Townscape*, The Architectural Press, 1961。コンサイス版が『都市の景観』（北原理雄訳、鹿島出版会）として翻訳出版されている。

いる日常の景観である。しかし、机上の地図で都市を計画しているプランナーは、「小さな松葉のような形」をした一画での、スケッチに見るような生活世界を想い浮かべることはないだろう。

このような小さな縮尺の地図に描き込まれるのは、ゾーニング、幹線道路、大規模な面的事業くらいである。それゆえ、このような大計画だけが、都市計画であると錯覚してしまう。あるいは、このような大計画だけで、都市が計画できると錯覚してしまう。そして、スケッチのような日常的な生活世界は、忘れ去られてしまう。できあがってくるのは、退屈で生気のない都市である。

退屈で生気のない都市が生まれてくる理由は、科学あるいは統計を信仰した近代都市計画にある、とカレンは述べている。

「都市を対象に行われている研究に目を向けてみよう。人口統計学者、社会学者、技術者、交通専門家……。彼らは無数のファクターを使って、有効で健全な組織をつくり上げるために協力している。(中略)

けれども、この企てが結果的に都市を退屈で生気のないものにしてしまうとしたら、目的の達成は失敗したことになる。事実、この試みは失敗に終わった。(中略)

まず私達は、自分自身を科学への信仰から解放しなければならない。私達が求めている興奮とドラマは、技術者(あるいは私達の頭脳の技術的な部分)の手になる科学的な研究と成果から自動的に生み出されはしない。(中略)科学的な解決は、平均値から導かれる最適解にすぎない」[*2]。

カレンはこのようにも言っている。

「統計は抽象にすぎない。生活の全体像から統計が抽出され、それが計画に移され、その計画が建物に姿を変えるとき、そこには生命の抜け殻しか残らないだろう」[*3]。

都市に生気を呼び戻すためには、科学的な姿勢に頼りきっているだけではいけない。都市環境が、

＊2　ゴードン・カレン『都市の景観』鹿島出版会。
＊3　前掲＊2。

私達の情緒に働きかけてくることを知らなければならない。そして、このような情緒的な魅力が生き生きと感じとれるのは、図1のスケッチに見るような日常的な生活景観においてである。このことを、カレン達は発見したのである。

都市計画史あるいは都市デザイン史の上で、大きな意義を持っているカレン達の発見を、フッサールの生活世界の発見と関連づけて、哲学の流れのなかに位置づけてみることもできる。オギュスタン・ベルクは、フッサールが一九三四年に「地球は動かない」と書いたことについて、次のように述べている。

「フッサールがこの言葉を通じて表現したことは、もちろん近代の宇宙論が偽りであることを意味するものではない。そうではなくて、環境世界には固有の真実があり、その見地は科学の抽象的な見地と同じものではないということである。天文学者の観点からは、惑星地球が恒星太陽の周囲を回っているとすれば、環境世界における主体の即物的な観点からは、天を巡るのは逆に太陽の方だということになる」[*4]。

たしかに、地球上に住む私達にとって、天を巡るのは太陽であって、地球は動かない。科学の世界に固有な真実は、私達が生活している環境世界の真実と同じではない。しかし、すべてのことは科学的な純粋理性によって表現することができる、というのが近代を支配する基本的な考え方であった。この考え方は、結局、この世から人間の感受性をことごとく排除することになる。

私達が生活している環境世界を、科学的な成果のみで計画し、デザインしようとしてきた近代都市計画は、人間の感受性に働きかけることもない、退屈で生気のない都市環境をつくりだしてきた。このように批判したカレン達英国タウンスケープ派は、都市計画史あるいは都市デザイン史におけるフッサールであったといえるだろう。

＊4　オギュスタン・ベルク『地球と存在の哲学』ちくま新書。

◈「連続する光景」

次いでカレンは、日常的な生活世界の景観のなかに、次のような景観を見出した。一つは、「連続する光景」である。

「最初、私達の目には街路の光景が映っている。中庭に足を踏みいれると、その瞬間に新しい眺めが開ける。私達が中庭を横切っていく間、この眺めは変化しない。中庭を出ると、もう一つの街路が私達を待っている。（中略）そして、ゆるやかに曲がる街路にそって足を運ぶにつれて、記念建造物が視界のなかに入ってくる」[*5]。

カレンは、このような日常的な体験が、私達の感覚に与えるインパクトに着目する。そして、これを「目の前にある光景」と「出現しつつある光景」とがつくりだすドラマに仕立て上げようとする（図2）。

「目の前にある光景」と「出現しつつある光景」とがつくりだすドラマについては、アイバー・ド・ウォルフの *Italian Townscape* も[*6]、魅力的な写真とケネス・ブラウンのイラストを用いながら、たくさんの事例を美しく紹介してくれた。例えば、「出現しつつある光景」を額縁に納まった絵のように見せてくれる「額縁」であるとか、曲がった道が「目の前にある光景」と「出現しつつある光景」を屏風のように見せてくれる「屏風」であるとか、教会に正面からではなく斜めの方向からアプローチする「商人の入口」（図3）であるとか、この本から都市景観の新鮮な見方と、その見方を表現する巧みなネーミングとを教わった。

アイバー・ド・ウォルフが *Italian Townscape* を出版した一九六三年には、日本の建築雑誌『建築文化』が「日本の都市空間」という特集を組んでいる[*7]。このなかの「構成の技法」を見ると、「歪み」や「折れ曲がり」（図4）「凹み」「障り」など、カレンの「連続する光景」に関連する技法が取り上

＊5　前掲＊2。
＊6　Ivor de Wolfe, *Italian Townscape*, The Architectural Press, 1963。
＊7　のちに単行本『日本の都市空間』として、彰国社から出版。

図3　「商人の入口」（出典：Ivor de Wolfe, *Italian Townscape*）

図２　「目の前にある光景」と「出現しつつある光景」のドラマ（出典：G・カレン『都市の景観』）

折れ曲がり　*Alternating Turns*

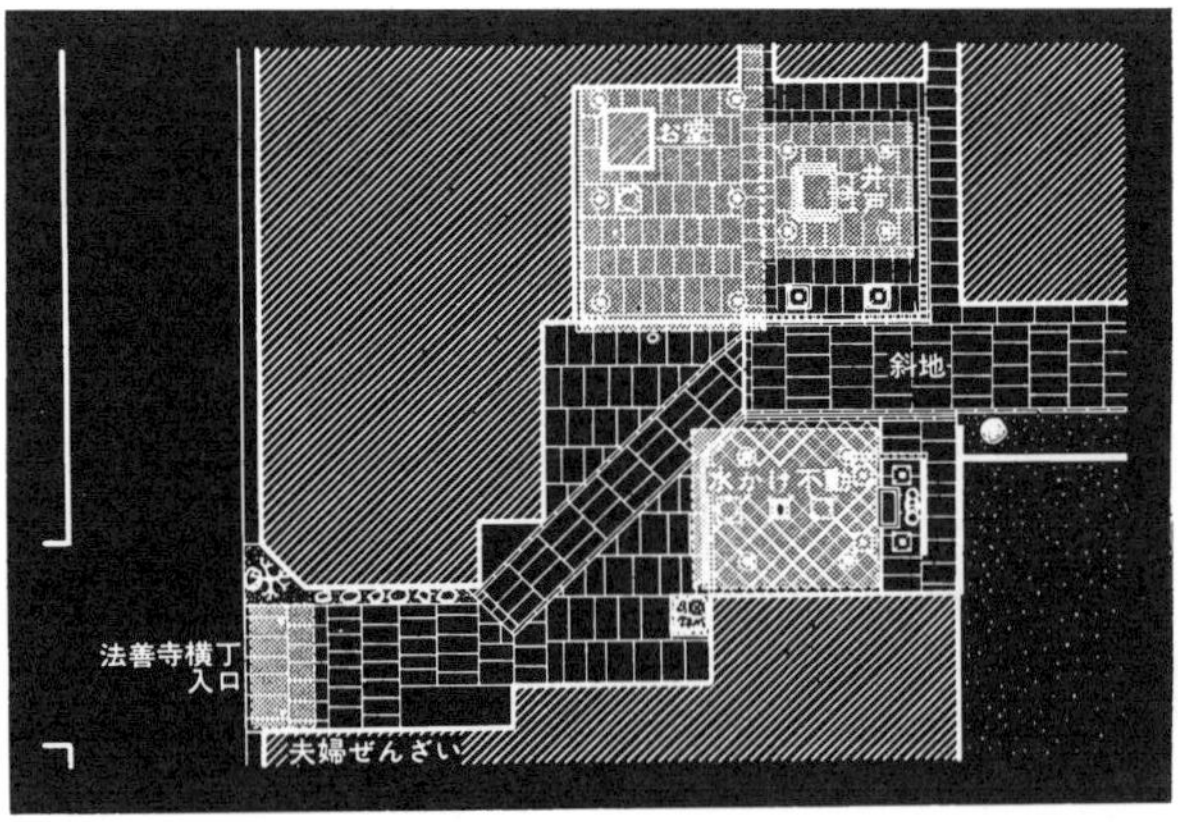

図４　「折れ曲がり」（法善寺横丁）
（出典：都市デザイン研究体『日本の都市空間』）

げられていて、カレンの影響を認めることができる。
この「連続する光景」のドラマ、いわゆるシークエンス景観のドラマに着目したのは、カレン達英国タウンスケープ派が最初ではない。一八世紀の英国風景式庭園は、このようなドラマを生むように既にデザインされていた。しかし、日常的な都市景観のなかにこのドラマを見出し、このドラマを日常的な都市景観に取り込もうとしたのは、英国タウンスケープ派が最初だろう。

※「これとあれ」

カレンは『都市の景観』で、さらに「これとあれ（this and that）」という景観の見方も教えてくれた。この見方から、色彩、感触、規模、様式、特性、個性、独自性など、都市景観の内容をどう見たらよいかを学ぶことができる。

「都市の多くが古い時代にさかのぼる創建の歴史を持っているとすれば、それらの都市の組織には様々な時代の痕跡が刻まれているだろう。建築様式、そしてレイアウトに残る様々な偶然は、それぞれの時代の影を宿しているにちがいない。多くの都市は、混合した様式、素材、スケールによって構成されている。

私達の心の底には、この寄せ集めを一掃して、すべてを立派で完全なものに一新しなければ先へ進むことができないという考えが根強くはびこっている。私達は、直線道路と高さや様式を統一した建物によって、規律正しい景観をつくり上げようとしている。（中略）

無秩序ではなく、明晰さを生みだす共通の枠組が必要である。その枠組の中で、スケールと様式、テクスチュアと色彩、特色と個性などの微妙な陰影を操作することができるだろう。さらに、それらを並置して集合的な効果をつくり出すこともできるだろう。環境は一様性にではなく、「これ」と

「あれ」の相互作用に還元される」[*8]。

現代都市に求められているのは、一様性の美学ではない。といって、自己主張するだけの、「これ」の美学でもない。「これとあれ（this and that）」という関係の美学だ、とカレンは言う（図5）。

この見方は、都市景観を考えていく上で大変重要である。しかし、日本では「連続する光景」ほどには受け入れられなかった。一九六〇年代、そして七〇年代でも、まだ一様性の美学を信じ、それを理想とする人の方が多かったからだろう。

現代都市では一様性の美学は、しょせん無理な話である。といって無為無策を決め込んでは、まちの景観は無秩序になっていくだけである。例えば、新築するあるいは改造する「この建物」だけでなく、隣にある既存の「あの建物」も生き生きとしてくる。そんな生気が、両者の間に新たに生まれてくる。そういう「これとあれ（this and that）」とが共生するような関係の美学は、これからの都市に不可欠である。

「これとあれ」という関係から見ると、隣の建物を無視したり、軽蔑したり、支配したりしている建物が多いのに気がつく。人間であれば鼻持ちならない人物であるが、このような建物が大きな顔をしていられるのが、残念ながら現在の日本の都市である。建築雑誌を読んでも、隣の建物とどのような関係を生み出そうとしたのか、そのことを記述していない設計者がいまだに多い。嘆かわしいことである。

隣接する建物、あるいは向こう三軒両隣という小さな単位で、豊かな関係のデザイン、魅力的な関係のデザインを考えるようにしたらよい、というのがカレンの考えだろう。地区というまとまりから考えはじめると、どうしても一様性の美学ということになってしまうからだろう。

ところで、カレンが言う関係の美学は、「色彩、感触、規模、様式、特性、個性、独自性など」に

図5　リバプール大聖堂のそばに建つ集合住宅の提案。集合住宅は、大聖堂を大きく引き立てるようなスケールになっている。「これとあれ」の対比のデザイン（出典：G・カレン『都市の景観』）

＊8　前掲＊2。

かかわる関係の美学である。これらの項目は、景観として現象している。そして、これらの背景には、その土地の自然条件、技術、歴史、伝統、文化などという風土性[*9]が隠されている。この風土性を、既存の建物の「色彩、感触、規模、様式、特性、個性、独自性など」に再発見し、それをどのように創造的に継承していくか、という関係の美学を考えることが大切である。

隣にある一つの建物は、単に独立した物体ではない。その場所、その土地の風土性と深い関係を持って、そこにあるのである。この風土性と関係づける関係の美学が求められている。視覚的な関係の美学、表層的な関係の美学の域に止まっているように思えるカレンの考えを、私達はさらに深化させていく必要がある。

❖ピクチャレスク

英国タウンスケープ派の考えを支えているのはピクチャレスクの美学である。このことは、カレンが『都市の景観』の初版序で肯定的に使っている表現を抜き出してみるだけでも、よくわかる。例えば次のような表現である。

「視覚的なインパクト」「驚き」「仰天」「ドラマ」「ドラマチック」「出来事」「興奮」「突然」「新しい発見」「コントラスト」「生気」「生き生きした」「緊迫した」「感動的」「恐怖」「対比的」「演出」「神秘感」「最高潮」「偶然」「多様性」。

これらは、ピクチャレスク美学に特有の表現である。ピクチャレスクは、一八世紀末に「崇高と美には含まれない美的な質を意味するために、ウヴェデール・プライスによって提示された語」[*10]、といわれる。崇高の感覚は、恐ろしいもの、闇、孤独、広漠さによって引き起こされる。美は、なだらかさ、穏やかな曲線、洗練、繊細などと関係している。プライスは、これだけでは不十分で、

＊9　オギュスタン・ベルクは、近著『風土学序説』(筑摩書房)で、風土についての考察を一層深めている。

＊10　ニコラウス・ペヴスナー『美術・建築・デザインの研究Ⅰ』鹿島出版会。

別の種類の視覚的喜びがあるとした。それが、ピクチャレスクだと言うのである。

プライスは、ピクチャレスクの性格として次のようなものを挙げる。不規則性、荒削りさ、起伏に富んだ、多様性、複雑さ、好奇心の喚起、驚きを誘うもの、偶然性、放任などである。カレンの『都市の景観』初版序から抜き出した先ほどの表現と一致することは言うまでもない。カレン達は、生命の抜け殻のような、退屈で生気のない都市に、崇高でなく、美でもなく、ピクチャレスクを導入しようとしたのである。

崇高と美とピクチャレスクの中で、いずれが現代都市にふさわしいかと問われれば、やはりピクチャレスクだろう。一八世紀以降、西欧の都市デザインの主流は、軸線の崇拝であった。一九世紀後期に、カミロ・ジッテが幾何学的秩序の崇拝に疑問を投げかけ、中世都市を再評価する（図6）。彼の考えはドイツやイギリスに影響を及ぼすが、科学・技術主義のモダンデザインにとって代わられ、主流になることはなかった。しかし、だんだん科学・技術主義的都市計画の限界が明白になり、イギリスに生まれたピクチャレスク美学が再評価されるなか、英国タウンスケープ派が一九五〇年代に登場したのである。

❖絶対的な典範としての透視画法

英国タウンスケープ派はどんな課題を抱えているのか、そのことを最後に触れておきたい。一言で言えば、英国タウンスケープ派は視覚に偏しているのではないか、ということである。

このことは、西欧での風景の観念の成立が、透視画法の成立と深く関わっているからではないか、と私には思えるので、少し説明をしたい。

西欧で風景が発見されたことと、西欧で透視画法が成立したこととの間には、深い相関関係があ

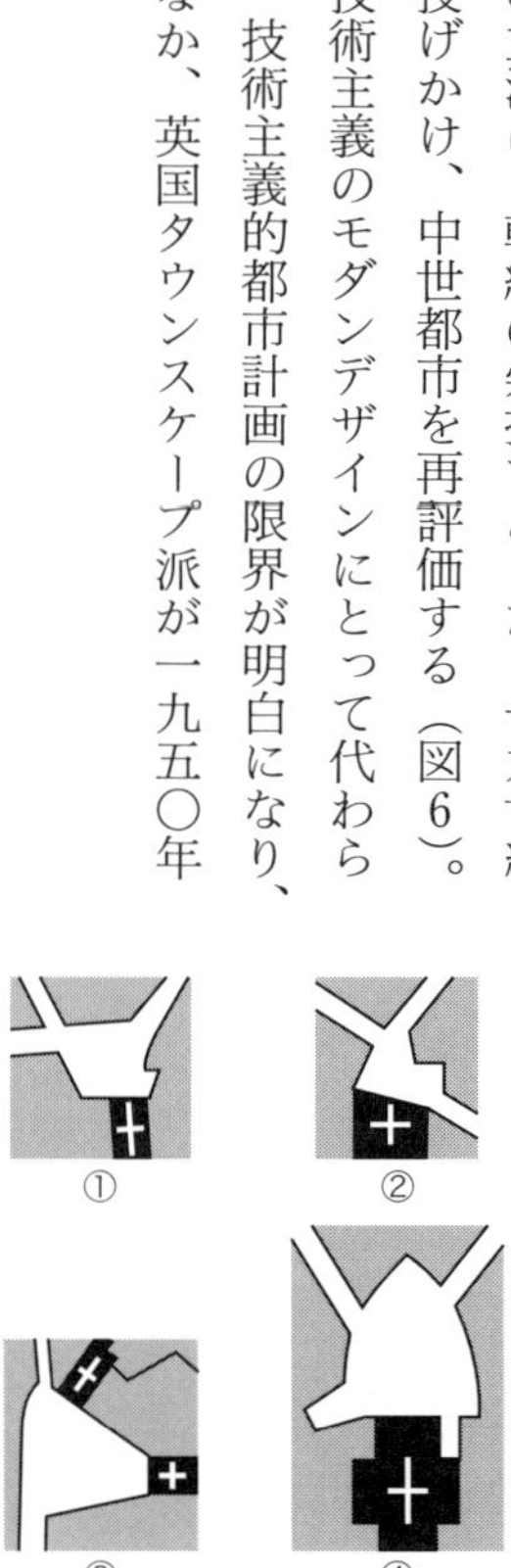

図6　不規則な形をした古い広場（出典：カミロ・ジッテ『広場の造形』鹿島出版会）

①　シエナのサン・ピエトロ教会広場
②　シエナのサン・ヴィジリオ教会広場
③　シエナのアッパディーア
④　シエナのサンタ・マリア・バィ・プロヴェンツァーノ教会広場

るようで、オギュスタン・ベルクは次のように述べている。

「風景の観念はルネッサンス期のヨーロッパに現れたのだが、これは近代の主体の出現と相関関係にある。つまり自己とそれをとりまく環境を区別し、その間に距離を設ける主体の出現との相関である。事実一方では、絵画における風景画の発展と、いわゆる線的ないし古典的な遠近法の完成の間に時期の符合が見られる」[*11]。

そしてベルクは、「線的遠近法の完成は、その均質かつ無限の等方性を持つ空間と共に、近代的な個体性を持つ主体の出現の条件のひとつとなった」というパノフスキーの説を加えるのである。

西欧に風景という見方が生まれたのと、近代的な主体が出現したのと、線的遠近法（透視画法）が完成したのと、深い相関関係があったと言うのである。このことを、私達がなるほどと実感し、納得するのは難しい。異国の話という感が深い。そのため、このことをつい軽視しがちである。しかし、西欧での風景の話を理解するためには、私達はこのことを忘れないようにしなければならない。

私が強調したいのは、西欧での風景の成立が、透視画法と深く関わっていたということである。このことは、風景が透視画的な見方で眺められたということであり、それゆえ、西欧人にとって風景は、きわめて視覚的なものなのではないか、ということである。

透視画法は風景の見方ばかりでなく、西欧の絵画、庭園、建築、都市などの表現にも大きな影響を及ぼした。一五世紀初頭にイタリアで完成した透視画法は、「その後に続く五世紀間にわたって、すべての芸術的表現が従わなければならない絶対的な典範であった」、とギーディオンは言っている[*12]。

そして、ギーディオンが『空間・時間・建築』で取り上げているルネッサンス以降の都市デザイ

＊11　オギュスタン・ベルク『日本の風景・西欧の景観』講談社現代新書。
＊12　ジークフリート・ギーディオン『新版　空間・時間・建築1』丸善。

ンの事例は、透視画法という「絶対的な典範」に従ったものばかりである。ヴァザーリによるフィレンツェのウフィツィ広場、ミケランジェロによるローマのカピトール、シクストゥス五世のバロック・ローマの計画、ヴォー・ル・ヴィコント館、ヴェルサイユ宮（図7）、ベルニーニのサン・ピエトロ寺院楕円広場（図8）、ナンシーの三つの広場、バースのサーカスとロイヤル・クレッズント、パリのコンコルド広場、ローマのポポロ広場などである。

エドマンド・ベーコンの『都市のデザイン』[*13]はほとんど同じ事例を、美しい図面を用いて、実にわかりやすく紙上に表現していて、西欧の都市デザインにおいて透視画法がまさに「絶対的な典範」であったことを、私達に教えてくれる。

❖視覚に偏する風景観

一つの静止した視点から眺めた求心形式[*14]（図9）の静止透視画として、庭園や都市が造形された。近代的な主体である個人の成立と透視画法は深い関わりがあるにもかかわらず、求心形式の庭園や都市においては、透視画の視点に立っているのは近代的な個人ではなく、絶対的支配者のように思える。これを嫌ったイギリス人が、一八世紀にピクチャレスク美学を生みだす。当時のイギリスは、自由主義を唱えるホイッグ党の時代だった。[*15]そして、大陸の整形式庭園とは違うイギリス風景式庭園が生まれ、さらに複雑な形をしたピクチャレスク庭園へと発展していく。

しかし、都市においては、整形式あるいは求心式の都市造形から脱却するのは難しかった。一九世紀末にカミロ・ジッテやレイモンド・アンウィンが脱却に向けて大いに貢献するが、モダンデザインに淘汰されてしまう。ピクチャレスクな都市景観の魅力を英国タウンスケープ派が再発見するのは、第二次大戦後のことである。

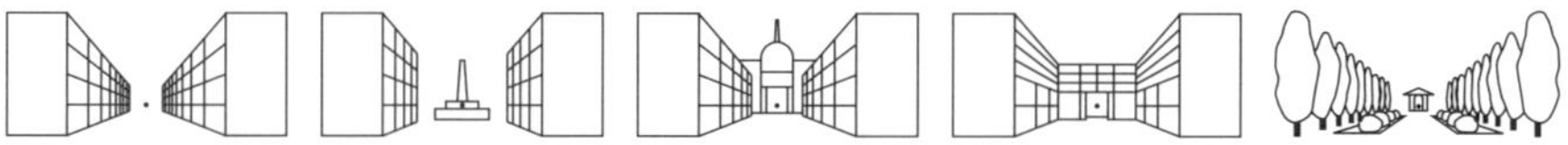

直線道路の両側に同形同高の建築が並んだもの	左図の様な道路の突き当たりに対称の建築や塔などがあるもの	同形の建築が向かい合った向こうに対称建築などがあるもの	コ字形の対称建築の両翼がこちらに延びたもの	並木や花壇などが対称に配置された庭園や都市

図9　黒田正巳の挙げる、様々な求心形式（出典：黒田正巳『空間を描く遠近法』彰国社）

（前頁）
(上)図7　透視画法を典範としたヴェルサイユ宮のビスタ
(下)図8　透視画法を典範としたサン・ピエトロ寺院楕円広場

ただ、ピクチャレスク美学は、透視画の呪縛から逃れようとしたのではなく、生気のない凍ったような静止透視画の呪縛から逃れようとしたのであった。変化したのは、透視画の視点に立つ主体である。絶対的支配者が、変化を求める自由な近代的主体になったのである。そもそも、絵のようなという意味も含むピクチャレスクという言葉からもわかるように、絵のように見る視覚的見方から、逃れ出たわけではない。

透視画の視点に立って眺める人が変わったことで、眺める場所（視点場）、眺められるもの（視対象）、そして眺め方あるいは見せ方が多様化し、複雑になった。これがピクチャレスク庭園また英国タウンスケープ派の大きな魅力だ。一九世紀から二〇世紀にかけて印象派が登場し、「絵画は透視画である」という五世紀にもわたる透視画の時代を終わらせる。しかし、絵画と違って、庭園、建築、都市などの空間デザインの分野で、透視画的な見方を変えていくのは容易ではないだろう。

カレン達英国タウンスケープ派の言うタウンスケープも、きわめて視覚的である。主要な関心事は、やはり視覚的な風景である。透視画法を出自とする西欧の風景観の宿命だろうか。

2 心地よい生息適地の風景

❖アップルトンの風景論

アップルトンの風景論[*16]は、動物の生息適地から話を進めていくもので、甚だユニークである。

動物の生息適地の条件は、「自分の姿を見せることなく、相手の姿を見ることができる」ということだという。隠れ処があり、眺望があることである。隠れ処は、自分の身を隠すために必要な条件

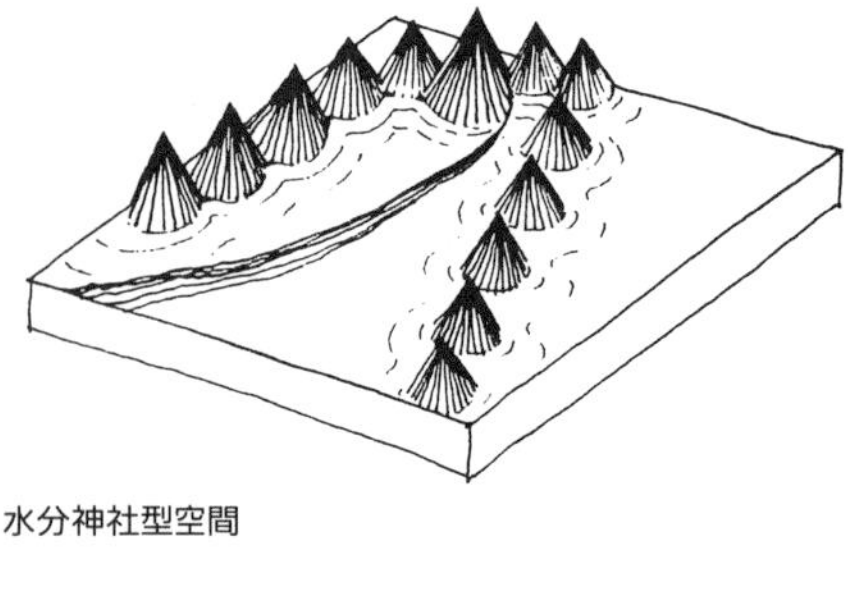

水分神社型空間

＊13 Edmund Bacon, *Design of Cities*, Revised Edition, Penguin Books。邦訳は絶版。
＊14 黒田正巳『空間を描く遠近法』彰国社。
＊15 前掲＊10。
＊16 Jay Appleton, *The Experience of Landscape*, John Wiley & Sons, 1975。
＊17 技報堂出版、一九七五年。
＊18 ケビン・リンチ『都市のイメージ』岩波書店。

で、眺望は、獲物を探すためと敵を監視するために必要な条件だという。動物はそれぞれ、このような条件を満たしてくれる場所を、本能的に見つけることができるという。

人間にはそのような本能はない。しかし、そのような条件を備えているように見える場所を見ると、人間はその場所の風景を美しいと感じる、とアップルトンは言うのである。アップルトンが言うのは、生息適地のように見えるところは美しい、ということである。美しく見えるところは生息適地だ、と言っているわけではない。

直感的な仮説といえるが、核心に触れているように思える。この説への批判に対して、*The Experience of Landscape* のペイパーバックス版でアップルトンは反論をしている。このなかで、彼は環境情報という言葉を使っている。私達が、環境から読みとる、あるいは感じとる情報、という意味だろう。隠れ処と眺望のシンボルとして見える風景も、そのような環境情報である、と彼は考えようとしているようだ。風景を隠れ処と眺望のシンボルとしてしか見ない還元主義、という批判に対する、彼の回答だろう。

ともあれ、アップルトンの説が興味深いのは、風景の話を生息地(habitat)の話につなげたことだと思う。西欧の風景論が、視覚的な世界を抜け出て、生息地の風景を問題にするようになったのは、画期的なことだと思う。

私は『景観の構造』[*17]で、景観を「視覚的構造」と「空間的構造」の二つの側面から捉えようとした。視覚的な分析だけでは、日本人が、ここがよいと選び定めた定住地の空間的な景観構造(図10)を捉えることができない。そこで、定住地の空間的な景観構造については、ケビン・リンチが『都市のイメージ』[*18]で導き出した五つの要素を使って、『景観の構造』では分析してみた。しかし正直なところ、リンチの五つの要素では、私が取り出した七つの型の日本の〈ふるさと〉の景観をうまく

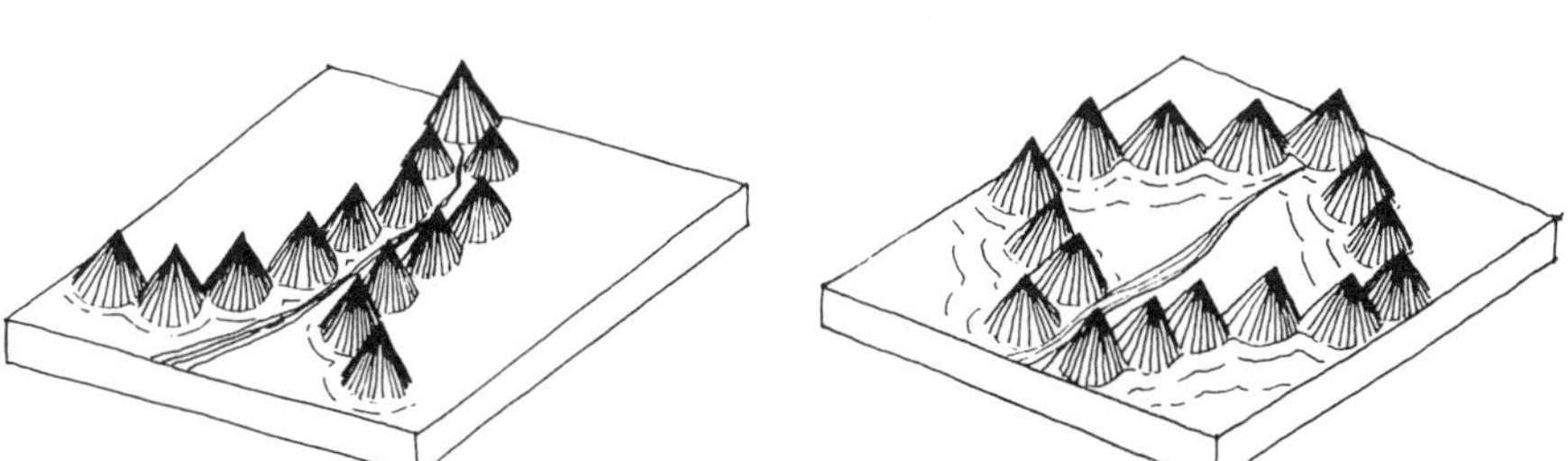

隠国型空間　　秋津洲やまと型空間

図10　定住地の景観構造（出典：樋口忠彦『景観の構造』）

分析することができなかった。

『景観の構造』を出版後、フロイト、ユング、バシュラールなど、深層心理学の助けを借りながら、『景観の構造』で取りあげた日本人の定住地景観の空間的構造を捉え直そうとしているときであった。景観の話を生息地の話につなげているアップルトンの本に接し、親近感を持った。アップルトンも、深層心理学と同じように、景観を象徴として見ていこうとしているところも面白かった。

❖アレグザンダーのパタン・ランゲージ

アレグザンダーの『パタン・ランゲージ』[*19]は、一つ一つのパタンの写真を眺めていくだけでも楽しい本だ。二五三個のパタンから、自分の気に入ったパタンを選んでみたことがある。そのとき、選んだパタンの中に、類似したパタンがあることに気がついた。それは次のようなパタンである(図11)。

「屋外で人がつねに求めるのは、背後が守られていて、目前の空間の先に何かより大きな空間が開けているような場所である」、という「段階的な屋外空間」のパタン(114)。

「公共広場の生活は、自然にその外縁部に形成される。外縁に失敗すると、けっして生き生きした広場空間にはならない」、という「小さな人だまり」のパタン(124)。

「人間活動のある場所で、最も人の行きたがる地点は、見晴らしがきく程度に小高く、しかも活動に参加できる程度に低い地点である」、という「座れる階段」のパタン(125)。

「周囲の屋外空間を見通すバルコニーやテラスがないと、屋内の人も屋外の人も、建物と公的世界との相互のからみ合いを感じ取る手立てを失ってしまう」、という「外廊」のパタン(166)。

「窓辺の腰掛、出窓《ベイウィンドウ》、敷居の低い大きな窓の脇の座り心地のよい椅子などは、万人に好まれ

小さな人だまり

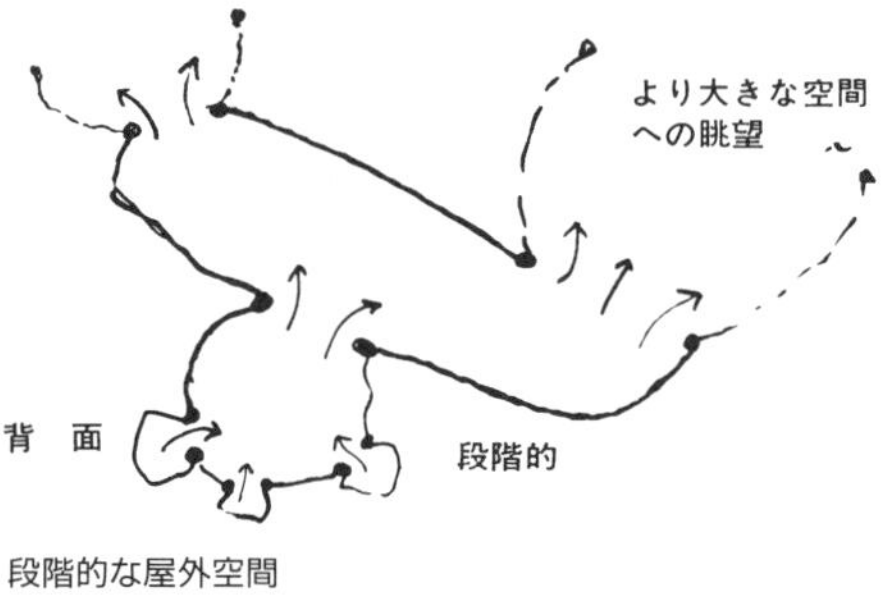

段階的な屋外空間

る」、という「窓のある場所」のパタン（180）。
「人は街路をぼんやり眺めているのが好きである」、という「玄関先のベンチ」のパタン（242）。
　このほか、「路上カフェ」（88）、「正の屋外空間」（106）、「建物の外縁」（160）、「戸外室」（163）、「一間バルコニー」（167）などのパタンである。

　これらのパタンはすべて、居心地がよさそうである。アレグザンダーが挙げた、居心地のよい場所のパタン、といってよいだろう。

　ところで、これらの場所はすべて、背後が守られていて、前方により大きな空間が開けている場所である。隠れ処と眺望という二つの条件を備えた場所である。アップルトンが言う動物の生息適地と同じ条件を備えた場所であるところが、面白い。

　アレグザンダーの見解は、次のようにまとめておいた方が誤解を生まないだろう。背後が守られていて、前方により大きな空間が開けている場所は、居心地のよい場所である。といって、居心地のよい場所はどこも、背後が守られていて、前方により大きな空間が開けている場所である、というわけではない。

❖居心地のよい場所と心地よい風景

アップルトンは、生息適地のように見えるところは美しい、と言っている。一方、アレグザンダーは、背後が守られていて、前方により大きな空間が開けている場所は、居心地のよい場所である、と言っている。

　アップルトンとアレグザンダーの関係は次のようになる。アレグザンダーは、背後が守られていて前方により大きな空間が開けている場所にいて、ここは居心地がよい、と言っている。この背後

＊19　Christopher Alexander, *A Pattern Language*, Oxford University Press, 1977。邦訳『パタン・ランゲージ』平田翰那訳、鹿島出版会。

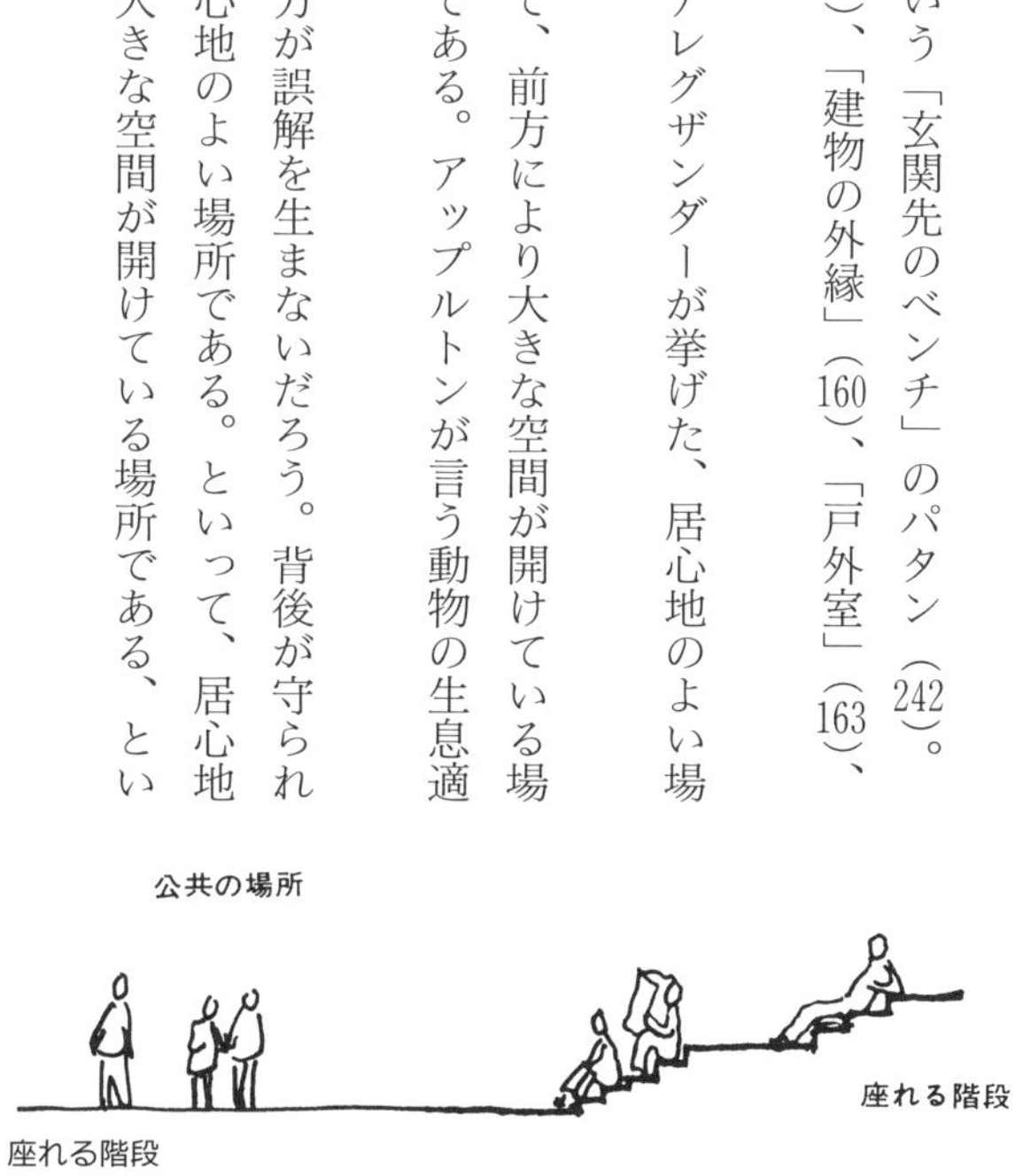

図11　アレグザンダーが挙げる居心地のよい場所のパタン（出典：C・アレグザンダー『パタン・ランゲージ』）

が守られていて前方により大きな空間が開けている場所を、離れた場所から眺めて、アップルトンは、そこが美しい、と言っているのである。もちろん、厳密には、背後が守られているところが隠れ処を象徴しているように見え、また前方により大きな空間が開けていることが間接的にでも見てとれなければ、アップルトンはそこを美しいとは言わないだろう。また、アップルトンは、眺望と隠れ処が備わっているように見える風景を問題にしているのであって、背後が守られていて前方により大きな空間が開けている場所だけを問題にしているわけではない。

アレグザンダーが挙げている場所は、居心地のよい場所のすべてではないだろうが、そのなかで重要なものだろう。一方、アップルトンが言う生息適地の美は、快に関わる美、心地よい美だろう。生息適地の心地よい美は、心地よい風景と言っていいだろう。居心地のよい場所と心地よい風景との間に、ともかく接点が生まれたことになる。

これは、私にとってうれしい発見で、『景観の構造』の第二編「景観の空間的構造」を書き直して、『日本の景観』[*20]を書くきっかけになった。ところで、数年前アップルトン氏に会ったので、アレグザンダーと彼の著書を知っているかどうか尋ねたところ、首をかしげて、全く知らない、と言っていた。

3　日本のけしき[*21]

❖中国での山水の発見

先に見たように、風景の観念が西欧に現れたのは、ルネッサンス期のヨーロッパだといわれる。

＊20　春秋社。のちに、ちくま学芸文庫。

＊21　「風景」という語は、わが国ではほとんど漢文体の資料にしか登場しなかった。それに対して、「けしき」（「気色」）は、『日本国語大辞典　第二版』（小学館）によれば、平安初期から和文中に用いられ、和語化していた語で、近世になって「景色」という表記があてられるようになっていった、という。手もとの『古語辞典』（旺文社）をみると、「けしき」は最重要語として載せられている。しかし、「ふうけい」という語はない。

「けしき」は、けはいや、あやしげな様子という意味ももち、日本の「けしき」の古層にまで遡れる語である。それゆえ、ここでは、景観、風景ではなく、「けしき」を用いる。

一六世紀のことである。世界で風景がいつどこで発見されたのか、このことを調べたオギュスタン・ベルクは、四世紀の六朝時代の中国ではないかとしている。このころの中国の隠遁思想と山水との関わりについては、小尾郊一の『中国の隠遁思想』[*22]が詳しいので、ここで小尾の説を紹介しておきたい。

前漢、後漢を通じて、その帝国を支えてきたのは儒教思想であった。しかし、後漢の滅亡と共に、山野に隠遁することになった知識人の間で、にわかに脚光を浴びてきたのが、老荘思想であったという。『老子』は、人為的政治社会を否定し、「自ずから然かる」ことを、人間の生き方の究極の目的とした。そして、この「自ずから然かる」状態が「道」であると考えた。山野に隠遁することになった知識人が、この「自ずから然かる」としての自然を、山水と解するようになり、この山水に親しむことで、道を会得できると考えるようになった、という。

「美しい山水に接していると、俗塵から遠ざかり、虚静無欲の心境になってくる。それは老荘のめざす境地である。その境地を会得することは、老荘の道を体得することでもある。そしてそれが隠遁でもあると考えたとみてよい」[*23]。

こうして、荒涼とした生活の場であった山野は、しだいに「山水」と呼ばれるようになり、晋代には、老荘を慕いつつ山水に遊ぶことが知識人の教養と考えられるようになった。そして、山水隠遁へのあこがれから、山水を安住の地とあこがれるようになった。そして、自然の風物を美の対象として眺めて表現する詩人・謝霊運（三八五〜四三三）が登場してくることになる[*24]、という。

中国で山水の美が発見されたのはこの頃である。そして、晋代以降の、山水に遊び、山水を楽しむ漢詩は、日本に輸入され、日本の知識人に少なからぬ影響を及ぼしていった。

＊22 中公新書。
＊23 前掲＊22。
＊24 前掲＊22。

※アニマティックな気色

日本人にとって、自然は、しゃべっていたようである。「草木もことごとく能《よ》く言語《ものいう》ことあり」、あるいは「巖根《いわね》・木の株《もと》・草の葉もなお能《よ》く言語《ものいう》」という記述が日本書紀には見られる。これは、原始文化によく見られるアニマティズムである。人類学によると、アニミズムが自然現象に内在する人格的な精霊を信じるのに、アニマティズムは非人格的な霊力を信じるものだという。[*25] 日本人にとって、まわりにあるのはアニマティックな気色であった。

天地のアニマティックな霊力を讃《ほ》める国讃《ほ》めの呪歌《じゅか》と思われる和歌が、万葉集に載せられている。舒明天皇（五九三〜六四一）が、香具山（図12）に登って望国《くにみ》されたときの歌である。

大和には　群山《むらやま》あれど　とりよろう　天の香具山　登り立ち　国見をすれば　国原は
煙立ち立つ　海原は　鷗《かまめ》立ち立つ　うまし国そ　蜻蛉島《あきづしま》　大和の国は

天地の生命力が蘇生し、さかんに活動する季節である春に、国原を望む丘に登って、山川から立ち昇る煙や飛び立つ水鳥に、天地の呪物《じゅぶつ》的霊力を見て、それを讃めたたえ、秋の豊饒を予祝する、国讃めの呪歌ではないか、といわれている。[*26] ここには、天地の自然と一体になった生活があり、国がある。

万葉集は、天平一五（七四三）年に大伴家持が久邇《くに》の京（図13）を讃《ほ》めて作った歌を載せている。先ほどの和歌を舒明天皇が作られてから、百年以上が経っている。

今造る久邇《くに》の都は　山川の清《さや》けき見れば　うべ知らすらし

このような山川の景色が澄明で清冽《せいれつ》なところに都をつくるのは、まことにもっともなことだ、という歌である。都がつくられる土地の山川を讃めたたえ、都の繁栄を願った国讃めの歌である。「山川の清けき」という詞に、呪物信仰が残っている、といえるかもしれない。長歌でなく短歌である

＊25　小西甚一『日本文藝史Ⅰ』講談社。
＊26　土橋寛『古代歌謡と儀礼の研究』岩波書店。

（次頁）
㊤図12　香具山（撮影：水島孝）
㊦図13　久邇京（撮影：水島孝）

ので、天地のアニマティックな霊力を讃める国讃めの呪詞《じゅし》が少なくなっていることもあって、だいぶ山川の景色を讃める歌に近づいてきている。おそらく、中国から伝わってきた六朝代の山水を愛でる漢詩の影響もあるだろう。

アニマティックな気色が、アニマティックな景色になりつつある。しかし、単なる嘱目《しょくもく》の景色になったわけではない。

❖天地の自然と一体化した住処《すみか》（ハビタット）

舒明天皇の国見歌も大伴家持の都讃めの歌も、良き言葉で天地の霊力を讃めたたえ、良い結果がもたらされることを天地に期待した歌である。ここには、天地の自然と一体になった生活と、そういう住処《すみか》（ハビタット）を良しとする、考え方がある。

天地の自然と調和した都を求める考え方は、平安京にも受け継がれていく。このことは、平安京遷都の詔《みことのり》のなかの、「葛野の大宮の地は山川も麗しく」「この国、山川襟帯、自然に城を成す、……」というような文章に明らかである。

このような都《みやこ》観は、西欧の都市観と全く異なっているようで、バートン・パイクが次のように書いているのを読んで、改めてその感を深くした。

「遠く紀元前二千年頃のバビロニアの叙事詩『ギルガメシュ』や、聖書『イーリアス』『アイネーイス』などの世界を思い出すと、いずれの場合にも、その世界の活力と意味発現の場として、都市が存在する。（中略）都市は、当初から何か特別の資格をそなえていた。大規模な社会生活の中心地としても、また宗教や軍事の中心地としても、都市は別個のものであったのである」[*27]。

都市は賞賛すべき、誇るべき存在であった。しかし、どうもそれだけではなかったようである。

＊27　バートン・パイク『近代文学と都市』研究社出版。

パイクは同書で次のようにも書いている。

「古代都市の建設と出現の裏には、都市は自然の世界からの分離を意味し、神によって創造された自然の秩序に対する人間の意志の押しつけであるという考え方があった。だから都市建設の際の儀式が重要な意味を持つことになる。また都市の建設は、神の定めた秩序に対する干渉行為なのであるから、それには必然的に罪悪感が伴う。この罪悪感は、数多くの古代都市の建設者が、殺人者であったという面白い神話とも無関係ではないはずである。創世記にはカインが最初の都市建設者として登場する。ローマを創建したロムルスもまた兄弟殺しであったし、アテーナイの英雄テーセウスは、親殺しの建設者であった。(中略)そこで今度は都市が破壊されるときには、建設の経路とは逆に、物理的破壊だけでなく、儀式によって根こそぎにされねばならなかった」[*28]。

それゆえ都市には、誇りと罪という二律背反のイメージがずっとつきまとっているという。そして、このイメージは、近代文学にまでも継承されている、とパイクは言うのである。

日本の都《みやこ》観と西欧の都市観とでは、天と地ほどの開きがある。

❖山川草木と四季のけしきが遍在する都

中国では、都を逃れ、山野に隠遁した知識人が、山水に遊び、山水を楽しみ、山水の美を発見していった。こうして生まれた漢詩が、日本では、都に住む知識人に伝えられて、隠遁地ではなく、都の山川の気色を讃めたたえる国讃めの歌に影響を及ぼしていったところが面白い。そして、日本の都の知識人の関心は、嘱目の景色へも拡がっていく。

既に見たように、日本人の風景観は、自然現象に内在する霊力を信じるアニミティズムを出自としている。それゆえ、自然に対する感情は、素朴な交感的自然感情で、また多感覚的自然感情であ

＊28 前掲＊27。

る。西欧の風景観と違って、自然を対象化して客観視するわけではなく、また透視画法とは無縁であり視覚に偏するわけでもない。さらに、日本人の風景観は、天地の自然と一体化した生活と住処を良しとする、という生息地観を出自としている。

こうして、山川草木と交感し、四季を感じ、人々の生活・年中行事と一体になった、物心一如の、多感覚的な風景観が、平安京に花開くことになる。その場所は、市中の築地塀に囲まれた寝殿造の屋敷の庭（図14）から、郊外の水辺や山辺あるいはそこに点在する神社や寺院など、すべての生活空間にわたり、隠遁者の山野に限らなかった。仏教も山岳仏教となり、日本人の自然観と風景観は、道教ばかりでなく仏教との関係も深めていった。

山川草木に恵まれ、アニマティックな自然観を保存していたがゆえに、そして世界で最初に風景を見出した中国の隣国であったがゆえに、また島国で異民族からの侵略をまぬがれた無防備都市であったがゆえに、都と郊外のわけへだてなく、山川草木のけしき（気色と景色）、四季のけしき（気色と景色）、そして神々の気色が遍在し、人々がそれらと交感しながら生活する、世界にも珍しい都が生みだされていった。そして、この都は日本中の住処の原型（アーキタイプ）になっていく。

そして今でも、私達が魅力を感じ誇りに思う日本のけしきは、だいぶ損なわれてしまったけれども、神々のいる山川草木のけしきであり、祭りや年中行事のけしきであり、花鳥風月のけしきであり、坪庭、前栽などの様々な庭のけしきであり、生命力あふれる人々の生活のけしきではないだろうか。

どこででも、天地の自然と一体化した生活と住処を求めるという日本人の考えは、なかなかユニークであり、そのような考えから生みだされたけしきもユニークである。持続可能な社会や環境をめざすという目標に、非常にふさわしい考えといえる。

図14　簀の子張りの泉殿と庭（出典：「春日権現験記絵」（模本）東京国立博物館所蔵。『続日本の絵巻13　春日権現験記絵　上』（中央公論新社）より転載）

どこででも、天地の自然と一体化した生活と住処（ハビタット）を求める私達の考えには、欠点がある。それは、コンパクトな都市ではなく、止めどなく広がるスプロール都市を形成してしまう、という欠点である。

❖日本的住処の課題

大都市江戸の超過密な裏店に住む町人達も、少し歩けば郊外の名所で物見遊山を楽しむことができたのであるから、天地の自然と一体化した生活と住処を求める考え方を特に変更する必要はなかったように思われる。問題を意識するようになるのは、今から約百年前の東京においてである。

明治三〇年代から、東京の人口は急速に増加していく。天地の自然と一体化した生活と住処を求める考え方と、市電や郊外電車などの交通機関の発達に支えられて、郊外居住が流行し、無秩序な住宅地が郊外に拡大していった。このスプロール現象に警告を発し、都市と郊外を明確に分離すべきだ、と都市内外分離論を提言したのは幸田露伴の『一国の首都』[*29]であった。関東大震災以降、郊外居住がますます進み、郊外への市街地拡大防止と防空緑地確保のために、東京郊外にグリーンベルトなど緑地帯をつくるという東京緑地計画が策定されたのは昭和一四（一九三九）年のことであった。詳しくは、江戸そして東京の郊外の風景がどのように変遷していったかを、当時の文学作品と都市論をもとに辿った拙著『郊外の風景』[*30]を参照してほしい。

人が歩いて生活できる程度の拡がりを持つ、江戸時代までの居住圏では問題なかった。しかし、鉄道や自動車という交通手段を利用する近代以降の居住圏では、計画的・意図的に「天地の自然と一体化した生活と住処」をつくりだしていくようにしなければならない。しかし、これに気がついたのは、たかだか百年前なのであるから、まだ未熟なところが多々ある。

東京緑地計画のような壮大な緑地帯の考えもいいだろう。しかし、大切なことは、神々がいるよ

＊29　明治三二（一八九九）年、岩波文庫。
＊30　教育出版、二〇〇〇年。

うな山川草木のけしき、祭りや年中行事のけしき、花鳥風月のけしき、庭のけしき、という私達に馴染みのある風景を、その土地の自然の生命力を生かして、人が歩いて生活できる居住圏のここかしこに、生みだしていくことだろう。このことは、持続可能な地域社会を育てていく、という目標とも重なりあうはずだ。

もちろん、人が歩いて生活できる居住圏をまちに育てていくことも、並行して取り組んでいかなければならない課題である。ここで大切なことは、生き生きした人々の生活のけしきを楽しめるようにすることだろう。けしきは気色である。人々の生活の息吹きが感じとれるような気色も大切である。このためには、既に触れた、アレグザンダーが言う居心地のよい場所を、これもここかしこにつくりだしていくことだ。そうすれば、アップルトンが言う心地よい風景を増やしていくことにもなるはずだ。

けしきは、眺める人間と、眺める場所と、眺められる対象と、時とから成り立っている。けしきは、これらの四つの要素が構成している関係である。けしきの質は、この関係の質で決まってくる。それぞれの要素の質も、けしきの質には大きな関わりがある。その中でも重要な要素は、眺める場所と、眺められる対象だろう。けしきというと、多くの人は、眺められる対象である、例えば東山や鴨川や嵐山などに関心が向きがちである。しかし、同じように大切なのは、どこから眺めるか、という眺める場所なのである。

まちの中では、アレグザンダーが言う居心地のよい場所は、眺める場所という意味でも大切である。芦原義信が『続・街並みの美学』[*31]で指摘する日本の伝統的な「床の建築」は、庭沿いにも、通り沿いにも、居心地のよい場所と心地よいけしきとを生みだしてきた(図15)。新たなかたちで、まちのここかしこにこのような居心地のよい場所を再生していくべきである。

図15　錦絵の店先（出典：『江戸名所図会』）

*31　岩波書店。

第2章

自己実現の環境デザイン

丸茂弘幸

1 和を尊ぶ日本の乱雑な街

日本人は集団の和を重んじて、自己主張、自己表現をあまりしない国民であるということは外国人にも広く定着したイメージである。しかし実際に日本に来て、雑多な建物が好き勝手に建ち並ぶ日本の都市空間を目の当たりにすると、ひょっとすると日本人は非常に個人主義的な国民なのではないかとの疑いが頭をもたげて、日本人に対するイメージが混乱してしまうという外国人が、私の友人のなかにもいる。

この一見矛盾するような事態を一体どう説明したらよいのだろう。これから述べようとしていることは、長い間私の脳裏に付着してきたこの疑問に関係している。本題に入る前に、このことに関連して、今から三〇年も昔、私がイギリスのミルトン・ケインズ開発公社で仕事をしていたときの、些細だけれども忘れがたいある経験を述べておきたいと思う。

周知のようにミルトン・ケインズは、ロンドン大都市圏の外縁部に建設されたイギリス最後のニュータウンで、計画人口二五万人と規模が大きいことからニューシティとも呼ばれている新都市である。あるとき物流関係の人々のグループが二〇人くらい日本から視察に来て、私が計画の考え方などを説明することになった。一通りの説明と質議が終わったあとの別れ際に、数人の日本人からこんなことを聞かれた。「イギリスの街はどこもみな同じ家が並んでいる。どうしてこんなに同じような建物に住んでいて、みんな満足していられるのか、日本人の目からすると不思議な感じがします」という趣旨のことを聞かれたのである。

図1 イギリスの郊外住宅地

そう言われてみれば、当時のイギリスの住宅はほとんどみなレンガを使って建てられていたし、そのレンガにしてもその土地土地で焼いたものを使っていたので同じ地域ではほぼ同じ色をしている。建物のタイプも、一応独立住宅、二戸建(セミデタッチドハウス)、テラスハウスなどと分類はできても、だいたい同じような形のものをいくつに切るか、あるいはどの程度つなげるかという差にすぎず、デザインにそれほどバリエーションがあるわけではない。イギリスの大都市の郊外や小都市の印象といえば、なだらかに起伏する緑の大地の上に、レンガ造りの家並みの織りなす薄いカーペットをそっと広げたようなものである(図1)。

一方、日本の街の姿を思い返してみると全然様相が違う。たとえディベロッパーがまとめてつくった建売住宅の団地でも、隣近所の建物ができるだけ同じに見えないように懸命に努力しているような例がよく見受けられる。まして普通の街では建物の形状・色彩に相互の関連性・共通性はまったくないといってよい(図2)。だから、突然言われて戸惑いはしたものの、そういう疑問が湧くのももっともだなという気がした。そのときどう答えたかはよく覚えていない。

問題はその後である。彼らが去った後、今度は職場の同僚(その大半はもちろんイギリス人)から「日本人はなんでみんな同じ格好しているのか? まるで制服を着ているみたいじゃないか?」と聞かれたのである。これまた言われてみると、確かにみな同じようなダークグレーのスーツをきちんと着込んだ、いかにも礼儀正しいまじめな集団という印象である。ひるがえって事務所の中を見渡してみれば黄色のセーターあり、赤シャツあり、ヒゲ面もいればヒッピーそこのけのロングヘアーもいるといった風景で、とにかく雑多な出で立ちである。そんなくだけた空気の中を、まさにねずみ色の集団が通り過ぎて行ったという感じだった。イギリス人達がいぶかるのもうなずける。

この遠い昔の小さな出来事は、私が折に触れて思い起こす外国生活時代のエピソードの一つであ

図2　日本の住宅地

るが、あのとき日本人とイギリス人から発せられた「街の佇まい」と「人の出で立ち」に関する二つの問いは、先に述べた「日本人は和を重んじるはずなのに、どうして街がバラバラなのか」という問いともちろん無関係ではないはずである。

この問題を考えるにあたって、忘れてはならないことが一つある。それは今から一三〇年ほど前の明治維新前後に来日した外国人の多くが、その旅行記、滞在記等に、日本の街の単調さ、一様性をこそ指摘していたことである(図3)。ほとんど瓦屋根と漆喰壁からなる木造の地味な平屋の建物が延々と続く街並みに印象付けられ、変化に富む母国の都市との違いに驚いていたのはむしろ西洋人の方であった。このことは、上記の問いが単純に永久不変の日本人の国民性や文化的伝統に帰することで答えられる性質のものではない可能性を示唆している。

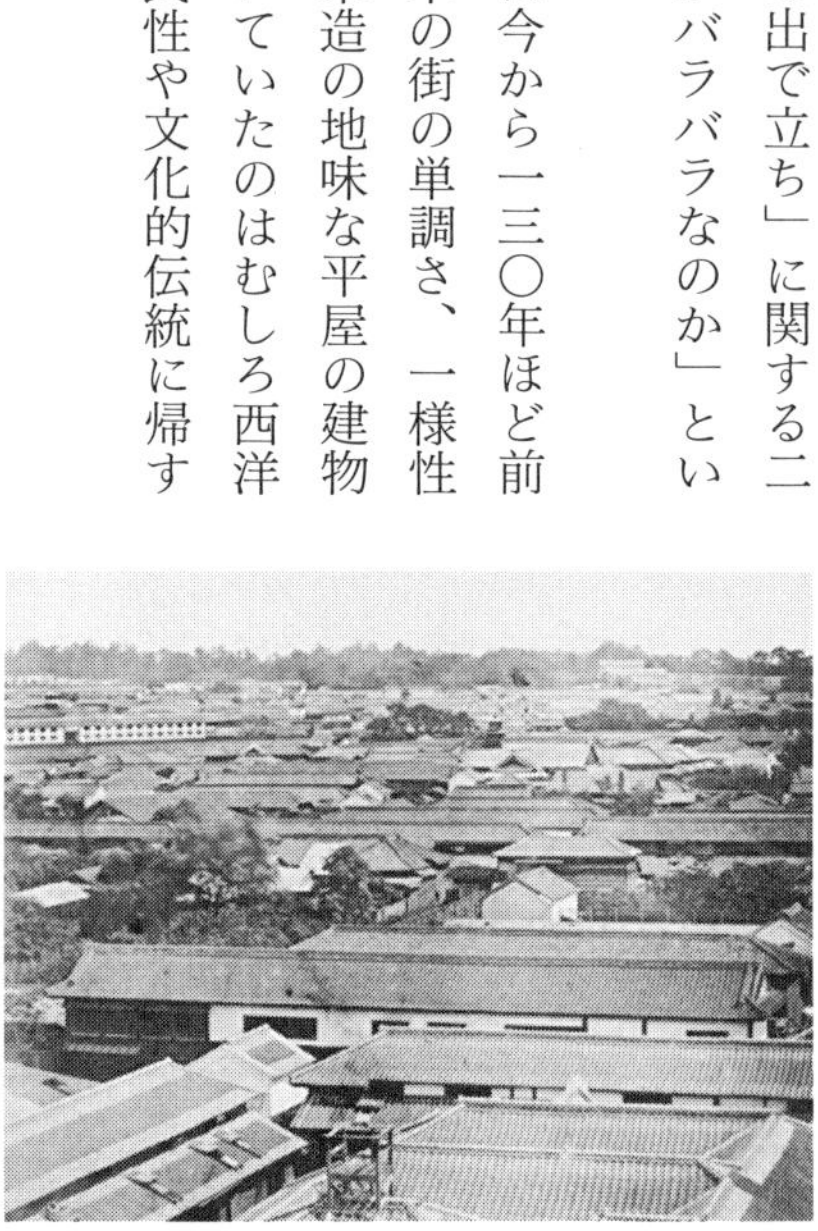
図3　一様な江戸末期の街。愛宕山から北方の眺望（出典：ライデン大学写真絵画博物館所蔵）

2 「よりどころ」から見た環境デザインの四段階

日本の都市空間に関する議論に入る前に、より普遍的なものとしての環境デザインに関する私の考えをまず述べておきたい。建築や都市環境に限らず、何をデザインするにしても、何らかの「よりどころ」がないことにはデザインはできない。文化や時代によって「よりどころ」とするものは様々でありうるし、色々なものを同時に「よりどころ」にすることもあるであろう。しかし、その中で相対的に何を最も基本的な「よりどころ」として重視し、また、どのような姿勢でそれをデザインに反映させたか、という点から見た場合、単純化していえば、私は歴史的に見て環境デザインにはおおよそ以下の四つの段階があったのではないかと考えている。すなわち、①コスモスに へなぞらえる〉デザイン、②様式に〈ならう〉デザイン、③機能を〈なぞる〉デザイン、そして④環境に〈なじむ〉デザイン、である。

※コスモスに〈なぞらえる〉デザイン

環境デザインとは、混沌とした外界に秩序を与えて自分達の住みやすい領域をつくり出すことである。宗教学者のM・エリアーデによれば、宗教が人々の生活の中に息づいていた伝統社会においては、住むという行為は混沌の中からコスモス（宇宙）を創生した神々の行為になぞらえて行われた。コスモス（宇宙）とは未知不定のカオス（混沌）に対する言葉であり、人の住む秩序ある領域を意味する。エリアーデによれば、神々の宇宙開闢《かいびゃく》になぞらえて自分達の生活世界を創造するという環境デザインの段階がまずあったということになる。

ことの起こりからいえば、あるいは順序が逆の場合もあったのかもしれない。移住や征服によって未知の土地に定住する際の、不安と恐怖と栄光に満ちた深い経験が過去にあり、その遠い記憶になぞらえて宇宙開闢神話が生まれたというケースである。ともあれ神話が生きていた伝統社会においては、人々は神々の創造行為を模倣することで新たな生活世界を築いてきた。

エリアーデによれば、伝統社会が村落や住居などの生活世界をコスモス化する方法は二つある。〈空間のコスモス化〉と〈建築供儀によるコスモス化〉である。〈空間のコスモス化〉とは「象徴的な世界軸（axis mundi）を創建すること」および「中心から四方の

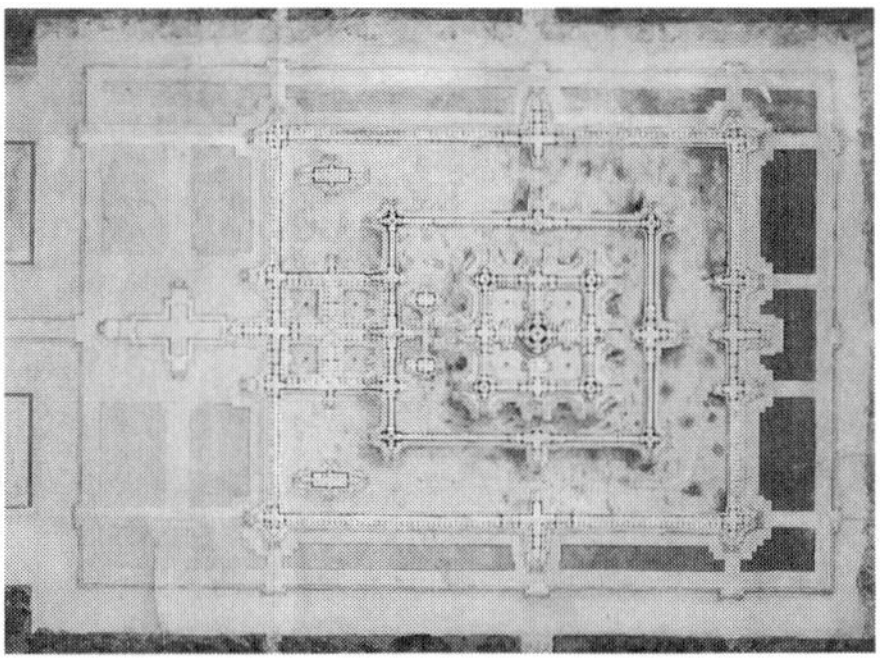

図4 〈空間のコスモス化〉アンコールワット（出典：現地の絵葉書）

地平を投射すること」による住処のコスモスへの同化である。[*1]〈建築供儀によるコスモス化〉とは「海龍あるいは太初の巨人の身体から世界を成立させた、神々のかの模範的行為を建設祭儀によって繰り返す」[*2]ことによるコスモスとの同化である。どちらも神々の宇宙開闢になぞらえているわけだが、前者は形態の〈なぞらえ〉であり、後者はプロセスの〈なぞらえ〉である。

第一の型である〈空間のコスモス化〉をエリアーデは次のように説明している。世界軸とは天地を支えかつ天上の神界や地下の冥界との交流を保証する柱であるが、宇宙はこの柱を中心として四方に広がる。宇宙が中心から展開するのと同じように「村落もまた四ツ辻の周囲に成立する。バリ島でも、またアジアのその他の地方でも、新しい村をつくる場合にはまず二つの道が直角に交わる自然の交差点を人は求める。中心の周囲に構成される正方形は、一つの世界の模型（imago mundi）である。村を四つの地域に区分することは、それに応じた共同体の区分を伴うが、宇宙を四つの方角に区分することに照応する。村の中央にはしばしば空地が残されるが、そこには後で礼拝堂が建てられ、その屋根は天を具現する。ある場合には天は木の梢や山の像によっても表される。同一垂直軸の他の端にはある種の獣（蛇、鰐等）や、闇を示す表意文字によって象徴された死者の世界がある」[*3]。

都市を意味する古代エジプトの象形文字は、中国の〈亜〉字の原型同様に、中心から四方に展開する宇宙の模型としての住処や墓所のイメージを端的に示している（図6）。図7〜9は古代中国、古代インドおよび古代ローマの都市や村落の形態を当時の文献等からイメージした模式図であるが、いずれも〈空間のコスモス化〉の表現として互いに類似していることが確認できる。

第二の型すなわち〈建築供儀によるコスモス化〉は次のように説明される。「建築供儀というものは根本において、この世界成立の起源をなす太初の供儀の—しばしば象徴的な—模倣にほかならな

＊1　ミルチャ・エリアーデ著／風間敏夫訳『聖と俗』法政大学出版局。
＊2　前掲＊1。
＊3　前掲＊1。

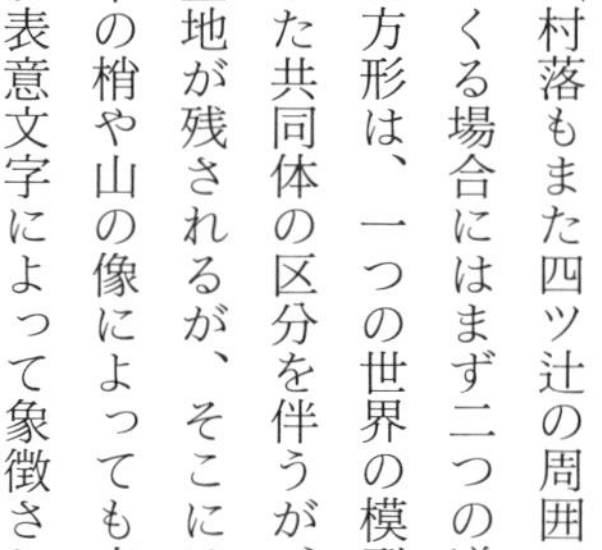

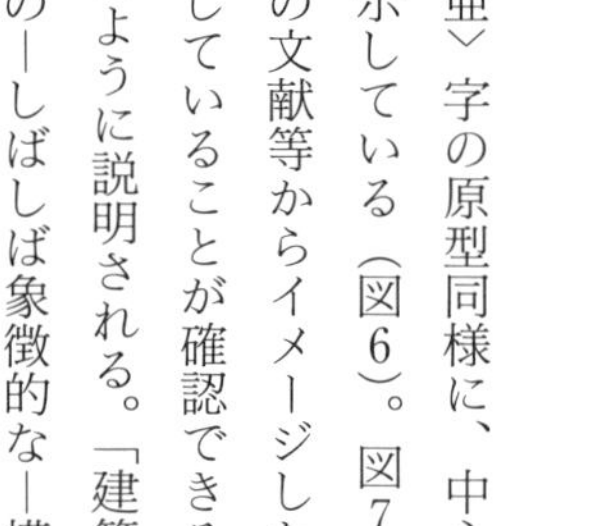

(右)図5(1)〈空間のコスモス化〉ジャワ島の伝統集落ティヒンガン（出典：鳴海邦碩他編著『神々と生きる村　王宮の都市』学芸出版社）
(左)図5(2)〈空間のコスモス化〉アッシリアのレリーフに見られる都市生活図（出典：L・ベネーヴォロ『図説・都市の世界史1古代』）

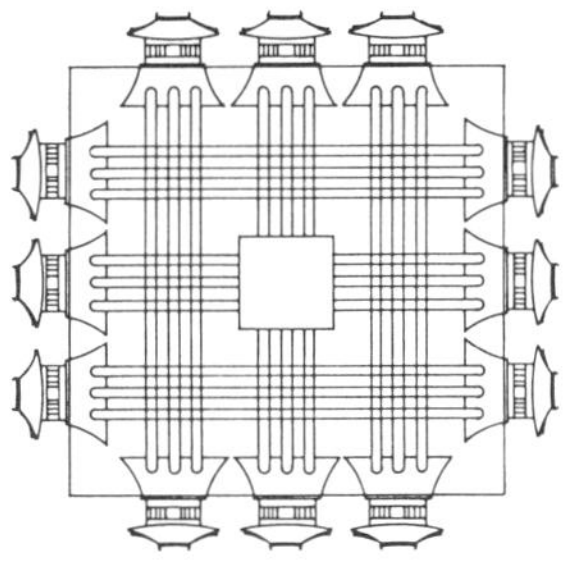

図７　周王城のイメージ（出典：高橋康夫他編『図集　日本都市史』東京大学出版会）

図６(1)　都市を意味するエジプトの象形文字（出典：『図説・都市の世界史１古代』）

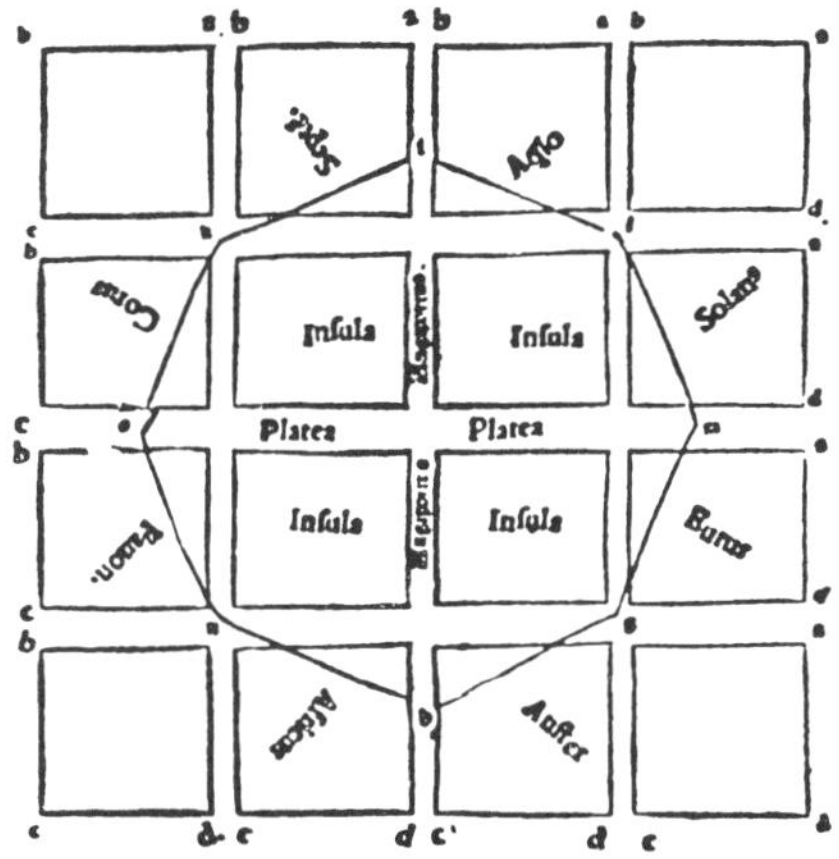

図６(2)　中国の青銅器に見られる亜字形（出典：張光直著／小南一郎他訳『中国古代文明の形成』平凡社、原出典：羅振玉『三代吉金文存』）

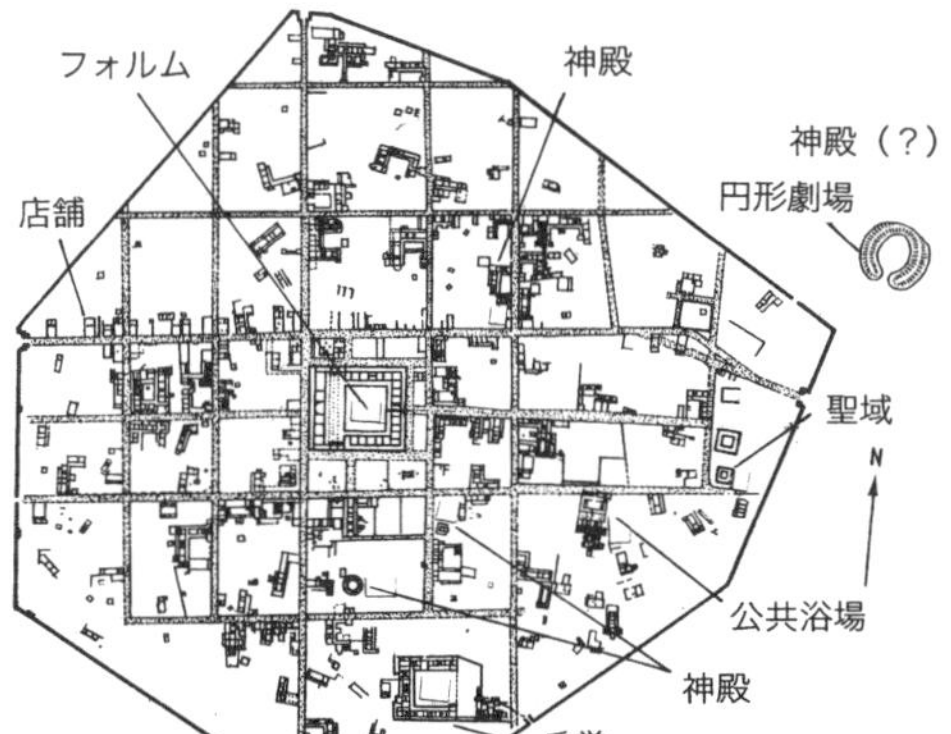

図９　ウィトゥルウィウスの建築書（1536年版）にみられる碁盤状のローマ都市(上)とブリタニアのシルチェスター(下)（出典：『図説・都市の世界史１古代』）

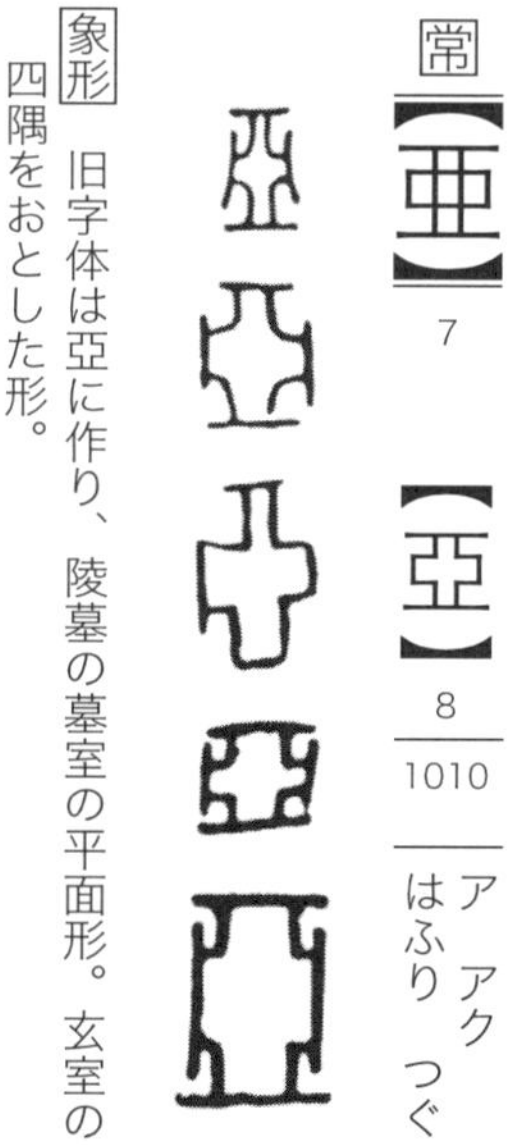

旧字体は亞に作り、陵墓の墓室の平面形。玄室の四隅をおとした形。

図６(3)　陵墓の墓室の平面形を示すという象形文字「亜」（出典：白川静『字通』平凡社より作図）

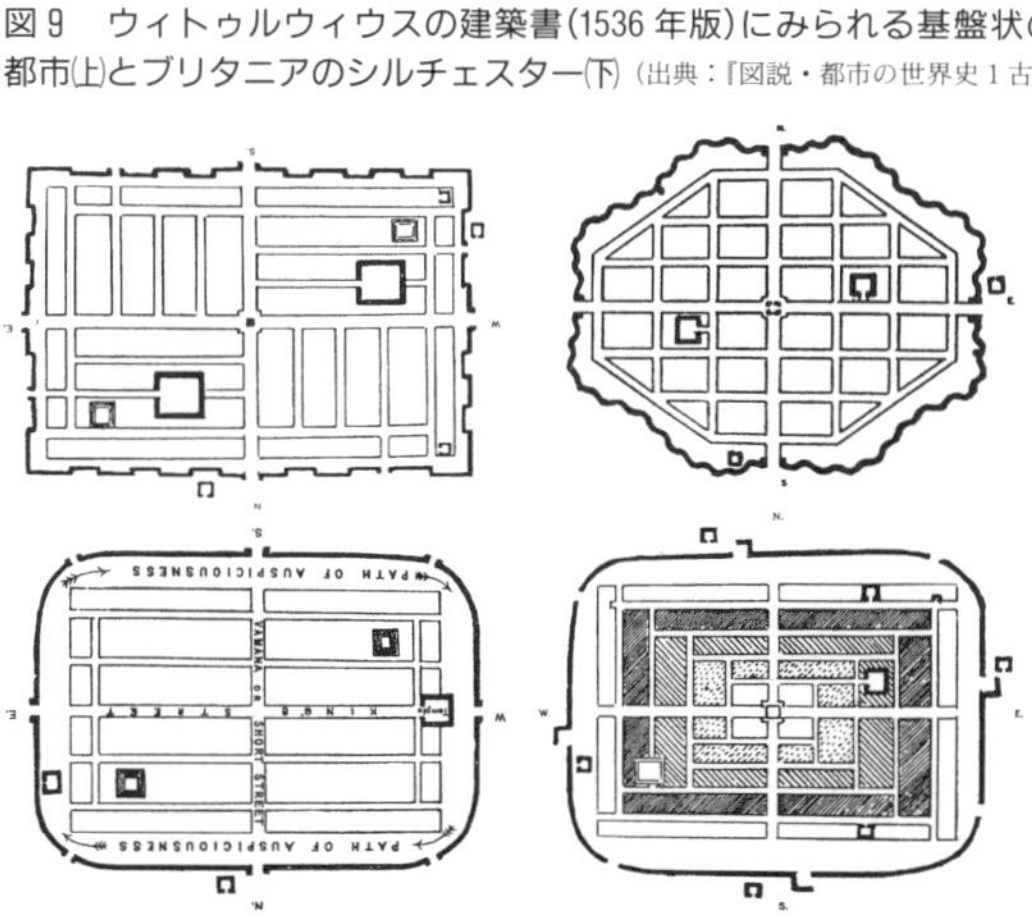

図８　古代インドの建築書『マーナサーラ・シルパシャーストラ』が挙げている村の平面図（出典：J・リクワート『〈まち〉のイデア』、原出典：E. B. Havell, *The Ancient and Medieval Architecture of India*）

い。ある文化類型の世界成立神話は、宇宙創造を巨人解体によって説明する。すなわち巨人の諸器官から様々な宇宙の領域が成立する。また別種の神話によれば、太初の生物を犠牲にした結果、その身体実質から成り出でたのは、単に宇宙そのものだけでなく、食物としての植物、諸人種、様々な社会階級もそうであった。建築供儀が由来するのはこの型の宇宙開闢神話である。周知の通り、耐久性の建築（家、寺院、技術的な仕掛等）は生きていなければならない、すなわち生命と魂とを受けねばならない。魂の〈譲渡〉はしかし、血を流す犠牲によってのみ実現できる」[*4]。

多くの伝統的な社会には宇宙開闢神話がある。神話によって意味づけられたコスモスの中で、自分達はどう生きてどう死んでいくのか、その舞台としての都市や家や墓はどのような形に、どのような手順を踏んでつくられなければならないかということについて、神(々)が模範を示している、そういう社会がまずあった。

❖様式に〈ならう〉デザイン

さて、そうしたコスモスに〈なぞらえる〉デザインの時代が長く続いたと思われるが、宗教が人々の生活の中に息づいている伝統社会が世俗化の度合いを増すにつれて、同じようなことをやっていても、本来持っていた意味は次第に忘れ去られるという事態が生じたであろう。しきたりや習わしや作法として行為や形だけが残るという時代、すなわち、様式に〈ならう〉デザインの段階への移行である。

もちろん「様式」という言葉自体は後世の発明にちがいないが、要は世界が神話的な意味に満ちていて、その意味に従って都市や建築をつくっていた、その生き生きとした意味の世界といったものは色あせて失われたけれども、形だけは残ったということである。

＊4　前掲＊1。

右図10　〈建築供儀によるコスモス化〉鏡に描かれた生贄の肝臓を占う内臓占師（出典：『〈まち〉のイデア』）

左図11　ヴァナキュラーなデザイン。江戸時代の箱根宿（出典：ライデン大学写真絵画博物館所蔵）

実は、宗教を失って久しい現代社会に生きる我々には、コスモスに〈なぞらえる〉デザインにおける人々の心情をリアルに想像することは難しいけれども、この「様式に〈ならう〉デザイン」は我々に身近で親しみのあるものである。むしろ、我々の知っている大部分の建築的・都市的遺産は、「こうするものなのだ」ということでつくられてきた、いわばマニエリスムの産物で満たされているといえよう。

その中では、特別に意識することもなく、習慣、習わしとしてやっているような、いわゆるヴァナキュラーなデザインが圧倒的な部分を占めていたはずである。しかし一部には、意識的に過去の伝統様式を掘り起こし、発見しながらそれにならってデザインする「古典主義」「折衷主義」などの、よりアカデミックなデザインのあり方があった。我々が建築史で学ぶことの多くはむしろ後者である。

また、過去に習う伝統主義、歴史主義的なものだけではなく、先進文明にならう「欧化主義」や「啓蒙主義」なども、広い意味では様式に〈ならう〉デザインの領域に入るであろう。

つまり大航海時代以降、人々が極めて多様な文化や習わしに接することによって、様々な様式の存在を知るようになり、それらを模倣したり、折衷したり、あるいは拒否しながら都市や建築をつくる、様式に〈ならう〉デザインの段階が、つい最近、二〇世紀の初め頃まで続いたわけである。

❖機能を〈なぞる〉デザイン

しかし、あまりに色々な様式をならっていくうちに、今度はなぜそんなことしなければならないのか、その根拠を問いはじめる。近代の合理主義精神は、「様式に〈ならう〉」などということとは調和しない。合理主義というのは「理に合わせる」ことで、理論的な根拠なしに〈ならう〉ことを

図12 〈様式にならうデザイン〉アンドレア・パラディオによるヴィラ・ロトンダ（出典：D・Guinness et al., *The Palladian Style*）

図13 〈様式にならうデザイン〉ナーマス・ジェファーソンによるパラディアン様式のバージニア大学のロトンダ（円屋根の建築）（出典：P・V・Turner, *Campus*）

困難にする精神であり、目的や機能に密着したデザインを求める精神である。

そういう中から「機能を〈なぞる〉デザイン」の段階が登場する。〈なぞる〉とは、何かに「密着して沿う」ことである。人体の形や動き、物や力の流れ、そういうものに密着して形を決める、デザインするという時代の到来である。例えば、人間の体の線を〈なぞって〉家具を設計する、主婦の主要な動線を〈なぞって〉住宅平面を計画する、車の走行運動の軌跡を〈なぞって〉道路の線形を決める、あるいは構造的な力の流れを〈なぞって〉橋の形状を決める。

〈なぞる〉ことは〈ならう〉ことの基本である。手本をなぞることから習字を始めるように、また建築デザインの修業をトレースから始めるように、人はしばしば〈なぞる〉ことから〈ならう〉ことを始める。だから様式に〈ならう〉デザインは、当然様式を〈なぞる〉デザインでもありうる。様式と機能という〈なぞる〉対象の違いが重要なのであろう。もっとも、様式に〈ならう〉デザインの一つ、いわゆるバロックの都市デザインも、パースペクティブに沿って、視線を〈なぞる〉形で街をつくる、という意味では視覚的な機能を〈なぞる〉デザインの一つと見なすこともできるのかもしれない。微妙な問題である。

このような機能主義の世界、これこそ周知のモダニズムの世界であるが、この段階で特徴的なのは、デザインの〈よりどころ〉とデザイン、目的と手段、〈なぞるもの〉と〈なぞられるもの〉が密着しているということである。

〈なぞらえる〉場合には、〈よりどころ〉とデザインの間に一定の距離がある。アナロジーや隠喩として知られる〈なぞらえ〉は、本質的にこの距離の存在なくして成立しない。そしてこの距離が様々な〈あそび〉やバリエーションを生むわけである。これとは対照的に〈なぞる〉というのは、何かに密着して沿うことであり、〈あそび〉を生む余地としての距離、間隙、すき間が最小化され

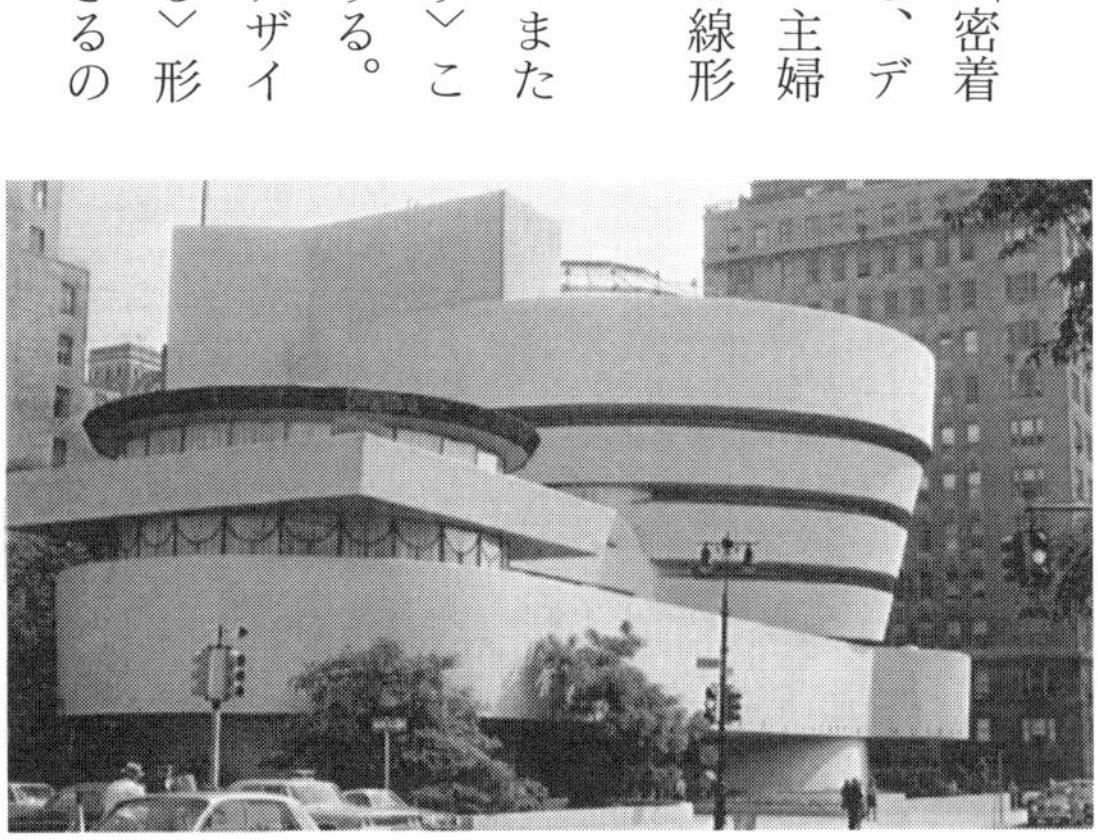

図14 〈機能をなぞるデザイン〉F・L・ライトによるグッゲンハイム美術館。螺旋状に設定された来館者の動線を〈なぞる〉ように建物がデザインされている（出典：Dennis Sharp, *A Visual History of Twentieth-Century Architecture*）

る。〈ならい〉は幅の広い曖昧さを持つ概念であるが、〈なぞらえ〉と〈なぞり〉の間に位置づけることが可能であろう。

このように〈なぞる〉場合は、特定の機能や目的には沿っていてもデザインに遊びがないので単調になりがちである。例えば、日照を最優先して考えた建物はみんな並行配置になってしまう。日照を得るという目的と、それを実現する手段としてのデザインが密着しているので、すべてが一様になり遊びがなくなってしまう。機能主義、モダニズムへの批判の少なくとも一部はここから来る。

❖環境に〈なじむ〉デザイン

ポストモダンはそうした状況への反省から生まれた。ポストモダンの中には「様式に〈ならう〉デザイン」に戻るような動きもあるが、環境との調和や持続可能性などを目指す動きが本流であろう。新しい段階の環境デザインとしての「環境に〈なじむ〉デザイン」の登場である。

〈なじむ〉というのは、「慣れ染む」から来た言葉であるといわれる。二つのものが相接して相互に浸透し合うのが〈なじむ〉ことである。「なじまれる」ものと「なじむ」もの、〈よりどころ〉となるものとデザインとの距離は〈なぞる〉よりも一層小さくなり、ここでは〈よりどころ〉との「一体化」とか「一体感」が意図される。

重要なことは「環境に〈なじむ〉デザイン」が「コスモスに〈なぞらえる〉デザイン」と対照的な位置にあると同時に、前者は後者への回帰としての側面を持っていることである。対照的であるというのは、これが機能主義、合理主義のより徹底したものという側面を持つからである。回帰的であるというのは、これが〈環境＝コスモス〉との一体化、一体感を志向するデザインという側面を持つからである。

図15 〈環境になじむデザイン〉チャールズ・ムーアによるシーランチ・コンドミニアム（撮影：佐々木葉二）

既に見たように、「コスモスに〈なぞらえる〉デザイン」の段階においては、〈生活世界〉こそが意味と秩序を持ったコスモス（宇宙）であり、これを取り巻く外界、すなわち〈環境〉は未知不明の無秩序なカオス（混沌）であった。今日、「環境に〈なじむ〉デザイン」が求められるのは、我々がつくり出す〈生活世界〉が意味と秩序を失ったカオス（混沌）として認識されるようになり、自然や歴史をはじめ、先在するもの、与えられたものとしての〈環境〉の方に意味と秩序を持ったコスモス（宇宙）を認め始めたからに他ならない。「コスモス（宇宙）／カオス（混沌）」と「生活世界／環境」との対応関係に反転が生じているのである。

　この反転に力があったのは、自然科学とこれに基づく科学技術の発達である。自然科学とは、表面的にはカオス（混沌）として立ち現れている自然現象の中に、意味と秩序を見出す方法である。自然科学のめざましい成功によって、我々の外の世界が正確な秩序によって支えたれたコスモス（宇宙）であることを疑う者はもはやいない。

　他方で科学技術の発達は、生活世界をつくる人間の能力を、人間のコントロールが可能な限界を超えて拡大してしまった。今や〈我々の世界〉こそがカオス（混沌）であり、コスモス（宇宙）は〈我々の世界〉の外にある。かってコスモスを脅かした外界の龍は自然科学の成功によって死滅したが、科学技術の発達はそれと引き替えに人間社会の内側に龍を生みだしてしまったのである。「環境に〈なじむ〉デザイン」とは、カオス（混沌）と化した〈我々の世界〉をコスモス（宇宙）である環境になじませ一体化することによって、コスモス（宇宙）を再び〈我々の世界〉に取り戻そうとする試みである。その意味でこれは「コスモスに〈なぞらえる〉デザイン」への回帰でもある。ただし、かつての神話は科学に置き換えられ、〈なぞらえ〉が〈なじみ〉に変わっている。「コスモスに〈なぞらえる〉デザイン」において、世界との一体化、一体感を支えていたのは神話

図16 〈環境になじむデザイン〉内藤廣による安曇野ちひろ美術館（写真提供：内藤廣建築設計事務所）

の語る意味であり、それを信じる〈心〉であった。「環境に〈なじむ〉デザイン」において世界との一体化、一体感を支えるものは場所の居心地の良さであり、それを感覚する〈身体〉である。そしてどちらも自分と親和的な世界において生活し、生涯を終えたいという人間の根源的な欲求に応えようとするデザインである。我々は4節で再びこの問題に立ち戻ることになる。

3 父性都市と母性都市

ここまでは環境デザインの問題を、いわば人類に共通する普遍的なものとして考えてきた。ここでは日本固有の問題を取り上げる。都市国家の時代を経験していない日本の都市は、〈切断〉を本質とする父性原理の都市ではなく、〈包含〉を本質とする母性原理の都市であることを論じたい。

❖都市国家時代の不在

日本の都市の歴史はその出発点において都市国家の時代を持たないという点に特徴がある。唐突だが、まず環境デザインとは一見無関係な図17を見ていただきたい。歴史学者の宮崎市定によるこの図は、青銅器時代なるものが、西アジアでは非常に長く、中国では比較的短く、そして日本にはほとんどなかったということを示している。宮崎によれば、青銅器時代というのは、だいたい都市国家の時代に対応しているのだという。したがって都市国家の時代もまた、西アジアおよびこれに隣接する地中海世界では非常に長かったのに対して、中国では比較的短く、日本にはなかったことになる。

図17　青銅器時代の長さの比較（出典：宮崎市定『宮崎市定全集3古代』）

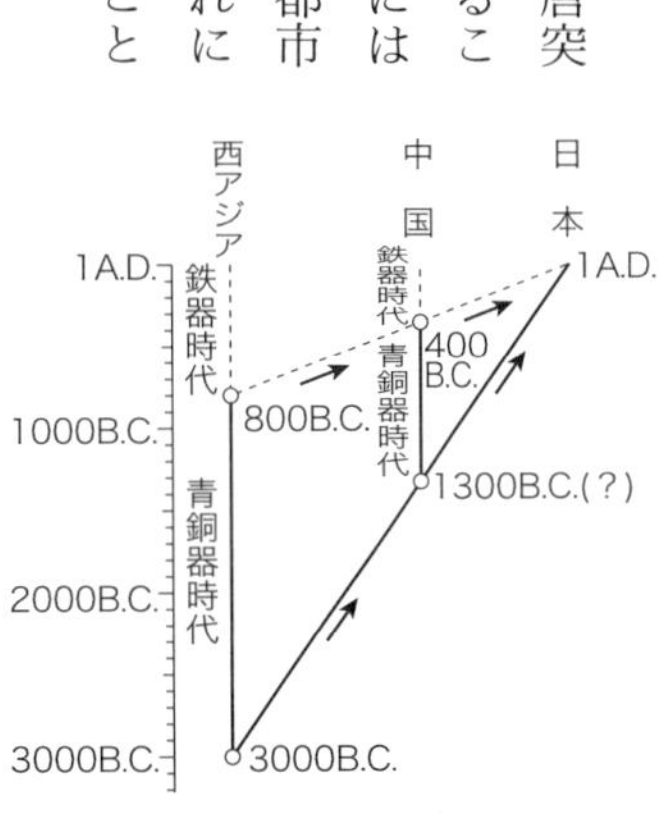

宮崎によれば、戦いに負けると全市民が奴隷にされる運命にあった都市国家の市民は、愛国心が極めて強く、強固な団結と協力によって文化を発達させた。そして「一般に都市国家では市民権という観念が成立し、その上に立った特色ある古典文化が発達するものであるが、(都市国家時代が比較的短かったために) 中国の古代にはその発達が不十分であった」[*5]というのである。

そして日本については以下のように述べている。「日本には青銅器時代がなかったので、都市国家が成立しなかった。氏族制度から一躍して領土国家、ないしは小型の古代帝国が成立したのである。自国の歴史に都市国家を持たなかった日本人は、都市国家に対する関心が今以て甚だ薄いのは当然であろう。また一般的にいって、都市国家の時代には戦争に多くの戦車が用いられる。戦車は中国の春秋時代には盛んに用いられたが、鉄器時代の戦国に入ると騎馬戦術が流行した。都市国家のない日本には戦車もなく、いきなり騎馬戦闘に突入した。これは決して地勢が狭いためではない。日本よりもっと狭いギリシャでは盛んに戦車が用いられたではないか。日本の古代史は都市国家と戦車戦術の段階とを飛びこしているのである。これは同時に古典文化の未発達を意味する。そこで中国の古典を古典として借りたが、その中国の古典文化もさほどに高度に発達したものでなかった。そこに東洋の不幸な宿命の一原因があるのだと思う」[*6]。

中国は都市国家の時代が短かった分だけ、市民社会も古典文化も地中海世界におけるほどには十分に発達しなかった。しかし都市国家の時代を全く経験していない日本に比べるとはるかに都市的な社会、文化を持つように見える。社会や文化の都市性という点から見たとき、

＊5　宮崎市定『宮崎市定全集3古代』「中国古代史概論」岩波書店。（ ）は筆者の注釈。
＊6　前掲＊5。

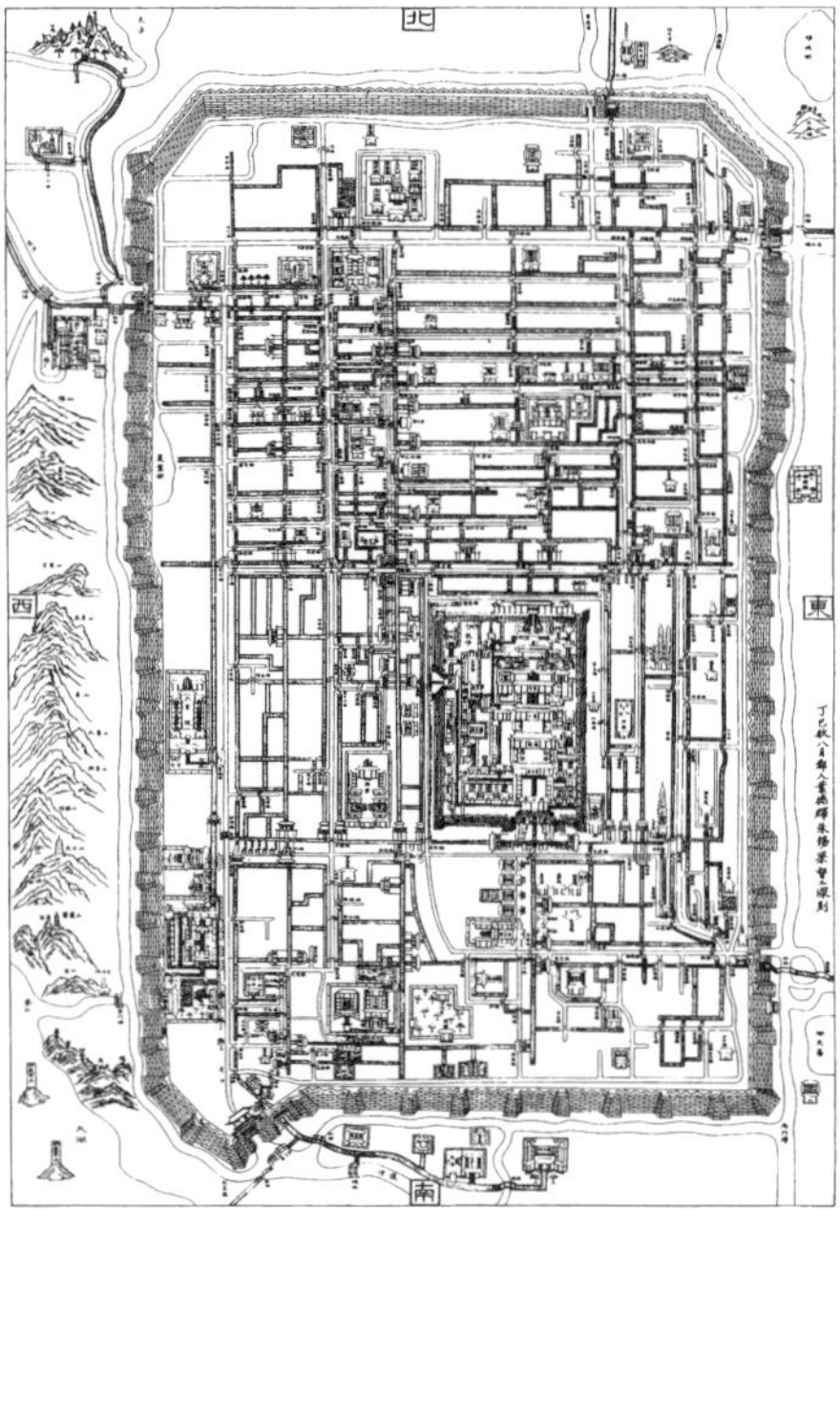

図18(1)『平江図』(1229年)に描かれた蘇州。外周を立派な城壁で囲まれていた（出典：高村雅彦『中国の都市空間を読む』山川出版社）

中国がヨーロッパと日本の中間に位置するというのは、中国を旅行する多くの日本人の実感ではあるまいか。宮崎の図17はこの実感とよく符合している。

「東洋の不幸な宿命」によって宮崎が具体的に何を意味しているのかは明らかではないが、近代における東アジアの〈都市空間の混乱〉という不幸をこれに含めることも不可能ではないかもしれない。

❖〈切断〉を本質とする父性原理の都市国家

宮崎市定によれば、中国では殷代から周代を経て春秋時代までが都市国家の時代であった。「周」という名は周系民族の都市国家の一つ洛邑が、外周を立派な城壁で囲まれていたことから来ているという。[*7]

都市国家の特徴の一つは物理的に高い堅固な城壁で都市が囲まれていることであり、社会的に強固に団結した市民の存在することである。城壁は都市国家の内と外を物理的に区切る。市民権と市民的自覚は政治的に都市国家の内と外を区切る。都市国家の高い城壁は外部の敵に対する防備と共に、内部の奴隷の監督にも便宜を与えた（図18）。

図19は、二頭の牡牛に鋤《すき》を引かせて都市の境界を引く儀礼的情景を表現したものと考えられている古代ローマ時代の大理石板のレリーフである。古代ローマ人にとってこの「都市の境界を引く」という行為がいかに神聖な儀礼であったかは、ローマの起源伝説、すなわち兄のロームルスが境界を引いているときに、弟のレムスがこれを嘲り侮辱して境界線を跳び越えてしまい、怒った兄に殺されるというロームルスとレムスの話が雄弁に物語っている。[*8]

この物語はまた、境界の神聖さと共に、聖書の語る最初の都市建設者カインが弟アベルを殺すように、古代地中海世界における都市の創建には、肉親の殺戮、血を分けたものとの断絶というイメ

図18(2)　中世の市壁の残るスペインの都市アヴィラ（出典：Spiro Kostof, *The City Shaped*）

ージが付随していたことを示している。

日本における代表的なユング派の精神分析医の一人である河合隼雄によれば、人間の心には父性と母性の原理の対立があるという。そして欧米の社会が父性優位の社会であるのに対して、日本の社会は母性優位の社会であるという。「母性の原理は〈包含する〉機能によって示される。それはすべてのものを良きにつけ悪しきにつけ包み込んでしまい、そこではすべてのものが絶対的な平等性を持つ。〈わが子であるかぎり〉すべて平等に可愛いのであり、それは子供の個性や能力とは関係ないことである。(中略)母性原理はその肯定的な面においては、生み育てるものであり、否定的には、呑みこみ、しがみつきして、死に至らしめる面を持っている」[*9]。

これに対して「父性の原理は〈切断する〉機能にその特性を示す。それはすべてのものを切断し分割する。主体と客体、善と悪、上と下などに分類し、母性がすべての子供を平等に扱うのに対して、子供をその能力や個性に応じて類別する。極端な表現をすれば、母性が〈わが子はすべてよい子〉という標語によって、すべての子を育てようとするのに対して、父性は〈よい子だけがわが子〉という規範によって、子供を鍛えようとするのである。父性原理は、このようにして強いものをつくりあげていく建設的な面と、また逆に切断の力が強すぎて破壊に到る面と、両面を備えている」[*10]。

都市国家は高い堅固な城壁によって外部から明確に切断された存在であり、「切断」を本質とする父性原理を持つ存在であるということができる。

❖〈包含〉を本質とする母性原理の日本の都市

それに対して日本の都市は、「都市」と呼べるかどうかすら問題かもしれないが、都市であるとすれば、それは包含を本質とする母性原理の都市というべきものなのではないかと思われる。「包含」

図19　都市の境界線を定める「初めの鋤き溝」を掘る儀礼描写(出典:『〈まち〉のイデア』)

＊7　前掲＊5。
＊8　ジョーゼフ・リクワート著／前川道郎他訳『〈まち〉のイデア』みすず書房。
＊9　河合隼雄『母性社会日本の病理』中公叢書。
＊10　前掲＊9。
＊11　中根千枝ほか『日本人と隣人』日本YMCA同盟出版。
＊12　前掲＊11。

とは色々なものを大らかに受け入れて、それらすべてを包み込む、という意味である。

領土国家の中の都市は、国という単位が外枠としてあって、その中に都市がある。都市国家のように厳重な市壁の中で力を合わせて外の敵から自らを守るという必要はない。都市の境界は曖昧であり、むしろ周辺の自然や農村と連続している。領土国家の中の母性都市では市民的自覚や市民権という概念は育たなかった。

河合によれば、母性優位の社会は、社会構造としてみれば中根千枝のいうタテ社会であるという。個人主義と契約の精神の根づいた欧米のヨコ社会に対して、集団のウチとソトとを峻別し、ウチにおける上下の秩序の重視とソトに対する排他性がタテ社会の特徴である。

中根は、日本のタテ社会においてはコミュニティ・ライフというものがないという。「ラテン系の国々の村には、必ず共通の広場（ピアッツァ）があり、夕方など村の人々がそこに自由に出てきてお互いに話を楽しむ習慣があります。また、中近東でよく見られるのは、村のコーヒー・ハウスです。暇があると男達は、そこに寄って話し合いを楽しみます。イギリスではほとんどの村にパブ（酒場）があって、村の男達は夕方から夜にかけてそこに出かけて行くのを楽しみにしています。チロールの村には、オーケストラ・バンドを持つものが少なくなく、夏の夕方など木陰で村人は音楽を聴きながら楽しんだりします。こうしてみると、日本の村には、いかなる形においても、村人全体の社交の場というものがありません」[11]。

コミュニティ・ライフが存在しないことに象徴されるように、家や学校や会社など社会を構成する単位が、ヨコのつながりを持たない。「日本の家族＝家のあり方は、日本人にウチとソトの間の壁を大変厚いものにしています」。「学校や会社にできる〈ウチ〉は、家《ウチ》より大きいものではなく、もう一つの〈ウチ〉であるわけです」[12]。

図20　境界のあいまいな母性都市・江戸（出典：筆者不祥、江戸景観図。国立歴史民俗博物館所蔵）

父性都市はそのソトとの間に断絶を持つ代わりに、都市の内部に社交の場を発達させてきた。母性都市は外周に壁を持たない代わりに、都市を構成する家や学校や会社などの各要素の間には深い断絶があり、ヨコのつながり、社交の場を育んでこなかった。

日本の都市もまた、都市とその外部との境界は曖昧で周辺と親和的でなじんでいる。そして、都市を構成する個々の要素はそれぞれに塀や垣根を巡らし相互に極めて排他的である（図22）。

◈母性都市のアイデンティティの解体

都市国家の伝統を継承する父性都市と領土国家の中の都市として発展してきた母性都市のどちらが優れているかが問題なのではない。明治維新前後に来日した外国人が目撃したように、また今日に残る歴史的町並みが示しているように、母性都市は、父性都市には見られない繊細で柔らかな秩序の醸し出す魅力を秘めてもいた。問題はそうした母性都市のアイデンティティが近代化と共に解体されてしまったことにある。

母性原理というのは「色々なものを大らかに受け入れる」という原理である。そのため、欧米の先進文化に〈ならう〉デザインによる異物の無差別的な受容が、特に明治以降、急速に起こった。母性都市は異物を強く拒否しないのである。ジャポニズムが流行し、シノアズリが一世を風靡したにせよ、西洋の父性都市が日本風や中国風になったわけではない。近年の例で見ても、ディズニーランドの建設に冷ややかであったといわれるフランスと異なり、日本の社会はそうした異物に対してアレルギーをほとんど示すことはない。

仮に個人的には異物に抵抗を感ずる人がいたとしても、ヨコの関係が希薄なタテ社会の母性都市においては、市民の連帯による運動という形に発展すること自体が稀であり、このことが異物の受

図21(1)　イスタンブールの伝統的雰囲気を残したチャイハネ（カフェ）（撮影：宍戸克実）

図21(2)　日本の茶屋はコミュニティのものというよりも通りすがりの人々のためのものだった（出典：渡辺京二『逝きし世の面影』葦書房、原出典：Hmbert, *Le Japone Illustré*）

容を一層容易にしてきた。鎖国、すなわち領土国家のレベルで異物の侵入を拒絶しようとする政策が上意下達的にとられるのは、こうした事態への反動であり、裏返しの現象であろう。

そのような異文化の無差別的受容と同時に、〈なぞる〉デザインによる機能主義的な要素が個別にどんどん都市に集積してしまった。機能を〈なぞる〉デザインもまた多くの伝統社会にとっては異物であり、ヨーロッパの都市ではこれを非常に限定的にしか受け入れていない。機能主義的な近代建築は、今日ではヨーロッパの都市よりもむしろアジアの都市を特徴づける要素になっている。

既に見たように、近代以前においては、周辺をカオスで取り囲まれた中に、秩序を持ち意味付けられたコスモスとしての都市があった。近代以降、周辺の田園や自然に秩序を認識し、都市についてはむしろカオスとして意識する、一種の逆転現象が起こった。この逆転現象が、西洋の父性社会の都市に比べて、日本を含むアジアの母性社会の都市では、はるかに極端に進行しているのである。

4 〈自己〉実現と環境デザイン

環境デザインの目的を突き詰めて考えれば「自己実現」に資することにある。ここでは自己実現とは何か、環境がこれとどう関連するのか、という一般論に再び立ち返って議論する。主体があって環境がある。自己実現を考える上では、この「主体」とは何かがまず問題となる。

❖二つの主体：自我と自己

図24は河合隼雄の考える心の構造を示している。この考え方では、まず「自我」が意識の中心に

(右)図22　塀や垣根を巡らし排他的な日本の家並み
(左)図23　異物の無差別的受容でカオス化した日本の都市（出典：Botond Bognar, *World Cities Tokyo*）

ある。しかし意識というのは心のほんの一部であって、その下には広大な無意識の世界が広がっており、その無意識にも色々なレベルがあって、個人的な無意識のみでなく、家族的無意識、文化的無意識、さらには人類に共通する普遍的無意識が存在するという。

図25に見るように、ユングは意識の中心としての〈自我ｅｇｏ〉と、意識と無意識を包含する心の中心としての〈自己ｓｅｌｆ〉とを区別している。そして、ユング派の考えによれば、「我々の自我は、心の奥深く存在する自己とのつながりを確立しえたときにのみ、その安定性を得られる」[*13]のだという。自己実現などという抽象概念は様々に定義できようが、ここではユング派の考えに従って、自我と自己とのつながりを確立することであるとしておこう。

もしこのように捉えた自己実現が環境デザインの究極的な目標であるならば、環境デザインにとっては、意識に上ってくる環境だけではなく、〈自己ｓｅｌｆ〉つまり無意識を含めた心の中心としての主体にとっての環境というものが非常に重要になると考えられる。

❖無意識への〈心〉的通路と〈なぞらえ〉

自我と自己のつながりを確立するという場合、〈心〉〈身〉の二つの通路があるのではないか、というのが素人の私が考えている一つの仮説である。〈心〉的通路とは〈なぞらえ〉である。〈身〉的通路とは〈なじみ〉である。一方は心の象徴作用を介して、他方は身体感覚の再編を介して無意識への通路が開かれ自我と自己の結びつきが確立される。

無意識への通路としての〈なぞらえ〉については、夢や絵画や神話などの象徴が、意識と無意識とを結ぶ存在だとユングが言っていることからもそれほど異論はなさそうである。ユングによれば、例えばグレート・マザー（太母）、すなわち〈母なる大地〉といったイメージのもとになるものは、

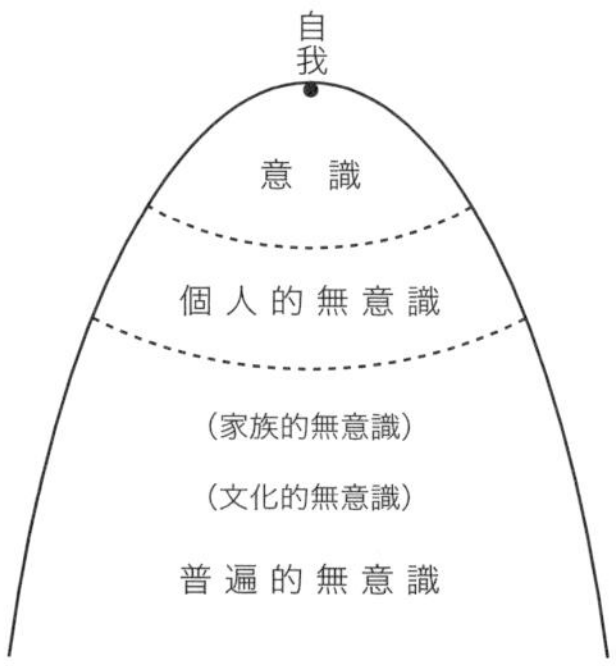

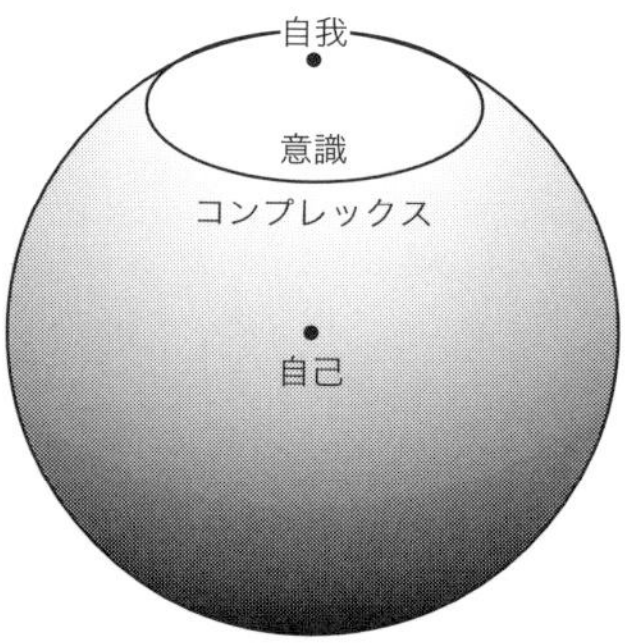

(右)図24　ユング派による心の構造（出典：河合隼雄『無意識の構造』中公新書）
(左)図25　自我と自己の関係（出典：河合隼雄『コンプレックス』岩波新書）

単に個人の無意識のなかにあるのではなく、誰もが共有している集合的無意識のなかにある。これらを「元型」と呼び、それらがイメージ化されたものを「原始心像」というが、これは夢や神話などの象徴、すなわち〈なぞらえ〉のような方法でしか意識の上に投影されない。

我々の棲むこの世界が、様々な象徴によって満たされ、濃密に意味づけられていることが、自己実現にとって重要である。そうでないと、我々は意識と無意識を結ぶ通路、〈自我〉と〈自己〉とのつながりを確立し、自己実現することができない。コスモスに〈なぞらえる〉デザインの意味はまさにここにあったのであろう。

しかし、既に宇宙創生神話や宗教を失った世俗的な時代に生きる我々に、無意識への通路としての〈なぞらえ〉、あるいは「コスモスに〈なぞらえる〉デザイン」による自己実現というものがなお可能なのかについては、これに自信を持って答えるだけの能力を、私は持ちあわせていない。

❈無意識への〈身〉的通路と〈なじみ〉

意識と無意識を結ぶもう一つの通路が、実は我々の身体である。このことを論証しなければならない。この議論に入るにあたって、まず真木悠介の文章を引用させてもらうことから始めよう。

「森や草原やコミューンや都市の空間で我々の身体が経験している、あの形状することのできない泡立ちは、同種や異種のフェロモンやアロモンやカイロモン達、視覚的、聴覚的なその等価物たちの力にさらされてあることの恍惚、他なるものたちの力の磁場に作用され、呼びかけられ、誘惑され、浸透されてあることの戦慄の如きものである」*14。

「〈わたくし〉という不思議な現象」の起源を訪ねる書物の中で真木がこう書いたとき、「我々の身体」として心に思い浮かべていたものは単に人間の身体だけではなかったはずである。原核細胞の

*13 前掲*9。
*14 真木悠介『自我の起原』岩波書店。

発生から真核細胞の誕生を経て、多細胞生物の発達にいたる生命進化の全過程の結果として、この地球に共生することになったあらゆる生命の「身体」が脳裏にあったにちがいない。

生命の進化が、R・ドーキンスの言うように、自己の複製だけに関心を払う「利己的な遺伝子」達がたまたま犯すミスコピーと、そうして生まれた新種の遺伝子との競争と淘汰の結果にすぎないにしても、その派生的な結果として現れた同種や異種のあらゆる生物達は互いに作用し合う「誘惑の磁場」を形成し、そうした磁場の広がりとしてこの地球環境は存在している。

図26はそうした誘惑の磁場を構成する感覚チャネルを視覚的、聴覚的、化学的なものに分けて、様々な生物にとっての相対的な重要度を示したものである。人間においては聴覚（言葉）が重要なチャネルであることが示されているが、生物によっては視覚的なものや化学的なものが重要な感覚チャネルとなっていることを示している。風景や風致といった言葉に象徴されるように、「風」は誘惑の磁場の重要な構成要素である。実際、フェロモンなどの化学物質はまさに風が運ぶわけであり、匂いや音も空気＝風の媒介なしには感覚器官に到達できない。

木々の梢を飛び交う鳥達のさえずり、風にそよぐ花々に舞う昆虫の群れ、熱帯の珊瑚礁に集う魚達、自然の生態系は我々を心地よく酔わせる美しさと魅力を秘めている。生態系を構成するそれぞれの生物もまたそこに引き寄せられて居場所を占めている以上は、我々が「心地よさ」とか「魅力」と呼んでいるものと等価な何ものかが「誘惑の磁場」として彼らにも作用しているはずである。

その等価な何ものかは、不思議なことに我々の感覚から遠く離れたものではない。「クジャクやゴクラクチョウにとって美であるような色彩が、人間にとっても〈美しい〉と感じられることは、本当に驚くべきことである。ある部族で魅力ある男性や女性の形質とされる、人工的に巨大化した下唇等々の文化的諸形質を我々は少しも〈美しい〉とは思わない。つまり人類自身の文化間の美意識

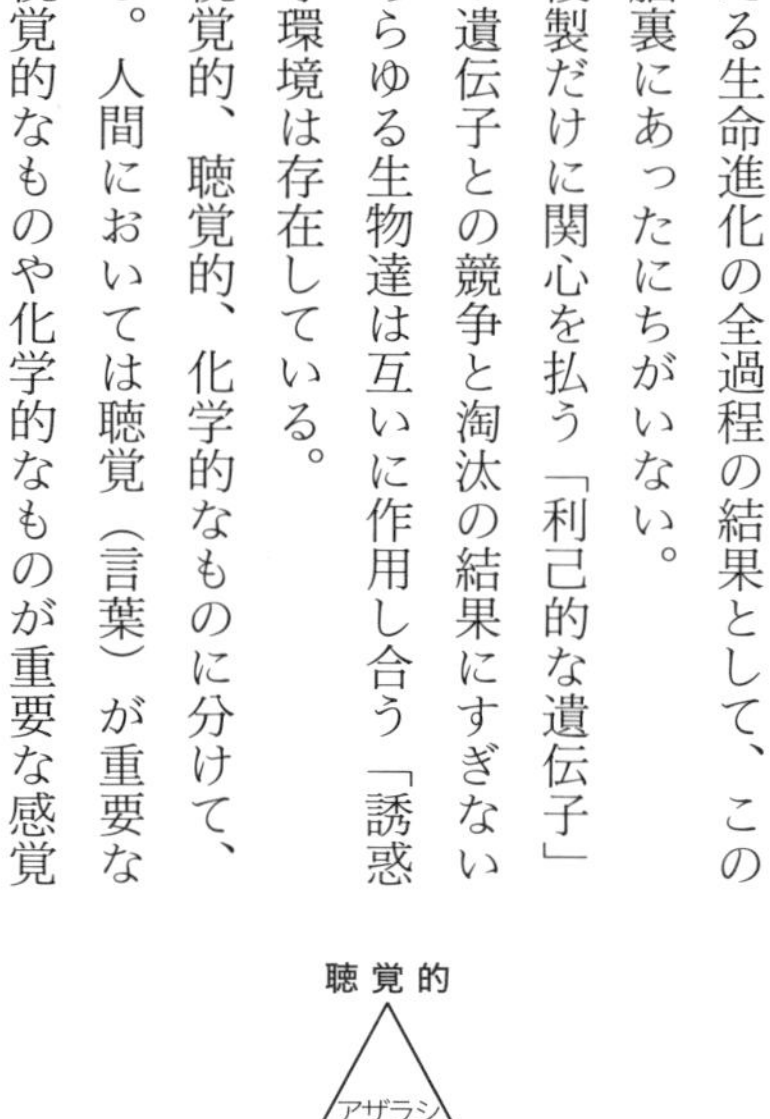

図26　様々な生物個体間の感覚チャネル
（出典：真木悠介『自我の起原』）

の距離よりも、これら鳥類の美意識との距離が小さいということは、考えるほど、驚愕すべきことだ。昆虫を誘惑する花の色彩や匂いの〈美しさ〉＝これら節足動物とホモ・サピエンスとの美意識の符号という神秘もそうだ」[*15]。

人間は、美しい風景や魅力的な場所などとして、環境をしばしば対象化して意識することがある。しかし、おそらく人間以外の生物は誘惑の磁場としての環境を対象化して意識することはないのであろう。生物一般に関する限り、誘惑の磁場は無意識に作用する力として存在している。食物を得られる場所、異性を確保できる場所、安全な場所、居心地のよい場所、等々を鋭敏にしかし無意識的に感知して行動するだけである。誘惑の磁場が生物一般の無意識の層に作用するものであるとすれば、それは人間の無意識の層にも作用していると考えるのが自然である。

実際、樹林の発散する「テルペン類等のなかには、治癒、強壮、生長、敏活化等々の作用が実験的に検出されている」といわれる。森林浴におけるいわゆる「大気のビタミン」であるが、我々はこれを直接意識することはない。我々の意識は、ただ清々しいとか心が洗われるようだと漠然と感ずるだけで、知らず知らずのうちに元気を取り戻しているのである。

E・ホールが「隠れた次元」等といい、C・アレグザンダーが「無名の質」等というのも、生態系や文化のシステムをも含む空間や環境の持つ様々な誘惑の磁場が、人間の意識以上に無意識の層に作用する側面が強いことを示すものといえよう。

自我にとっての環境とはもっぱら意識の対象として把握される限りでの環境であるが、自己にとっての環境は、我々の意識にも無意識にも共通に作用する誘惑の磁場としての環境である。もしユング派の人々が言うように心の安定性と全体性を獲得する自己実現の過程には、自我が自己とのつながりを確保することが含意されるのであるならば、誘惑の磁場としての環境は自己実現にとって

＊15　前掲＊14。

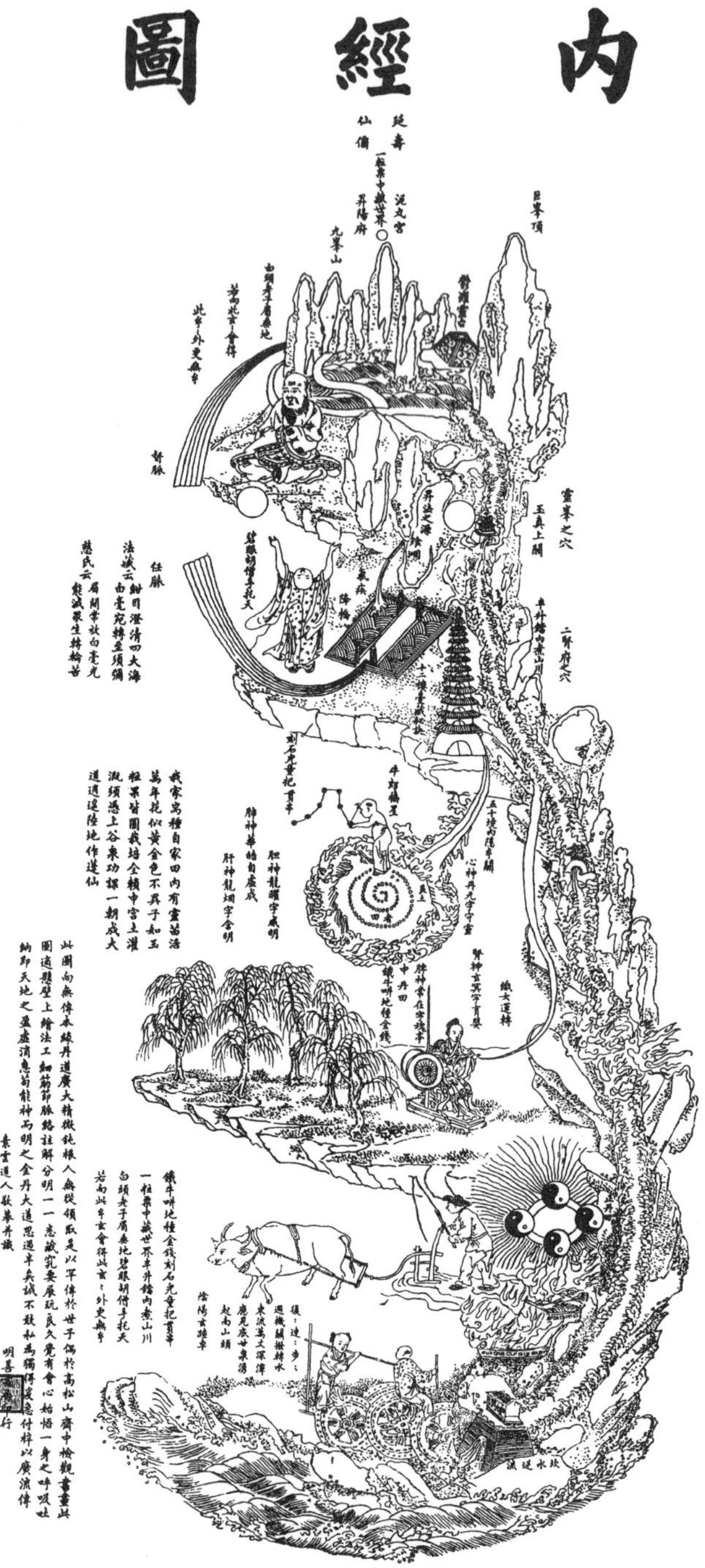

図27　気の流れを主題として身体の中に大自然の景観を飲み込んでしまった清の時代の内経図（出典：杉浦康平『宇宙を呑む』講談社、原出典：『道門秘傳内経図』明善書局）

計り知れない意味を持つにちがいない。意識にも無意識にも共通に作用する誘惑の磁場としての環境は、自我と自己をつなぐ重要な回路をなすはずだからである。

古来、自己実現を願う求道者の多くが、旅にさすらい深山幽谷にこもったのも、まさに「他なるものたちの力の磁場に作用され、呼びかけられ、誘惑され、浸透されてあることの戦慄」を経験するためではなかったか。

「環境に〈なじむ〉デザイン」の持つ意味はここにある。〈なじむ〉とは浸透し合うことである。環境と身体が浸透し合う媒体、真木が磁場と呼ぶものを、インド人は〈プラーナ（息）〉と呼び、中国人は〈気〉と呼んだ。気の流れを主題に、身体の中に大自然を呑み込んでしまった様子を描いた清朝の図像「内経図」は、これを見るものに、そうした環境と身体の相互浸透の感覚を鮮やかにイメージさせてくれる（図27）。

5　日本的〈自我〉と母性都市のデザイン

精神分析医として長年臨床に携わってきた河合隼雄の経験からすると、図25に示した自我と自己の関係は、西洋人にはよくあてはまっても、自我がはっきりせず、そもそも自我があるのかさえ定かでない日本人にはあてはまらないという。

図28は河合が日本人の意識構造を西洋人のそれと対比したモデルである。西洋人のモデルは既に見たように、無意識の表層部分にハッキリした輪郭を持った意識の層があって、その中心に自我がある。全体の中心には自己があるが、自我との間はか細い一本の点線でつながっているだけである。

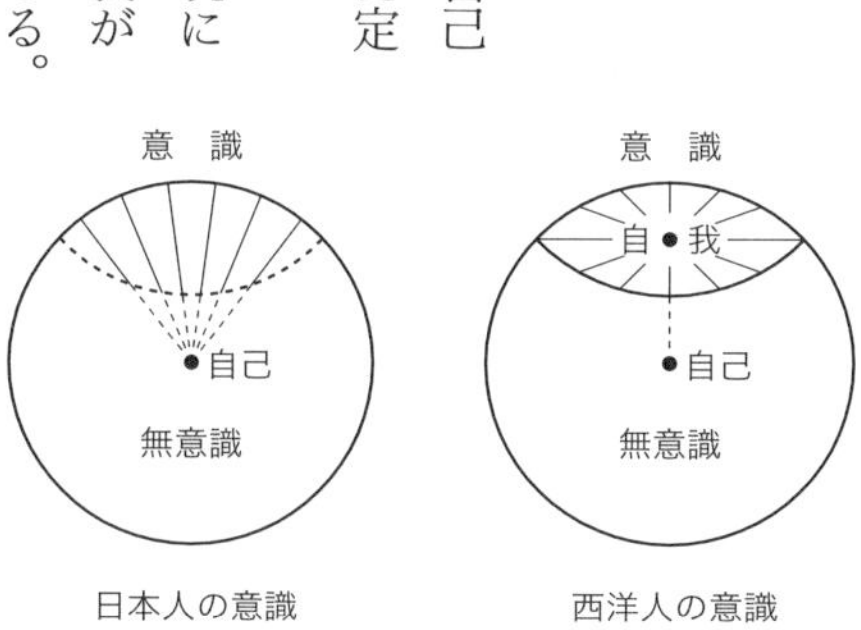

図28　日本人と西洋人の意識構造の比較（出典：河合隼雄『母性社会日本の病理』）

この点線は、夢や神話などの象徴作用を介して、あるいは身体感覚の再編成を通じて、自我と自己をつなぐ通路であることは先に述べた通りである。

これに対して日本人のモデルでは、意識の層がすり鉢状に無意識の層に深くくい込んでいて意識と無意識の境界が立体的で連続的である。表層を水平に切って意識のところだけ取り出そうとすると、自我があるべき中心部分のところが空洞になったドーナッツのような形状になってしまう。自我としてのまとまりがないように見えるのはそのためだ。河合はこれを日本人の意識の中空構造と言っている。しかし自我だけを取り出そうとするといかにもまとまりがないように見えるけれども、自己を含めた心の全体像を見れば、これもまた実に自然な形をしている。むしろ人間として、この方が自然な姿なのかもしれない。「自我」などというのは西洋の一部が到達した非常に特殊な人間像なのではないかと、河合隼雄は言っている。

◈日本的〈自我〉と母性都市の相同性

自我がハッキリしている西洋人の意識のモデルは、城壁で囲まれ「これが都市だ」といわんばかりに、まわりの自然からはっきり切り離された西洋の都市の姿と重なる。自我と同様に、自然と対立する都市などというものは人間の集住の形態としてはむしろ特殊な存在であるという見方も可能であるかもしれない。

日本の都市の中には、それだけ見れば全くまとまりがないように見えても、まわりの自然と一体のものとして眺めてみれば、まとまりのある姿をしているものが少なくない。京都もそうした都市の一つである。

こうした日本の都市のあり方は、表層に現れた意識だけを取りだそうとすると一見してまとまりを持っていないようでありながら、無意識の層を含めた全体を見るとまとまりのある姿をしている日本的「自我」と同じ構造である。

日本人の希薄な「自我」と、日本のあいまいな都市空間は、おそらく同じ根から生じたものであろう。無意識の層との連続性を保つ意識構造、そして自然との連続性を保つ都市構造、この二つの構造は同じものであり、どこかで相互に関係しているはずだ。

もともと「無意識的なもの」を我々は「自然」というのではないか。自然な振る舞いとは無意識的な行為である。それに対して、意識されたもの、人為の所産こそが都市であり自我である。

このことから予想されることは、都市空間における人為的な秩序の確立という課題は、おそらく「自我」の確立と連動しているということである。

国際化した今の社会を、日本的自我のままで通すことは困難になっている。意識構造が違うとはいっても、近代化が日本人に自我の確立という課題を提起しているのである。河合は、自我が確立してないことによる病理の一つとして、例えば登校拒否の問題を挙げている。

同様に、日本の母性都市も、近代以降、圧倒的な情報やモノが海外から流れてくるなかで解体の危機に瀕している。

❖母性都市のための父性原理

このことから、母性都市を保つための父性原理、つまり解体に抗う力としての父性原理の必要性が生じることになる。市民による公的領域の確立、言葉による論争と説得の場の形成、そうした場に関係者を引き入れるために景観論争などの論争をどんどん起こしていくということ、そうした事の善悪、けじめをハッキリさせていく父性原理のようなものをもっと社会的に定着させていかなければ、母性都市そのものが壊れてしまう。

ユングにしても河合隼雄にしても、要するに父性原理と母性原理のバランスをとることの重要性を主張しているのである。バランスを欠くと様々な病的な事態が起こってくる。そして、そうした病的事態はしばしば過度の偏りに対する補償作用として起こるということが重要である。例えば、ヒステリーという現象は心的バランスの欠如を補償する心の働きに起因する病理であるといわれている。このことは「都市空間の病」にもあてはまるのではないか。

冒頭の話に戻って、集団の和を尊重するはずの日本人が、なぜ都市空間では身勝手に振る舞いがちなのか、という問題についてもう一度考えてみよう。日本人のグループがなぜきちんと背広を着込んでいたのかといえば、外国にいるとはいえ、そこが職場の延長であり社会的な場の力が強く作用していたからである。日本人にとって社会とはつい最近まで職場であり会社であった。社会への帰属性を表明しようと思ったら、その社会の一員としてのサインを出さなくてはいけない。だから会社の中ではみんな同じような服装をして、自己主張はなるべく控える。

けれども自己を抑制する分だけ、それは心的なストレスになるはずである。会社でこんなに我慢しているのに、家に帰ってまでイギリス人のように近隣に気を使って暮らすとなると、それでは気が狂ってしまう。日本人は職場で自分をしぶしぶ抑えている分、地域においては無意識のうちに自己表現をしているのではないか。

ちなみにイギリス人にとっての社会は職場ではなくて地域である。だからそこでは地域社会の一員として協調的に振るまう。地域の中では、皆非常にジェントルマンである。例えば、自分の家の前庭の芝生を刈らなかったというだけで、近所に迷惑をかけていると文句が来る、そのような地域社会がある。イギリス人が同じような家に住むことを当然のこととして受け入れているのは、それが地域社会への帰属を表明するサインに他ならないからである。

一方職場は、基本的には自分の能力や資格を生かして生活のためにお金を稼ぐ所であり、むしろ自分を主張した方が有利だから積極的に発言する。若かろうが、アルバイトの学生だろうが、上司に向かってみんな平気で議論をふっかけて自己主張する。

人間が社会的存在である以上、心のバランスを維持していく上で、社会への帰属を表明する場と、社会に向かって自己を主張し表現する場を、共に必要としているのであろう。職場社会と地域社会のどちらにそれらを振り分けるかという点で、日本とイギリスでは逆になっているだけである。

河合や中根の議論から明らかなように、母性社会＝タテ社会は地域社会よりも職場社会への帰属を重視する社会である。反対に父性社会＝ヨコ社会は職場社会よりも地域社会への帰属が重視される。上記のように、どちらの社会にあっても人の心のバランスはそれなりに保つことはできるかもしれない。しかし都市環境を良好に保つという点では、決定的な差異が生じてしまう。

近代以前の伝統的な社会においては、職場社会と地域社会は不可分のものであった。だから社会への帰属を表明する場と自己表現する場は分離しようがなかった。社交の場を欠くという母性都市が近代以前においてはそれなりに空間的秩序を維持できた要因の一つがここにある。また、職場と地域が乖離し始めた近代以降の母性都市がたちまち空間的秩序を失い、その秩序を維持する上で父性原理の支えを必要とすることになった理由もここにある。

❖二つの道：ユートピアとアルカディア

以上で、冒頭の「日本人は集団の和を大事にしているはずなのに、なぜ街がこんなに乱雑なのか」ということの説明になっただろうか。「集団の和」といっても、それはタテの人間関係からなる職場社会での和であって、地域社会におけるヨコの人間関係の和ではない。近代以降の日本の都市空間の混乱は、異物を無差別的に受容しがちな母性都市という特質と、地域社会への帰属よりも職場社会への帰属を重視するタテ社会という特質に起因する、というのがここでの結論である。

ところで、ここ数年来の、職場社会における容赦のないリストラ、教育現場における学級崩壊、nLDK型の住宅プランを無効にしかねない核家族の解体などに象徴されるように、日本のタテ社会のタテ糸は今いたるところで急速にほころび始めている。空間的な無秩序とは裏腹に治安の良さを誇ってきた日本の都市も大分危なっかしくなってきた。日本は今、タテ社会からヨコ社会への歴史的な転換期にあるのだろうか。

梅棹忠夫は都市国家に対して「国家都市」という概念を提起している。[*16] 今や国土全体が都市になったというのだ。古代の都市国家が市民社会というヨコ社会を育んだように、現代の国家都市は新たなヨコ社会を生み出すことになるのだろうか。情報革命の進展は「国家都市」を越えて「世界都市」あるいは「地球村」を現前しつつあるようにも見える。

大室幹雄は、古代中国の世界像を分析する中で、父性的、儒教的なユートピア複合と、母性的、老荘的なアルカディア複合という二つの理念型を析出している。[*17] これにならって言えば、グローバル化の進展は、究極的には、父性的な原理に基づく、人工的、都市的なユートピアとしての「世界都市」を実現させるのか、あるいは母性的な原理に基づく、牧歌的、田園的なアルカディアとしての「地球村」に向かうのか、我々の前にはやはり二つの道があり、それぞれに異なるバランスの取り方があるのだろう。

＊16　梅棹忠夫「あたらしい都市像」『都市問題研究』一九七八年五月号。
＊17　大室幹雄『劇場都市』三省堂。

第3章

都市デザインの思想と現在

土田旭

今日の都市デザインという概念は、近代都市が現代都市へ変貌する過程で生まれたといってよいだろう。しかし都市デザイン、言い換えれば都市設計の技術は古代から存在し、今日まで有効であり続けている。ここでは近代都市が成立して以降、都市デザインがそのときどきのように捉えられてきたか、いくつかの切り口から概観してみようと思う。

1 都市居住の場のデザイン

◈田園都市から始まった近代都市のデザイン

居住の場の計画と設計は都市計画でも重要なテーマであるが、都市デザインとしても大きなテーマである。この領域に関しては今日でも計画とデザインの両面で語られる。

近代都市計画の原点の一つは、都市居住の場とその環境をいかに確保し、改善するかにあった。これは建築において、時代を超えて住宅あるいは集合住宅が占める位置と結びついている。近代都市の成立は、産業革命以降の工業の発展とそれに伴う労働者の増加、その結果としての都市拡大が根本にある。工場から発生する騒音、煤煙や悪臭等に対応するため、工場を隔離することを主目的とする用途地域制（ゾーニング）は、以降の都市計画の軸となる手法の一つになったし、労働者階級の過密居住をはじめとする劣悪な環境の改善は近年まで都市における基本的課題であり続けた。このようなかで都市居住の場に関し空間的な構想を持ち、実現しようとし

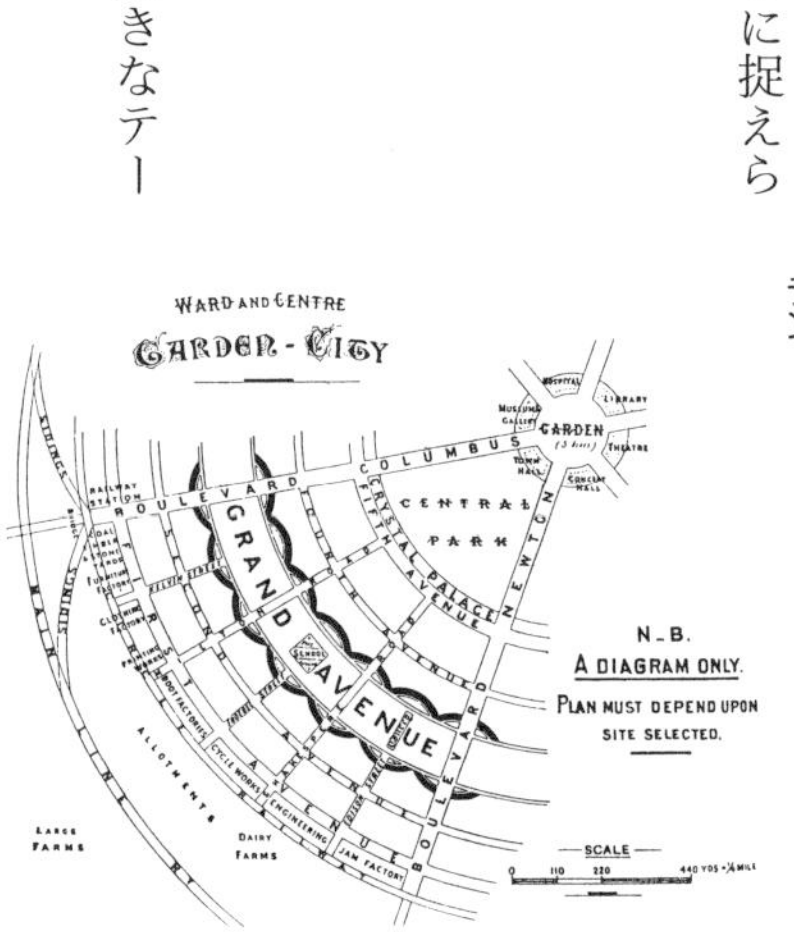

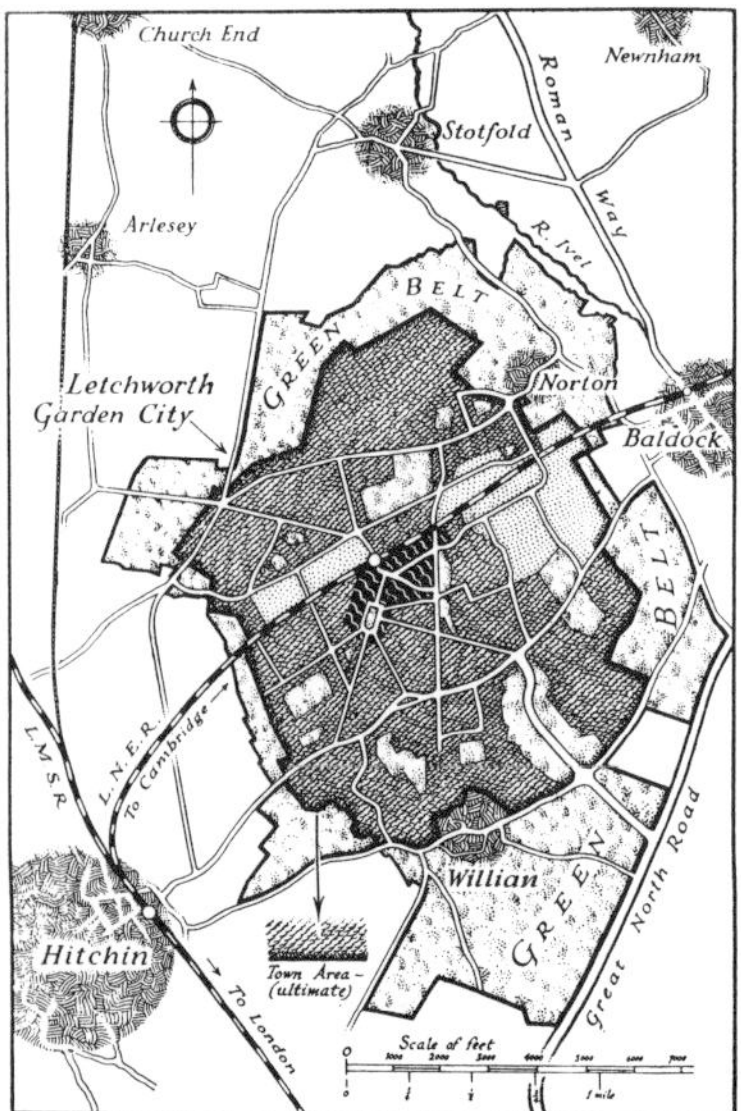

(右)図1 E・ハワードの田園都市ダイアグラム、一八九八年
(左)図2 E・ハワードのレッチワース・プラン

た先達にエベネザー・ハワードとレイモンド・アンウィンがいる。

彼らに先駆けて、生産と生活を一致させる共同体を提唱してきた人達が少なからずいた。彼らの構想は観念に勝ち、実現するようなものでなかったためにユートピア主義者あるいは幻想的社会主義者と呼ばれるが、その中から一歩抜け出したのがE・ハワードであったといえよう。

ハワードは、一八九八年「明日―真の改革に到る平和な道」を著わし、大都市の混沌から離れて、田園と調和した自立型の新都市、すなわち田園都市を提唱した(図1)。提唱しただけでなく、構想を実現すべく、レッチワース田園都市株式会社を設立したのであった。現実には、周辺の社会経済的状況とは無縁にこのような新都市を成立させるのは容易ではない。建設は遅々たる歩みで、株式会社も倒産したりと、必ずしも事業が成功したとはいえなかったが、およそ半世紀後に労働党政権による新都市政策のなかで、第二号のウェルウィン田園都市と並んで復活したのであった。

レッチワースのマスタープランの骨格は、E・ハワードのプランを継承している(図2)。空間計画は、R・アンウィンが担当したが、彼はその直後に、よりロンドンに近いハムステッドで郊外住宅地の設計を行った(図3)。田園郊外と呼ばれる住宅地は、田園都市に比べ、より現実的であり、田園的な景観を取り込んで人気を呼んだ。

ハワードは共同体としての都市を追求する田園都市と田園的環境の快適性と美を取り込んだにすぎない田園郊外は全く別物だと主張したが、都市デザイン的に見て田園郊外は技術的な完成度が高く、その後の郊外住宅地デザインの模範となった。しかし、ハワードの新都市の構想と計画も極めて創造的なものであり、都市デザインの重要な一面を担っている。田園郊外で示された手法は、特にアメリカで受け入れられ、一連のグリーンベルト・タウンをはじめとして、郊外居住の場のデザインが追求された。歩車分離で有名なラドバーンを設計したクラレンス・スタインやヘンリー・ラ

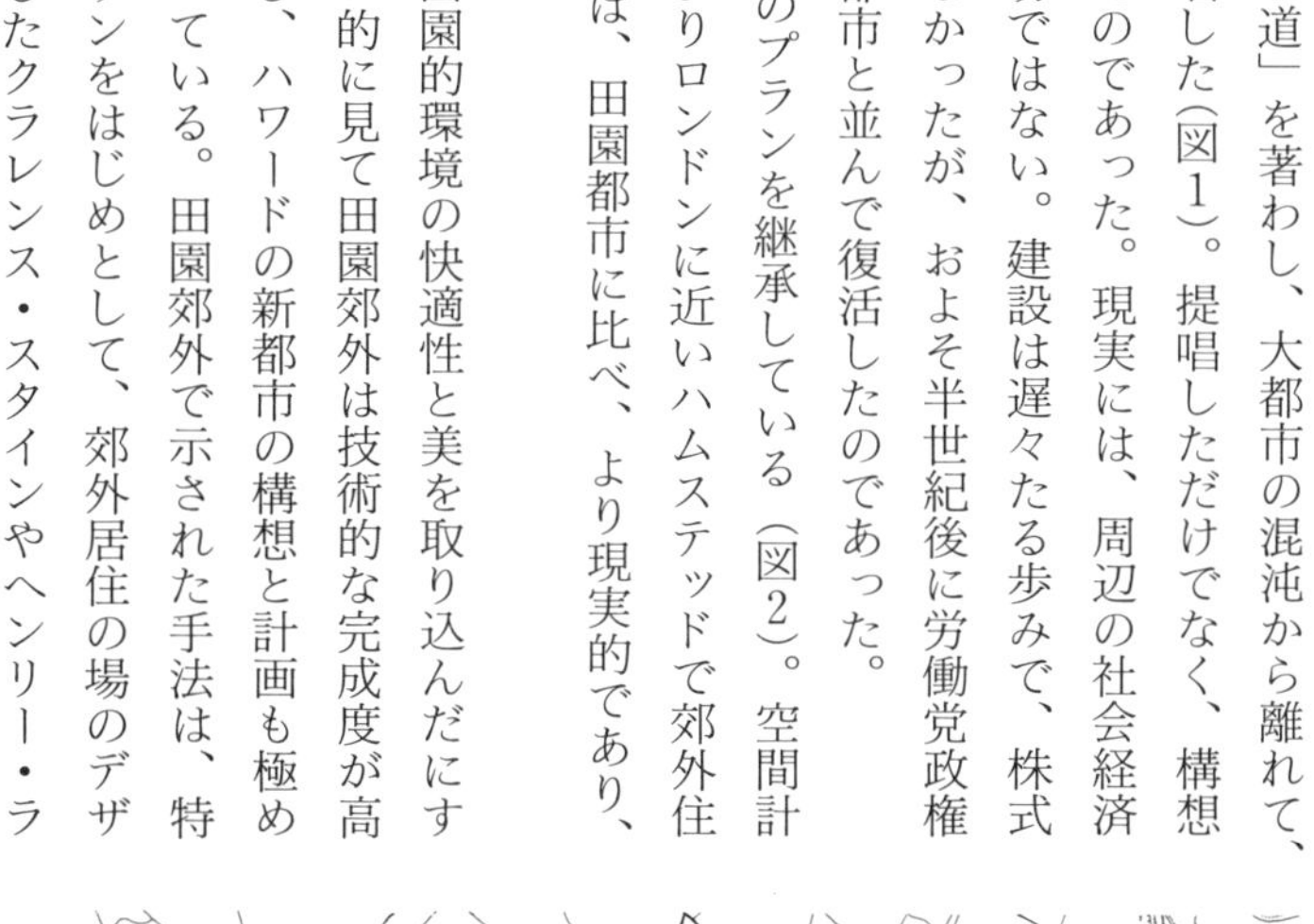

図3　B・パーカーとR・アンウィンによるハムステッド田園郊外のプラン、一九〇八年

イトらの成果が郊外住宅地のデザインを競い合わせたともいえる。

❖社会性をあらわす集合住宅と住宅団地のデザイン

第二次大戦後、ヨーロッパでは戦災復興の一環として大量の住宅地建設が行われた。なかでもイギリスでは、中小規模の住宅団地のほか、戦前から培われてきた田園都市の経験を生かしつつ、当初八つの、後に一五ほどのニュータウン開発に着手した。ニュータウンは、ハワードの原則通り、生産の場と居住の場を同時に持つことと共同体醸成に向けての計画的配慮が前提となる。

デザイン的には、伝統的住戸形式(タウンハウス)を中心に地形になじませつつ風土調和型のデザインを行おうとしたものと、近代建築としての集合住宅のデザインをベースに同じく近代的デザインを基調にした配置デザインを行おうとしたものの、二つの傾向がある。前者はレッチワース、ウェルウィン、スティブネージなど初期のニュータウンに多く、後者はローハンプトン、テームズミードなど住宅団地に多い。半世紀たった今、どちらが持続性を有しているか興味のあるところだ。

第二次大戦後、世界中の多くの国々で集合住宅団地の建設が行われたが、これは戦災復興のためだけではない。世界戦争の終結と共に民需に向かった工業発展は都市人口を急増させ、大量の住宅が必要とされた。そのなかでわが国がお手本にしようとしたのは主としてイギリスのニュータウンや住宅団地と北欧の住宅団地であった。ストックホルム郊外のヴェリンビィやヘルシンキ郊外のタピオラなどがよく知られる。

郊外の住宅地開発に際して、集合住宅のあり方、あるいは住宅地デザインのあり方についての空

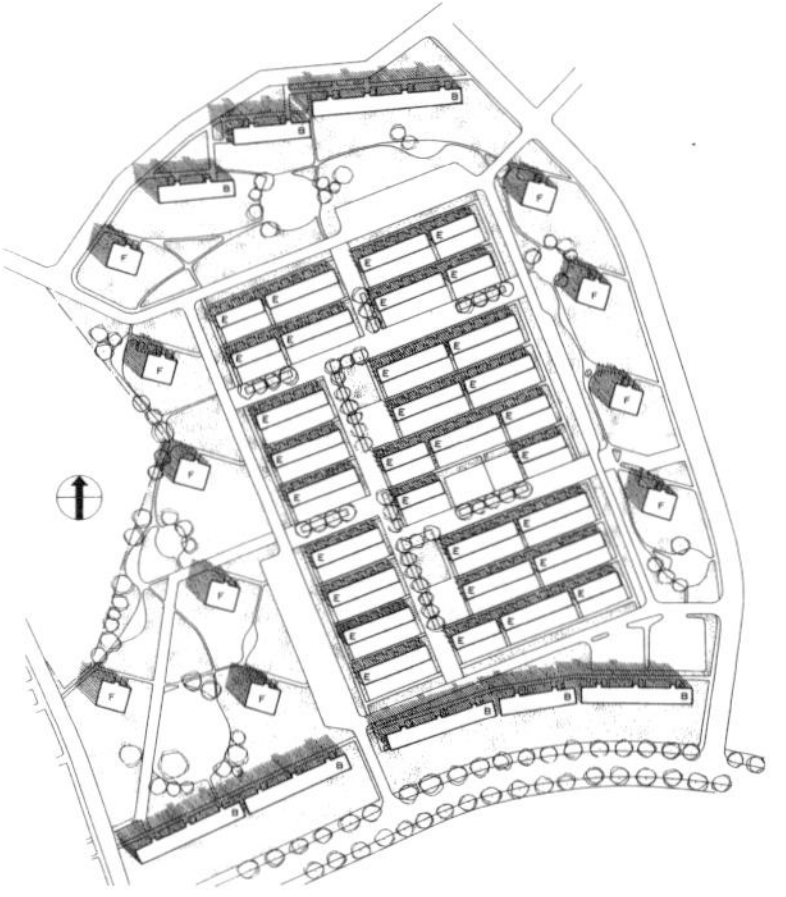

図4　高根台団地のプラン(部分)、1961年入居
(出典：日本建築学会編『建築設計資料集成5』丸善)

間理論と技法が必要なことはいうまでもない。しかし、わが国では建築家がそこに参加することは比較的少なかった。というのも、計画的住宅供給のなかでレベルの平準化を強調するあまり、公共住宅のデザイン的制約が強かったからである。例えば階段室型や廊下型の中層住棟を、若干のバリエーションは許されるものの、南面平行配置することしか許されないという状況が一定期間続くかと思うと、まちの中だろうと、かなり遠隔地の郊外だろうと、高層住棟しか認められなくなったり、それが不評だと、今度はどこもかしこもタウンハウスだらけにするといった官僚的傾向が目立ち、建築家にとって魅力あるデザイン対象に映らなかったことがある。建築的意味で都市デザインの主要な場面の一つであるということが強く意識されだすのは、一九七〇年代半ば以降である。

しかし、例外的に集合住宅のデザインと配置デザインを同時に行うことを試みた事例が、船橋の高根台団地（図4）など、ごく初期にわずかながらあった。日本住宅公団の設立に際し、社会的役割を持つ集合住宅に取り組む意欲に燃えた建築家が参集し、創造的な仕事をすることができた僅かな期間の成果である。ひとえに組織ができたばかりで、官僚主義的傾向が薄かったことによる。

一九六〇年前後から住宅の大量供給が要請され、団地がぞくぞくと造成された。住棟は平行配置がほとんどを占めるようになる。W・グロピウスの平行配置ダイアグラム（図5）や、ル・コルビュジエのピロティで持ち上げたアパート（一九五二年）、オランダのバケマの一連の住宅団地などの影響も大きく、社会性のデザインが意識された。また、平行配置だけでなく、プレハブ化や標準ユニットなど、近代的工場生産の成果を取り入れることがデザインの画一化をもたらした。

◈地にも図にもならない団地空間

都市空間を新たに創出するといえば、新開発がまさにそれにあたるわけで、住宅団地やニュータ

図5　W・グロピウスの平行配置ダイアグラム（出典：W・グロピウス著／蔵田周忠他訳『生活空間の創造』彰国社）

ウンが代表的な例である。都市基盤の計画と設計、建物群の配置、建物（主として集合住宅）の設計を同時に行うわけで、都市設計の重要な分野の一つである。

わが国の住宅地開発は一九五五年に日本住宅公団が設立されてから急速に進んだ。その後身の住宅・都市整備公団は二〇〇〇年に都市基盤整備公団に改組され、戦後続いていた公的住宅の供給はほぼ使命を終えたが、時代に培われた計画設計技術は大きなストックとして残った。

日本住宅公団には大きく宅地造成の部門と住宅建設の部門の二つがあるが、この各々の部門はその性格を反映しデザイン展開も異なっていた。

宅地造成の部門は、手法として土地区画整理を専ら活用した。それによって戸建ての住宅用地を供給する一方、公団住宅の建設用地を確保した。初期の事業は比較的平坦地で密度も低く、自ずと緑豊かな住宅地が形成されたが、人口集中のテンポが速くなる六〇年代半ばになると、丘陵地開発が中心になり規模も大きくなった。ここでは造成のデザイン、つまりサイト・プランニング（デザイン）の技術が極めて重要となった。

こうした丘陵地開発を可能にしたのは、土木技術、機材の進歩とも相まっているが、サイト・デザイン的見地からいうと、機材の大型化と共に造成のスケールが大規模になり、それまでの原地形の名残りが見えるような造成から、開発地の周辺に斜面を寄せ、中央部を丸ごと平坦にする形態に変わり、自然と対応したデザインは損なわれることになった。

これに対し、住宅建設部門は住棟の配置と設計を専ら行う役割を担ったが、そのときどきの住宅政策で、住宅地デザインも振り回されることになった。すなわちテラスハウスもあった初期から、中層住棟一本槍になり、またあるときは高層住棟のみのときもあれば、立地も構わずタウンハウス形式全盛といった具合である。こうしてできた住宅団地は、都市においても図にもならず、地としても周辺の住宅地とは同化しない中途半端な空間になってしまったのである。

◈絶対視された南面平行配置との闘い

図6は一九六〇年代にできた草加松原団地のプランである。平行配置が採用され、日照条件も良いし、一律なことで公平性もあるというプラス評価もされたが、こういう所にはあまり住みたくないというのが大方の感想ではないだろうか。しかしよく見ると、歩行者専用道路が駅から最短距離になるようとられているほか、いろいろ考えられた跡も見られ、上からの住宅政策と実務を担う設計技術者の葛藤がうかがえる。

平行配置は、近世までのヨーロッパの街並みが、街路に沿って建てられた建築が街区の周辺を形成する、いわゆる囲み型の形態をとっていたのに対し、近代建築の思想の一つとして開放型の建築形態を主張したことと、すべての住戸に等しく日照をという理念に基づいた原理的配置形態である。この平行配置のプランでは街にならないというのは、かなり初期からわかっていた。そのため設計者はそれをいかに崩して空間に変化を与えるか、あるいはまとまりのある空間をつくるかで悪戦苦闘してきた。

◈直線の少ないニュータウンや団地のプラン

ハーロウという近代都市計画史の中では有名なニュータウンがある。フレデリック・ギバードの計画・設計で一九四八年に建設された。二五〇〇ヘクタールの土地を四地区に分け、さらに一住区、五〇〇〇～六〇〇〇人の近隣住区三～四つに分けるという段階計画の考え方をとっている。当初の計画人口は六万人であったが七三年に一

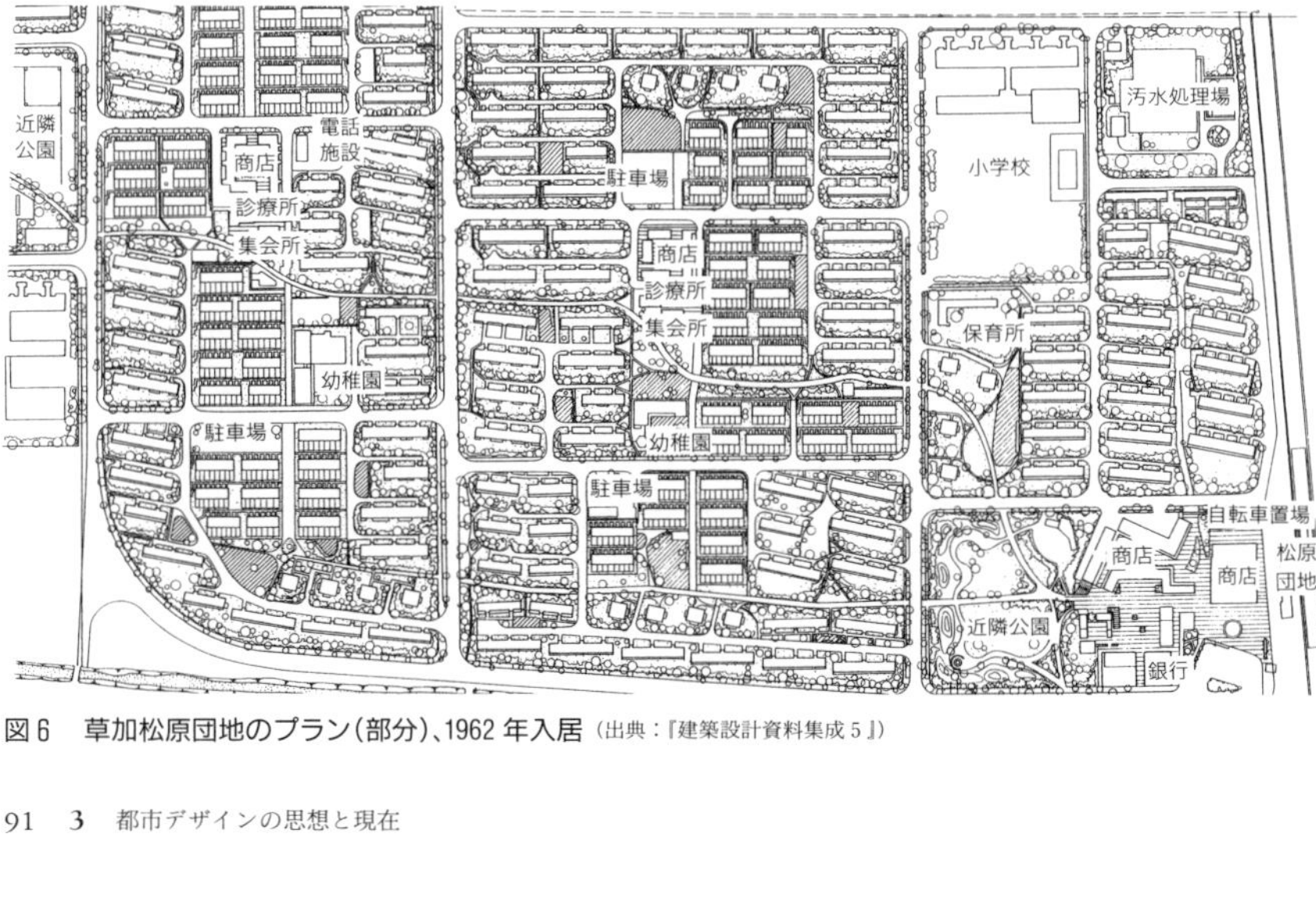

図6　草加松原団地のプラン（部分）、1962年入居（出典：『建築設計資料集成5』）

二・三万人に改定された。

戦後、大都市ロンドンへの人口集中を抑制することも含む大ロンドン計画の一環として大環状グリーンベルトとその外側の衛星都市すなわちニュータウンの建設が進められた。日本のベッドタウンと違って、その中に工業用地を抱え込んで自立した都市を目指し、大都市への人口集中を外側で受け止めるという役目を持っていたが、あまり成功しているとはいえない。というのも、ここに職場と家を持ったブルーカラーの二世が学校を出て就職する段になると、大都市と違ってすぐに近隣の工場で雇ってくれるわけではなく、結局どこで働くかというとやはりロンドンの市内ということになってしまったのだ。結局、社会経済のシステムと空間のシステムの不整合が明らかになったが、都市における居住を空間的にどう構成するかという点では一つのエポックメーキングであった。

この当時、わが国では住宅団地をいくらつくっても追いつかず、また都市計画としてあまりほめられたものではないということで、ニュータウンをつくろうというのが都市計画サイドの願望となっていた。

イギリスのニュータウンをモデルとして、わが国で初めてつくられたニュータウンが大阪郊外の千里ニュータウンである。図7はそのマスタープランである。しかし、モデルとされた職住近接のイギリス型ニュータウンにはならず、ベッドタウンにしかならなかった。都市プランナー達は社会・経済計画との一致を目指していたから、大規模住宅団地でしかないベッドタウンにはいささか抵抗があり、その後の、高蔵寺ニュータウンや多摩ニュータウンなどでも非住宅施設をできるかぎり導

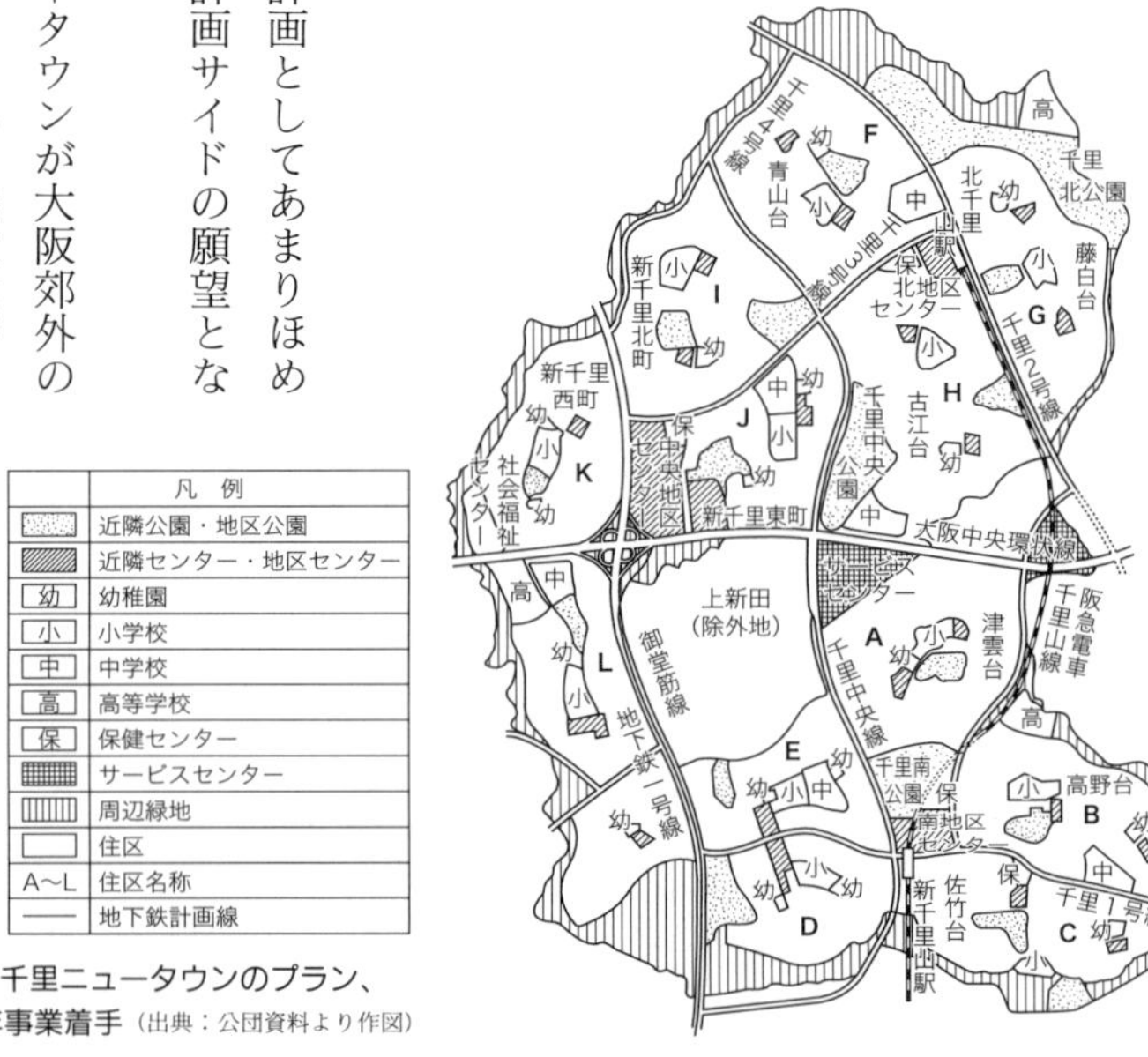

図7　千里ニュータウンのプラン、1957年事業着手（出典：公団資料より作図）

入しようとした。高蔵寺では日の目を見ず、多摩ではある程度非住宅施設を入れることに成功している。しかし日本のニュータウンは、どちらかといえばホワイトカラーの勤労者を対象にしていたから、ベッドタウンになるのは当然で、そうした意味では北欧のニュータウンに近かった。

さて、当時のニュータウンのレイアウトプランは、直線になっている部分が少ない。丘陵地で直線がとりにくいということもあったが、直線を使うことがあまり好まれなかったようだ。そのため都市を設計するという強い意志は空間からあまり伝わってこない。ニュータウンは団地の延長として捉えられ、しかも郊外居住の場として捉えられていたためかもしれない。

また、当時、ネイバーフッド（近隣住区）理論というのがあって、社会システムと空間を一体化させようと、小中学校と近隣センターを中心にしたレイアウトデザインが試みられたが（図8）、結果的にはあまり評価できるものではなかった。その最大の理由は、観念的な図柄をそのままレイアウトに置き換えたためといえる。また、特に商業については、序列的配置をはじめ、柔軟性に欠ける計画が商業活動の変容のスピードについていくことができなかった。

後に、民間のディベロッパーが登場し、大規模郊外開発を行うが、小中学校はコミュニティの核ではなく、むしろ住宅地としては騒音源であるとか、住宅地のまとまりを分断するとかいった阻害要素であるという彼らの捉え方の方が現実的であった。

住宅団地やニュータウンの空間をより生き生きさせたいという都市デザインあるいは環境デザインからの試みは、余計なことはしないという官僚主義と観念的理論の壁にぶつかり、遅々としか進まなかった。

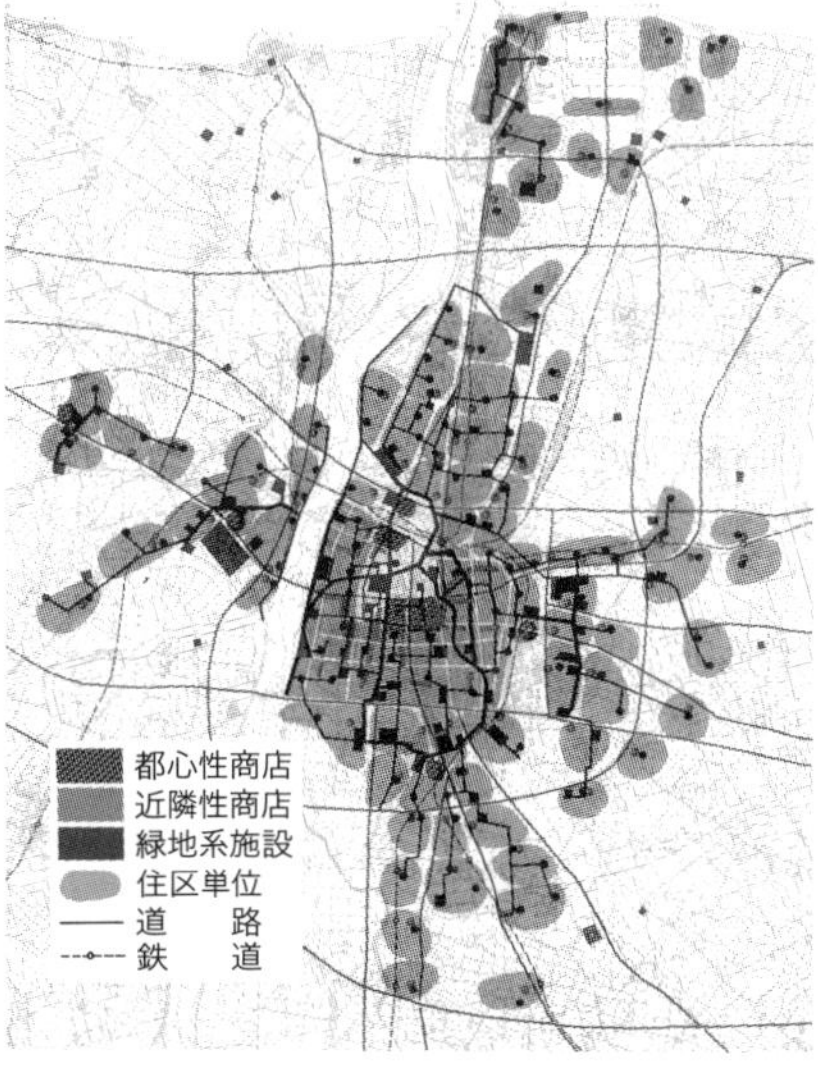

図8　ネイバーフッド理論に基いた住区計画の例（富山市都市開発基本計画）（資料提供：土井幸平）

❖タウンハウスあるいはコミュニティデザイン

一九七〇年代に入って、従来の住宅団地よりも一回り小さい団地、あるいは既存の住宅市街地に溶け込むタウンハウスを建築家が手がけはじめた。コミュニティデザインともいえる一つのデザイン分野である。既存のゾーニングの拘束を受けるので、ボリュームや高さなどは周辺に合わさざるをえない。そのための各所での工夫がデザインレベルを上げたと見ることもできる。

住宅団地では、公団に代わって、特に茨城県のいくつかの団地が先がけとなり、公営の小規模団地のデザインが各地域の集合住宅のデザインレベルを押し上げる働きをした。これは、国の住宅政策として打ちだされたＨＯＰＥ計画（地域ごとの特色ある住宅計画）にも反映され、また地場の素材や在来工法を活用する動きにもつながった。

「住宅でまちをつくる」というスローガンで多くの建築家の参加をみた建築展や都市デザインを優先した計画システムが試みられるのは、八〇年代後半になってからである。

今、千葉の幕張で試みられている都市デザインは任意の壁面後退ではなく、どちらかといえば壁面後退位置指定に近い。壁面後退だけでは街並みができないのはこれまでのいろいろな事例ではっきりしている。法律で縛るわけではなく、あくまでもガイドラインなので、沿道性を損なわないかぎり配置は自由である。当初は住宅事業者達も懐疑的で、南面平行配置を認めてくれという声もあったが、結果を見て、デザインガイドラインを素直に受け入れるようになった。この沿道型配置は逆にみると中庭ができるわけで、これが各街区各々に特徴があって居住者からも評価を受けている。

2 都市を設計しようとする試み

❖都市設計の花形・新首都建設

アーバンデザインというのは日本語に直訳すれば「都市設計」で、言葉通り都市を設計する技術である。近年でいえばニュータウンや研究学園都市なども都市計画というよりは都市設計というべきものであるが、こうした中での花形はなんといっても新首都の建設だろう。

二〇世紀における新首都の設計で有名なものを二、三挙げると、まず一九一二年にオーストラリアの新首都キャンベラの国際コンペがあり、アメリカのウォルター・グリフィンが当選した。

このプランは二・五万人の田園都市を描いたもので、ピエール・ランファンのワシントンDCのプランの影響が見られるものである。グリフィンの案はコストがかかることから建設委員会が修正したが、緑と水と建築が見事に調和している。バロックの都市計画が持つ多焦点プランや軸線、ランドマークやアイストップなどが嫌みなく活用されている。

もう一つ、一九五六年にブラジルの新首都ブラジリア（図9）の国際コンペがあり、建築家でかつ都市計画家のルシオ・コスタの案が当選した。

新首都はブラジルの主要都市のどこからも約一〇〇〇キロの距離にある中央高原に置かれた。プランは飛行機型をしていて、二〇世紀のブラジルを牽引する象徴性を持たせている。飛行機型プランの頭部分には三権広場があり、ここに最高裁判所、国会議事堂、大統領府などが置かれており、いずれもオスカー・ニーマイヤーが設計をしている。飛行機の胴体部は中央官庁の建物が平行配置

図9 ブラジリア

で並んでいる。胴体と翼が交わる部分は商業・業務施設を集めた中心部である。バスターミナルもここにある。そもそも胴体部の中心の軸は幅員二〇〇メートルの大通りで、徒歩で横断することは困難である。翼の部分は集合住宅地であるが、ここも広幅員の道路が骨格を形成している。この交通空間は数段階の序列をもった道路群からなっており、一つ一つ段階を経なければならないようになっている。こうした道路計画も含めて、そこかしこに近代建築思想の観念的な側面がうかがえる。

❖かたちを持てない都市

近代建築思想ひいてはその流れを汲む近代都市計画のパターンは、多焦点プランや軸線を中心にしたバロックの都市計画パターンやアメリカの格子状に斜軸を入れたパターンとは違って、どちらかといえば機能的ダイアグラムをパターン化したものを使ったり、アナロジーによるパターンが選択された。

そこでは、あまり都市の具体的なかたちに拘泥しない。しかし、都市にわかりやすいかたちを与えることは都市が巨大化した今日でも大切である。巨大都市がかたちを持たないのは積極的に持つ必要を感じないというよりも、持てなくなったのだ。そうした意味で中小規模の都市は明らかな利点を持つ。このことは一九八〇年代から盛んになった都市景観形成のための諸調査でもはっきりしている。古代から近世までは都市にかたちを与えやすかった。近代になり、都市の機能的な空間関係が重視され、その機能が複合化するなかで、かたちはむしろ中立的なパターン、例えば座標軸そのものの格子状を嗜好する可能性を持つようになった。いずれにせよ、都市計画では三次元（もちろん時間軸もあるが）での対応が必要である。都市づくりではその空間的イメージに対し、ハード、

図10　高蔵寺ニュータウンのプラン、1960 年計画（出典：東京大学高山研究室資料）

ソフトの諸手段でどこまで近づくかが問われ、その空間的イメージを都市的スケールから部分や場所に至るまで、できるだけ多くの人々に理解してもらい、共有してもらうことが欠かせない。そのイメージが具体的なかたちを持つことの必要性は、今日、より高まっているといえる。

ところで先の千里ニュータウンから少し遅れて、名古屋の丘陵地に高蔵寺ニュータウンがつくられた(図10)。高蔵寺ニュータウンは千里の段階構成的な近隣住区理論に対して批判的なかたちを持っている。つまり、近隣センターはいずれ規模縮小になることを予想し、ワンセンターの形態をとり、小中学校は、高密度居住では不自然な形態になるため、あまり校区を意識しないようレイアウトされている。近隣商業のサービス水準の低さや車の普及などから近隣住区の核が生活の核にならないことが最初から意識されていたといえる。

基本的にベッドタウンの性格を持つニュータウン群の中で異色だった筑波研究学園都市のマスタープランを見てみたい(図11)。わが国で初めての本格的新都市といえるが、そのスタートは東京への人口集中抑制からであった。工業と同じく、大学や研究機関も大都市に必要性の低い活動とみなされたのである。筑波大学の前身である東京教育大学のほか三〇を超える国立の試験研究機関を移転させるという大プロジェクトであったが、新設研究所を除いていずれも二流の機関とみなされていて、これらが集まることによって別の意味合いが生まれるかもしれないと考えていたの

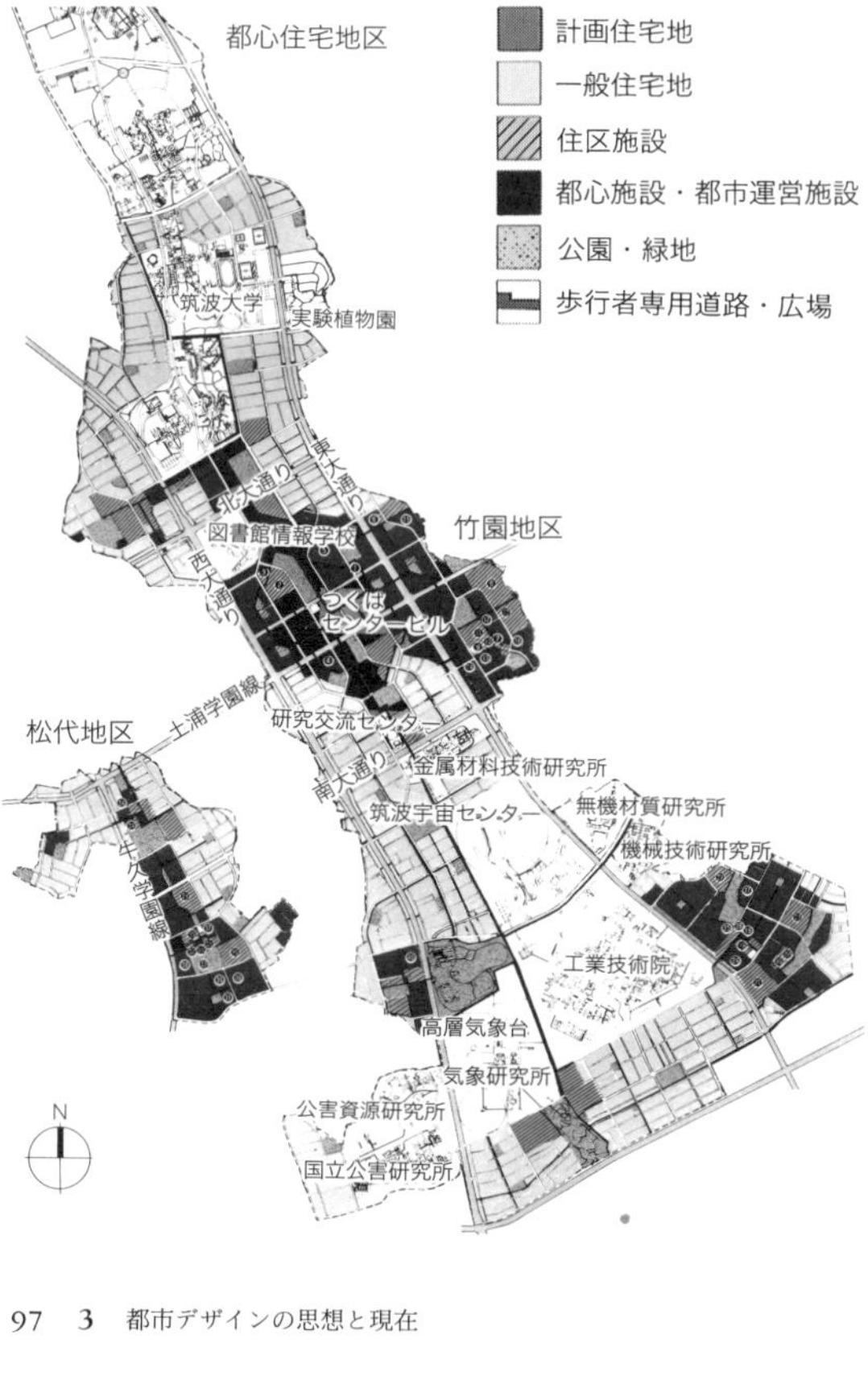

図11　筑波研究学園都市のプラン、1965年計画（出典：住宅・都市整備公団つくば開発局発行パンフレット「筑波研究学園都市　住宅地」）

はマスタープランチームなどほんの一部でしかなかった。しかも用地取得の状況から、下手をすると複数の研究団地と、同じく飛び飛びになった住宅団地が道路でつながっているといった群島型の形態になりかねなかった。

そのためマスタープランで最も配慮されたのは〝都市らしい〟形態を与え、都市の中心をかたちの上ではっきり示すことであった。この点はある程度成功したのではないかと考える。これまでの住宅系のニュータウンのかたちが、丘陵地であることもあって曲線だらけだったのを、思いきってグリッドを入れ、都市をつくる意志を強く打ち出そうとしている。なぜ真っ平らな土地に真っ直ぐな道路を通すのかという批判も出たが、珍しく真っ平らなところに新しく都市をつくるのにわざわざ形を不明瞭にすることはないだろうというのが当時のマスタープランチームの主張であった。

問題はこのあとである。公務員宿舎や公団住宅など集合住宅それ自体が街をつくる基本的要素として参加することが期待された。最もわかりやすい図式でいえば、歩行者専用道路に沿った（開かれた）住宅の配置である。しかし、供給サイドも入居者サイドも日照信仰で一致しており、街をつくる意志はなかった。結局、ほんの一部を除いて、団地の集合体に終わった。

車の利便はきわめて良く、計画区域の内外のロードサイドに様々な施設が立地するなど、現在の郊外状況を先取りした風景を持つことになった。街をつくるための住宅のデザイン開発と複数主体間での約束事、すなわちデザイン・ガイドラインというシステムを働かすには、なお一〇年の経過が必要だったのである。

一九九六年春、幕張新都心住宅地（通称、幕張ベイタウン、図12）の中心プロムナードに沿った六街区に最初の住民が入居した。一ヘクタールに満たない各街区からなる六つの街区は、そのどれもが事業者と計画設計調整者を異にしていた。事業者は各街区とも五、六社の住宅事業者のコンソシアムである。幕張での都市デザインの一番の特徴ともいえる計画設計調整者は、公的住宅の担当一名、各事業グループ担当六名の計七名いるが、彼らはいわゆる都市デザイナーといってよい。全体のマスタープラン（デザイン）の運用、隣接街区とのデザイン調整、数街区をまとめた事業地区におけるデザイン方針および道路や公園の実施デザインの分担または指導、公益施設等の建築設計への都市デザイン面からの指導等々に加え、担当街区の計画デザインの方針、建物の基本的レイアウト、設計者の選定、各建築の都市デザイン的側面からのデザイン調整等が役割である。ちなみに設計者は中層街区で二ないし三名を登用することがガイドラインに決められていた。

なぜこのように複雑なシステムにしたかといえば、街区の規模を大きくすることによって、そこに単一の事業者や少数の設計者の個性が大味にゴロゴロと出てこないようにする配慮からである。できるかぎり居住のスケールに近い感覚を実現すること、居住の場を豊かにするための多様な表現・表情を生み出すことなどが狙いとしてあった。

これに類似する方法は、東京では多摩ニュータウンの南大沢地区（ベルコリーヌ）や、神戸の六甲アイランド、福岡の香椎浜（ネクサスワールド）などで同時的に試行された。ちなみに幕張を都市デザイン的システムというならば、南大沢はマスターアーキテクト・システム、香椎浜は建築プロデューサー・システムということができる。

同時的に複数の建築家を一つの場所に登用する試みとしては、一九八五年にベルリンで開かれた国際建築展（ＩＢＡ）がある。しかし、幕張では「住宅でまちをつくる」という都市デザインの戦略的テーマがあり、個性的な建築デザインが博覧会場のように自己主張することを敬遠した。そのため建築と事業の単位を分割することが留意されたのである。また、建築が独立的に、すなわちオープンに配置されないよう、デザイン・ガ

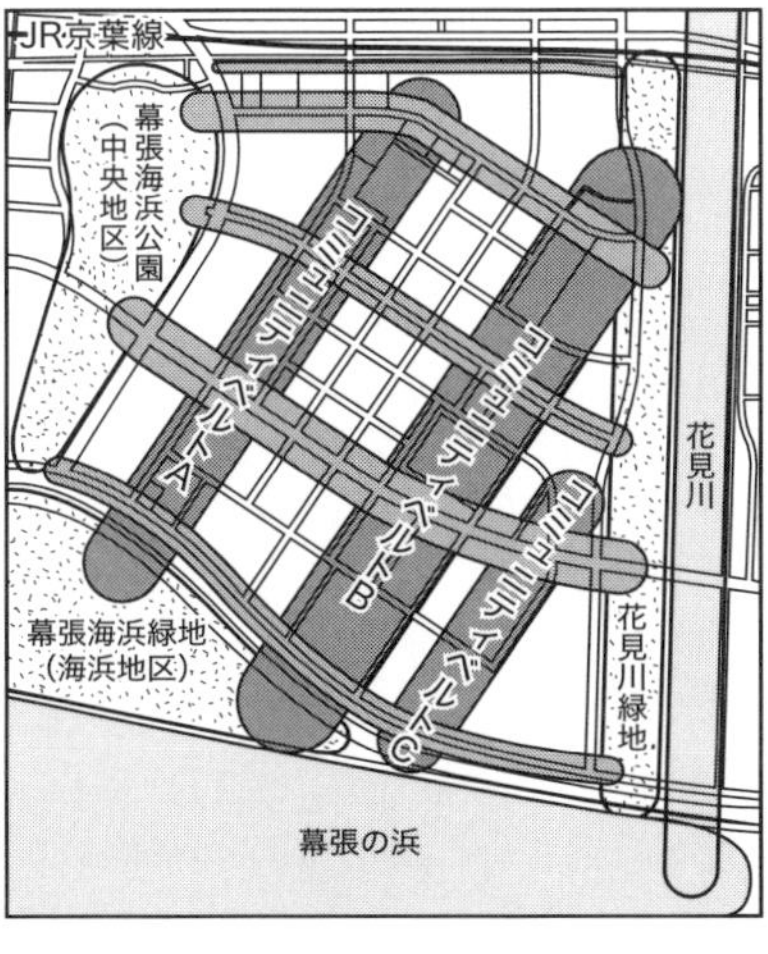

図12　幕張新都心住宅地のオープンスペースの連続的配置。公園や緑地、小中学校のグランド等を集約して３本のベルト状に連続して配置したプラン（出典：千葉県企業庁「幕張ベイタウンデータブック」より作図）

イドラインで規定された。その結果、道路に沿って壁面の並ぶ沿道型の空間が生まれた。実はここに生活感が溢れることが期待されたのだが、これについては課題が残っているといえよう。しかし、近代的な建築とその集合の原則的なあり方が街並みを壊してきたという批判的認識がそこにはある。

❖都市空間にかたちを与えるデザイン

都市はその活動に合わせ、姿・かたちを変えていくことが運命づけられている。では古い街を新しいものに取り替えていかなければならないかというと、決してそうではない。ローマは戦前にエウルという行政や業務機能も備えた新市街地をつくり歴史的市街地を保存している。中世から近世、近代初期に至る歴史資産を持つプラハでも、歴史的市街地の外にビジネスセンターを設けている。

パリでは新しい都市活動の要請に応えて郊外に新都心のデファンスをつくった。一九世紀のオスマンによる都市計画以来、シャンゼリゼ通りはパリの軸になっている。旧市街地では現代的な活動に十分対応しきれなくなり、新しい街をつくろうと、凱旋門からさらに郊外のデファンス地区にまで軸を延ばして、主として業務と住宅の複合新市街地をつくる構想である。これが素晴らしいのはシャンゼリゼの直線の軸がそのまま延長されてデファンスの軸になっていることである（図13）。

つい先年、新しい凱旋門といわれる軸上に門型の形をもったアルシュでサミットも開かれた。この地区自体の都市デザインは旧市街地ではできないことをのびのびしようとしたのか、近代建築はやはりアメリカ型というかインターナショナルな都市空間でなければならなかったのか、人工地盤に塔状オフィスというオープンプランで、しかも若干ヒューマンスケールを欠いている。しかし、都市に発展の方向を与え、あるいは都市空間の構造を解釈する軸を設定するといった取組みはアーバンデザインにおいて非常に重要な意味を持つものだといえよう。

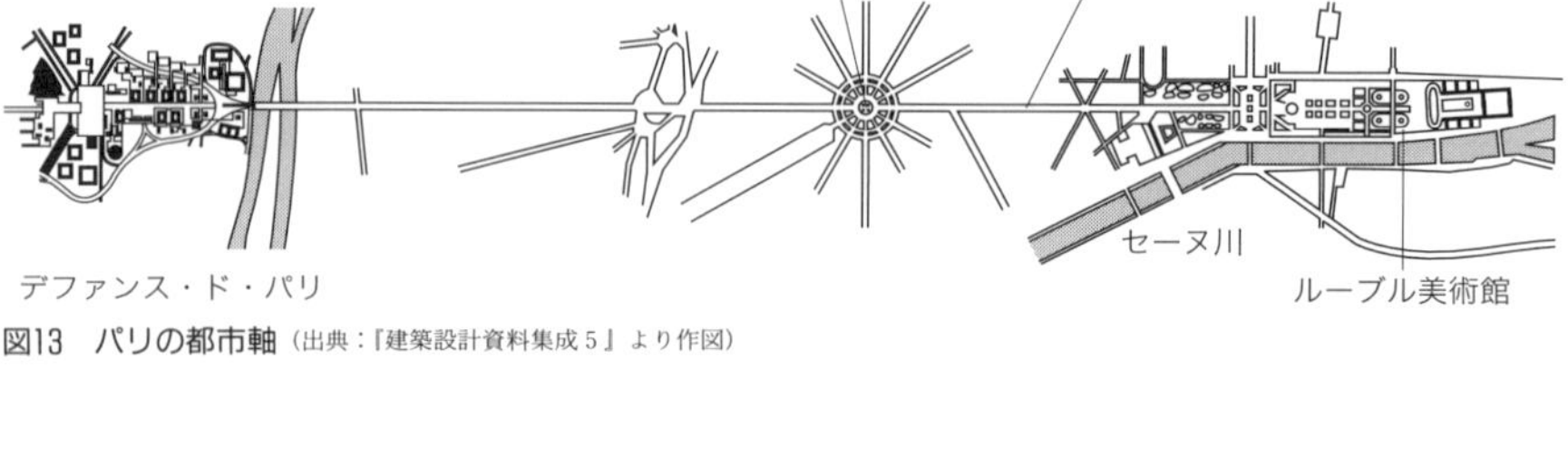

図13　パリの都市軸（出典：『建築設計資料集成５』より作図）

わが国では市域の形状から一体感を醸成しにくい都市、例えば川崎市や船橋市などはこうした軸設定をしている。また横浜市は東京の強い影響を認めつつも、港を中心とする横浜の都市構造を強調した、独自の放射環状道路を設定している。東京の放射道路も横浜にもってくると重要な環状道路として扱われる。

なぜこのようにかたちにこだわるのかといえば、かたちが発するメッセージを人々は意識して、あるいは無意識の裡に受けとっていると考えられるからである。かたちは他のかたちと一定の関係をもったり拘束したりする。このことは街のつくり様においても大切である。

以上のように、近代都市として発展するための都市計画とそれに三次元的なかたちを与える都市デザインは、蜜月関係にあるといえた。郊外の計画的開発、戦後の応急対策を本格的な街に変えていく再開発、大都市に集中するエネルギーに道筋を与えるための都市構造の提案など、近代化のなかで都市デザインの果たす役割は少なくないと考えられていたのである。

3 スーパーブロック開発から始まったアメリカ型アーバンデザイン

❖アーバンデザインの登場

現代の都市デザインが近代都市から現代都市への移行に際して発生したと述べた。具体的には、近代都市の構造再編ともいうべき大規模再開発における要請と、かたちをもなくなった現代の大都市を空間的にどのように把握するかという課題からスタートしている。

一九五〇年代の終わりにハーバード大学の大学院にアーバンデザイン学科というコースができた

ときに、アーバンデザインあるいは都市デザインという言葉が初めて表舞台に登場したのである。建築デザインと都市計画の中間にアーバンデザインの専門家が必要だと判断されたからであるが、その強い動機となったのは都心部での大規模な再開発である。第二次大戦後、アメリカの諸都市は既にそのような状況にあったといえる。

シカゴは五大湖の水運を軸にした大商工業都市だが、都市型工業は衰退を辿り、工場の敷地は荒廃地と化した。自動車の出現によって鉄道と船舶中心の流通は変わらざるをえず、埠頭や鉄道ヤードを不要のものにした。こうした大型の遊休地を新しい都市活動の場にしようとするのが都市再編事業である。この鉄道ヤード跡地は好立地であるにもかかわらず、ディベロッパーがしばらく見つからず難航した。今ではイリノイセンターという名称のビジネスセンターになっている（図14）。

日本ではここ一〇年ほど中心市街地の空洞化で大騒ぎしているが、アメリカの場合、一九五〇年代に既にモータリゼーションによってそれまでの近代都市の構造は崩壊しつつあったのである。さらに中心部周辺の住宅街から中産階級が郊外に逃げ出し、低所得者層にとってかわられ、さらなる環境悪化がさらに人々を郊外に追いやるという悪循環で市街地はますます荒廃し、これに対してなんとか中心部を再生させようと、大規模再開発が各地で試みられたのである。大規模再開発で採られた手法は、スクラップ・アンド・ビルドと呼ばれる、公共サイドあるいは大土地所有者がスーパーブロックに土地を更地化してまとめ、ディベロッパーが都市開発を行う方式が主だった。

図15に挙げたプランは、ボルティモアの中心部の一角、旧港に近いチャールズセンターの再開発計画である。上半分の台形の部分が古い

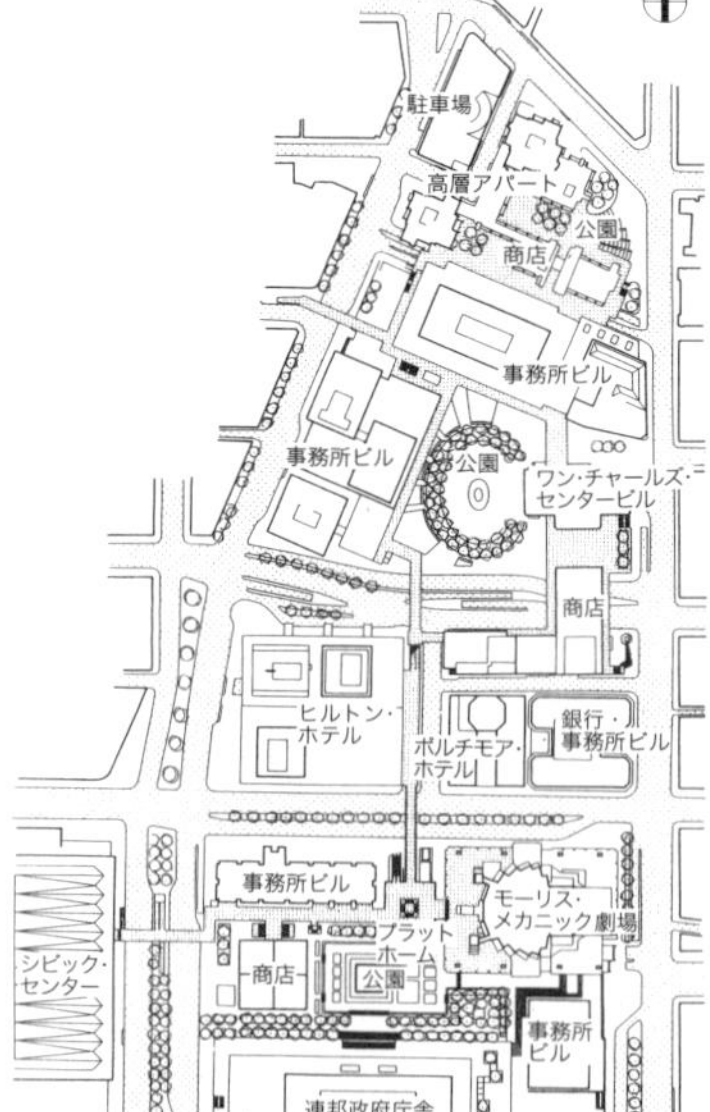

(右)図14　イリノイセンター（シカゴ）のプラン（出典：現地資料）
(左)図15　チャールズセンター（ボルティモア）のプラン（出典：『建築設計資料集成5』）

第一期の再開発、下半分の四角い部分が第二期である。第一期が成功したので、再開発を広げたのである。

第一期はオフィスと住宅を中心に構成され、ヨーロッパ風の広場に面して商業施設が入れられた。第二期ではオフィスのほか、音楽ホールなどの文化施設も導入された。一九八〇年代の終わり頃まで三〇年近くかかって再開発地区の姿格好ができていった。今日では、旧港そのものの再開発がなされ、かつての波止場を模した水際のプロムナードに沿って商業施設や娯楽施設を中心にしたフェスティバルマーケットと一般に呼ばれる商業空間が生まれた。ハーバープレイスと呼ばれる場所で、年間二〇〇〇万人近い人々がこの一帯を訪れている(図16)。これら再開発事業による好循環は隣接地にコンベンションセンター、博物館、美術館、水族館など公共施設の立地を促した。

そのほかの都市、例えばフィラディルフィアのソサエティヒル、ボストンのバックベイセンターや市役所を中心にしたガバメントセンターあるいはウォーターフロントの一帯、ニューヨークのハドソン川およびイーストリバー沿いの一帯など、数えきれないほどの再開発が、そうした機運のなかで実行された。

このようなスーパーブロックの再開発は、周辺街区との調整、交通処理、適切な用途構成と容積配分といった都市計画的な処理と同時に、複数の建築を巧みにデザインしていくことが要請される。なかでもこれまであまり意識されることのなかった敷地内のオープンスペースをどのように配置しデザインするかは、そのスーパーブロックのデザイン評価を決定づけるものでもあった。面白いことに、大規模開発ではアーバンデザインの必要性が認識されたが、郊外の新都市や住宅地開発ではそうした認識はなかった。この差は一体どこにあるのだろうか。

図16　ハーバープレイス（ボルティモア）
(出典：現地資料)

❖建築家達の幻想的都市ビジョン

実はアーバンデザインという言葉が日本に入ってきて真っ先に反応したのは、都市化が急速に進みつつあった一九六〇年前後の建築家達であった。彼らによって興味深い都市提案が数多く発表されたが、代表的なのは丹下研究室の東京計画一九六〇である(図17)。建築的概念で都市を構築しようとする構想で、現実の都市との間にあまり接点はなく、これをアーバンデザインと呼ぶつもりはないが、建築家の考える都市的空間というものを知る上で、その空間解釈として意味はあるのではないだろうか。問題の焦点からはずれるが、ここにも、空間にかたちを与える都市軸という概念が持ち込まれている。

図17　東京計画1960（出典：東京大学丹下研究室）

❖実務としての都市デザイン

当時の建築家達の都市提案とは立場を別にして、より実務的にアーバンデザインを捉えようとする動きもあった。この実践的な考え方に基づいて、都市デザイン行政を進めたのは横浜市であった。六〇年代半ばからの革新行政ブームの先頭を行く飛鳥田市長のもと、都市プランナー田村明の主導で都市デザインが試行された。当時の革新行政は一般的に都市開発などハードな整備にどちらかといえば批判的で敬遠気味であったが、横浜市ではむしろ積極的に都市整備事業を打ちだし、それによって都市として主体性を強調する戦略をとっていた。都市づくり事業に市民的空間価値観を導入し、一つ一つの事業で空間の質を吟味する、いわゆる都市デザイン的手法をとったのである。今日の魅力的なみなとまちヨコハマの原点である。

アメリカでこれと同じ方向で都市デザインを進めていたのはサンフランシスコ市である。都市開発業者と政治家の癒着によって貶《おとし》められた都市計画を復権させる戦略として、都市計画局長のアラン・ジェイコブスが都市デザイン主導で、市民参加も得つつ、サンフランシスコの空間特性を最大限に生かすまちづくりを実践していた。

これらの取組みに特徴的なのは、都市づくりが誰のために、どのような目的で行われているのかが、空間的にわりやすく、かつ魅力的に示されたことである。都市の開発や再開発が進むなかで、都市計画が民間業者や政治家の思惑に振り回されたり、都市が拡大するなかで都市計画がどんどん専門化し、都市の管理制御が中心になり、都市計画が市民から遠いものになっていく状況下でアーバンデザインの手法は新鮮であった。

❖都市再生プロジェクトとアーバンデザイン

さて、日本でも一九八〇年代の終わり頃から国鉄が清算事業団に遊休地を渡して、そこに新しい開発を誘導しようとしてきたが、ようやくいくつかの場所で姿格好が見えてきた。日本はアメリカに二〇年から三〇年遅れて都市の更新に動き出した感じである。現在建設が進められている東京の汐留（図19）あたりでも、最初は、アーバンデザインなんていらないと言っていたのが、事業者が何人も集まると上手くいかないのでガイドラインをつくって協調したいという話がその後出てきたりする。つい先ごろオ

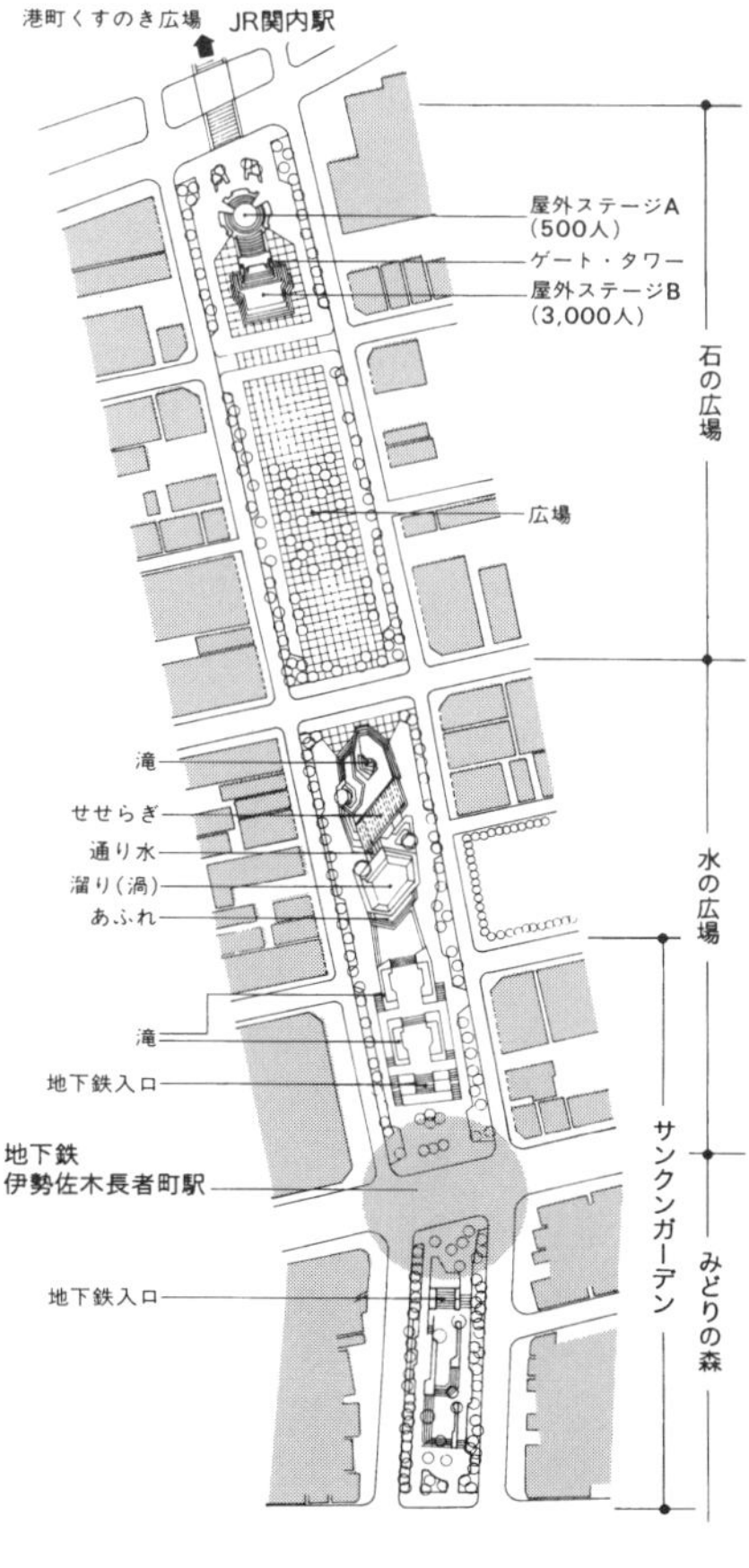

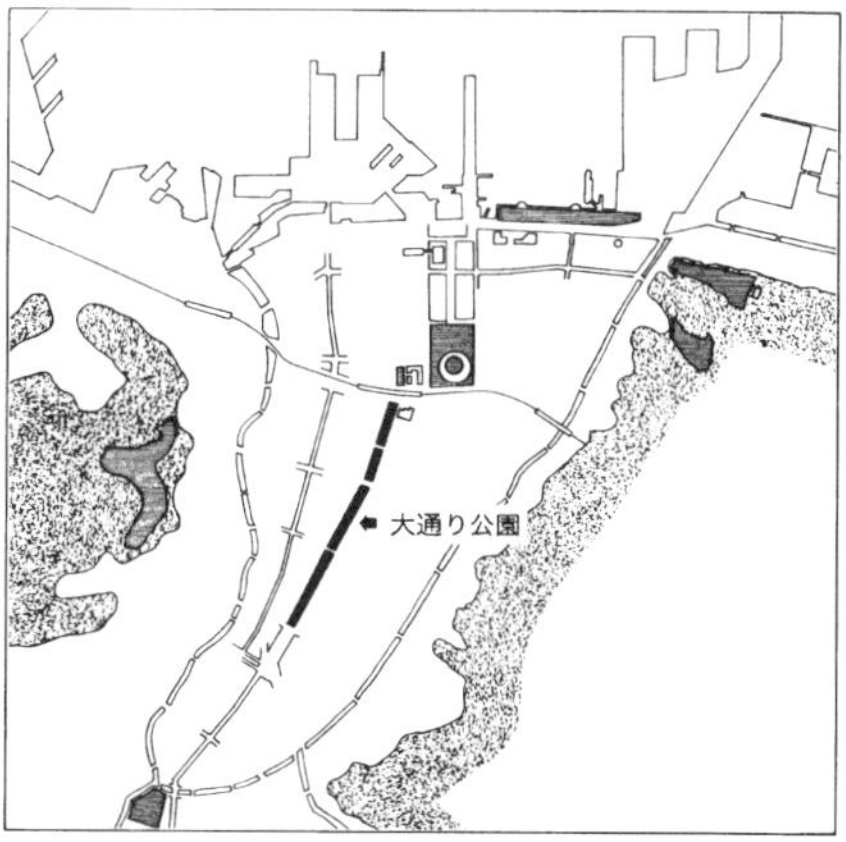

図18　都市軸を意識した横浜大通り公園のプラン、1978年（出典：田村明監修『横浜＝都市計画の実践的手法』鹿島出版会）

ープンした埼玉新都心でも同じである。従来の都市計画手法とは異なる何らかの空間統合ないし調整の手法が求められているのは事実である。

初期のスーパーブロック開発の多くは、単独の事業主体が開発を行い、建築も単一設計者が行っている。今は設計事務所も大型化し、経験も豊富化しているので、すべてを計画設計し、場合によっては調整する能力もあるとは思うが、スーパーブロックを〝街化〟していくには、必ずしも単一の設計体制で処理することは望ましくなく、複数の事業主体、複数の設計者が入って事業を行うことが重要で、その中で都市デザインを遂行できる体制を考えていかなければならない。そこでは、建築群の構成デザインも大切だが、多方面に目配りをしつつ、いかにデザイン調整していくか、いわば〝関係のデザイン〟が重要である。このようなプロジェクトでは、従来のアーバンデザインとは違った知識や経験も必要になり、むしろプロジェクトデザインといった方がよいかもしれない。

図19　汐留（出典：汐留地区街づくり協議会「汐留地区開発プロジェクト総合案内」）

4　都市を崩す近代建築の思想と技術

アーバンデザインの考え方が成熟し、事例も豊富になってくると、その遂行を妨げているのが、単に政治や経済だけではなく、実は近代主義の思想、身近なところでいえば近代主義建築および近代都市計画の持つ空間理念がそうしているということが見えてくる。

❖土地から離れた建築

近代建築運動が提唱した一つに大地の解放があり、ピロティ形式の建築が生まれた。市街地に建つピロティのある建築は周辺の建築群のなかで、相対的な関係づけがなされないかぎり、あまり有効ではなく、ピロティはかえって意味性のない不気味な空間として捉えられかねないのではないだろうか。何よりも問題なのはピロティによって土地との関係が薄くなることで、まちづくりにとってはマイナスといえる。

かつて人工土地という概念ももてはやされた。住宅を高度利用するためにスラブを少しずつずらすことで、すべての床に太陽光が届くというものである。また戸建て住宅を受け入れるための立体宅地といった概念も提案された。もっともこれは少し考えればわかることだが、太陽は一つの面にしかあたらないことが判明し、実行に移されなかった。

ピロティと同様に、人工地盤も街との関係を薄くする。大規模開発では動線処理などから人工地盤はつきものといえる。特に大きな駅前広場の整備では多用されている。人工地盤も、決して土地ではなく、土地に代わる装置である。しかし、使いようによっては多層式の都市空間を生みだすことができる。例えば、ロサンゼルスのバンカーヒルの再開発では全街区に人工地盤を義務づけた(図20)。各々の街区で屋上庭園をつくり、約束事に基づき、街区間をつなぐブリッジを架けて、人工地盤を準公共空間化している。

しかし、地面についた普通の街とは違っている。その最たるものは、建物の管理者の側にすべての空間がコントロールされているということである。これは大型の複合ビルやショッピングセンターなどでも感じることである。

街の実質的な部分がどんどん大型複合建築に取り込まれ、いわばカラの部分だけが外に放りだされ、街はますます殺風景になる。スーパーブロック開発は常にそうした危険をはらんでいる。土地の上で生活しているという実感がもっと大事にされるべきだろう。

図20　バンカーヒル(ロサンゼルス)。手前は人工地盤のオープンスペース

アコム
当ビル2F
アコム
当ビル2F

❖スーパーブロックがもたらす街並みの崩壊

わが国で初めて本格的なスーパーブロック群を前提にしてつくられたのは、新宿副都心である(図21)。ここはもともと淀橋浄水場だったが、新宿駅直近という立地を生かして商業業務市街地にしようとする計画が戦前からあった。六〇年代に入って超高層が可能になるような法的整備が進められ、これを前提として複数の街区が民間事業者に譲渡された。その結果生まれたのが、およそ一〇〇×一五〇メートルのスーパーブロックに五〇階前後の超高層ビルを一ないし二本建てるという開放型の業務市街地である。敷地の残りは公開空地として広場あるいは緑地とされた。

このような都市的スケールの、しかもスーパーブロックによる開発は、東京だけを見ても臨海部から内陸まで、いたる所で進行している。これらの土地は、港湾や鉄道などの関連用地や工場の移転跡地で、まさに工業化社会の都市から、脱工業化社会の都市へ再編されつつある過程そのものの姿である。これらを望ましい都市空間に仕立てあげていくには、都市計画的位置づけや手法も必要だが、都市デザイン的な手法、言い換えれば、複数の建築により積極的な働きかけを行い、都市空間の形成に参加させていく機会を増やしていくことが欠かせない。特に地区的スケールで複数の建築群を誘導し、単発の建築空間では実現できない都市スケールの空間をつくりだしていくことは、都市の歴史的継承という視点のみならず、実利的に見ても不動産価値を高めることは間違いない。

❖都市における公開空地の役割

この公開空地というか空地と建物の関係も近代建築理論から生まれたもので、不動産開発としてみれば合理的という評価もされようが、街をつくるという視点からは問題が少なくない。新宿副都心では、事業者間で協議会がつくられ、いくつかの約束事に基づいて建設がなされ、その後の公開

(前頁)図21　新宿副都心

空地の運営等がなされている。開放型配置であったとしても本来はもう少し建物の形状や素材、色、足回りの扱いなどの空間的約束事があってもよかったと考えるが、当時としてはそこまでのデザイン的配慮はなされなかった。ビル風があるのにも気がついていなかったくらいの時期である。

各々の街区に特定街区制度を使って超高層を建て公開空地を生みだすことが約束になっていて、各街区の周辺に大小の空地がとられている。この公開空地は、一、二を除いてビル風の吹き抜ける吹きさらしの広場だったり、広場ではなく植込みになっていたりする。

よく見ると、ここで人々が集まり楽しんでいる姿はあまり見かけない。法律で公開空地にコーヒーショップ等の店舗を出してはいけないことになっているし、ちょっとしたイベントにも制限があり、何のために広場状の空地をつくっているのかということになる。公開空地の制度は容積割増しと形態の緩和があるので事業者はこれを多用するが、ほとんどの場合それだけに終わっている。

日本の場合、道路が貧弱なため、歩道状空地をとるとボーナス・ポイントが高くなるようになっているが、実際にはそれほど歩行の用に役立っていない。建て込んだ市街地で歩行スペースを広げるのならば、一、二階だけ壁面後退をさせた、いわゆる騎楼式のポルティコの方が街になじむのではないだろうか。

アメリカの場合、プラザ・ボーナスというように広場をつくることに狙いがあるが、ここでも観察してみると、建物の南側にある公開空地には昼休みに大勢の人が集まるが、北側にとられた広場や隣接するビルの影が落ち日影になりやすいところにとられた広場には人はあまりいない。そのため公開空地にも日照時間を義務づける動きもあるようだ。

新宿副都心の公開空地の中で比較的評判の良いものは、三井ビルの通称、55広場と呼ばれるところである(図22)。公開空地での店舗営業は禁じられているが、ビル管理者が気を利かせて折り畳み

図22　新宿三井ビルの公開空地

式のイスとテーブルを置いてくれている所に、人々がどこかで勝手にコーヒーを調達し飲んでいる。なぜこの広場そのものにコーヒーハウスがあってはいけないのか、公共性とは一体何なのだろうという根本的なところから考えていく必要がありそうだ。これは公開空地に限らず、近代が〝公共性〟と呼んだものすべてにあてはまる。

❖壁面後退と建築線（位置指定）

都市計画法や建築基準法では、街並みをつくっていく上で大切な集団規定に関して空地率や壁面後退による緩和がいたるところで目につく。しかし、壁面の並びが崩れると街並みに緊張感がなくなり、これまでのように建築が集合して街並みをつくることが困難になる。

例えば東京の丸の内や大手町地区でも壁面後退をしたビルが増えているが、この壁面後退部分の空地はあまり有効には使われていない(図23)。かつての丸の内地区は壁面後退をせず、壁面や高さがある程度揃っていて、建物デザインはどうということがなくても街並みに一種の風格があった。

かつてこの一角にあった、東京海上火災ビルを超高層で建て替える計画が持ち上がった。前川國男の設計ということもあったが、皇居前の美観からスカイラインの統一を主張する東京都と〝建築自由〟と近代建築の思想をふりかざす近代建築主義者の間で一大論争があったのだが、美観論争も中途半端に、結局公開空地をもった超高層ができた。そして今、東京駅前の丸ビルが中途半端な壁面後退をして塔状に建ちあがった。このあとも次々と墓石型の塔状建物ができていくのではないかと思われるが、ビジネスセンターとして個々の建物性能や容積を重視するとしても、もう少し違った街並み、建築の形態があるのではないだろうか。

図23　丸の内(右)と大手町(左)の公開空地

5 都市景観向上の運動と都市環境デザイン

次に少し見方を変えて、景観という側面から都市デザインを見てみたい。

わが国で、都市美・都市景観に集中的に取組みがあったのは一九八〇年代になってからであるが、戦前にも都市美化運動としての取組みがあった。

都市美化運動は、そもそも一八九三年のシカゴの世界コロンビア博覧会に際してD・H・バーナムを中心に計画・設計された会場計画が熱狂的に支持されたことに始まる。その後、オスマンのパリ改造計画やP・ランファンのワシントン計画に示唆された、中心市街地全体を扱ったシカゴ・プラン(一九〇九年)が好評で、アメリカの諸都市に大きな影響を与え、これがシティ・ビューティフル・ムーブメントと呼ばれる都市美化運動の引金になった。その担い手として造園家のオルムステッドも一役買った。街路樹や公園が整備され、街は白く塗りたくられた。こうした表面的なデザインが目立ったことから、都市美容術と揶揄されたりもした。

わが国では大正から昭和の初頭にこの運動が入ってきたが、東京丸の内のお堀端界隈や大阪御堂筋などにその痕跡を認められるにとどまり、まもなく太平洋戦争に突入し立ち消えとなった。

戦後は、安普請の建築が次々と建てられ、都市の景観は、このあと述べるような動きが例外的にあるだけで、あまり顧みられることはなかった。ようやく都市景観への取組みが全国的に広まったのは、一九八〇年代後半になって当時の建設省が都市景観行政を推進してからである。

その一つの動機として、財政難によって新規事業がストップする代わりに改良事業が増えたことが考えられるが、それまでの都市緑化の量的な目標が質的な目標へ転換されたことも働いている。

しかし何よりもこの動きを後押ししたのは、一九六〇年代から七〇年代にかけて試みられた先進諸都市の景観への取組みである。大きくは、緑と水への取組み、歩行者空間やモールのデザイン、歴史的町並みの保全と修復あるいは風致保全の三つがある。

❖まちの中の水と緑

仙台は、往時、武家屋敷の中の屋敷林が屋根の上に覆い被さって、一面、杜のように見えたところから杜の都と言われた。戦災で焼野原になり、復興をどうするかというときに、当時の市長が、今後の都市発展を考えると、屋敷地の木立ちでは無理だろうから街路を広げて街路樹を植え、これを大きく育てて街を覆って杜の都を復興しようと発案し、それが実って、今日、都市景観形成の一つの代表例とみなされるに至った(図24)。街路樹を大きく育てるため、主要な大通り七本を無電柱街路に指定したのは、まだバラック建築がようやく建ちだした一九五〇年代の初めであり、その先見性はアーバンデザインとしても評価すべきものであろう。

また同じころ、セメントの町として知られる宇部市では、その灰色の風景を何とかしようと都市緑化に取り組み、同時に野外彫刻展にも取り組んだ。他の都市の緑行政よりもはるかに早い時期であり、今日でもそのストックは生き続けている。

これらの都市に限らず、一九五〇年代は、戦災に遭った都市のほとんどで都市緑化は大きな課題であった。一九六〇年代に入ると、都市への人口集中が起こり、特に集中の激しい大都市周辺部で宅地化圧力からいかに緑地を守るかが課題になった。その中で京都市の歴史的景観との関わりで自然との調和を求めた風致行政は後の都市景観行政のはしりともいえる(図25)。

図25　京都・北嵯峨の風致地区の風景（撮影：大西國太郎）

図24　仙台市の定禅寺通り（出典：仙台市都市整備局発行パンフレット）

一方、都市の中の水辺を保全したり回復しようとする動きも早くからあった。岡山市の西川緑道はその中でも早い取組みとして知られている。ただ水路は庭園風にデザインされており、もとの農業用水路兼城下町の堀割の機能とかけ離れた風景になってしまった。今日、環境保全が叫ばれ、環境デザインにも関心が集まっているが、これは間違ったデザインの適用であろう。こうした例は東京の下町の運河水面の手直しなどにも見られ、緑や水に人の関心を寄せさせるための姑息な空間のつくり替えが、この頃随分あったようだ。

❖歩行者空間のデザイン

一九七〇年に全国の交通事故死亡者が年間一万人を超えた。これに危機感をもった東京都では、休日に銀座や新宿などの大通りを歩行者天国とし、歩行者への道路解放を行った。この動きはすぐに全国に広まったが、実はそれより前、旭川市で歩行者への道路解放をしており、市はそれを発展させて恒久的な歩行者道路に結びつけつつあった（図26）。

一方、郊外の住宅団地で任意に設けていた歩行者路、通称、フットパスあるいはペデストリアンウェイが、一九七〇年に歩行者専用道路という都市施設として認知されることになった。それほど歩行者空間は強く求められていたといえる。

旭川のそれが買物公園ともいわれるように、商店街でぞくぞく歩行者専用のモールが実現した。もともとアーケード商店街として車の規制には慣れていたこともある。仙台の東一番街のモール、横浜の伊勢佐木モールなどはそのデザインで有名になった。伊勢佐木モールはアーケードをはずしてオープン・モールにした初期の例といえる。

商業モールのほかに、歩行者プロムナードもつくられた。都電の跡地をプロムナードにした東京

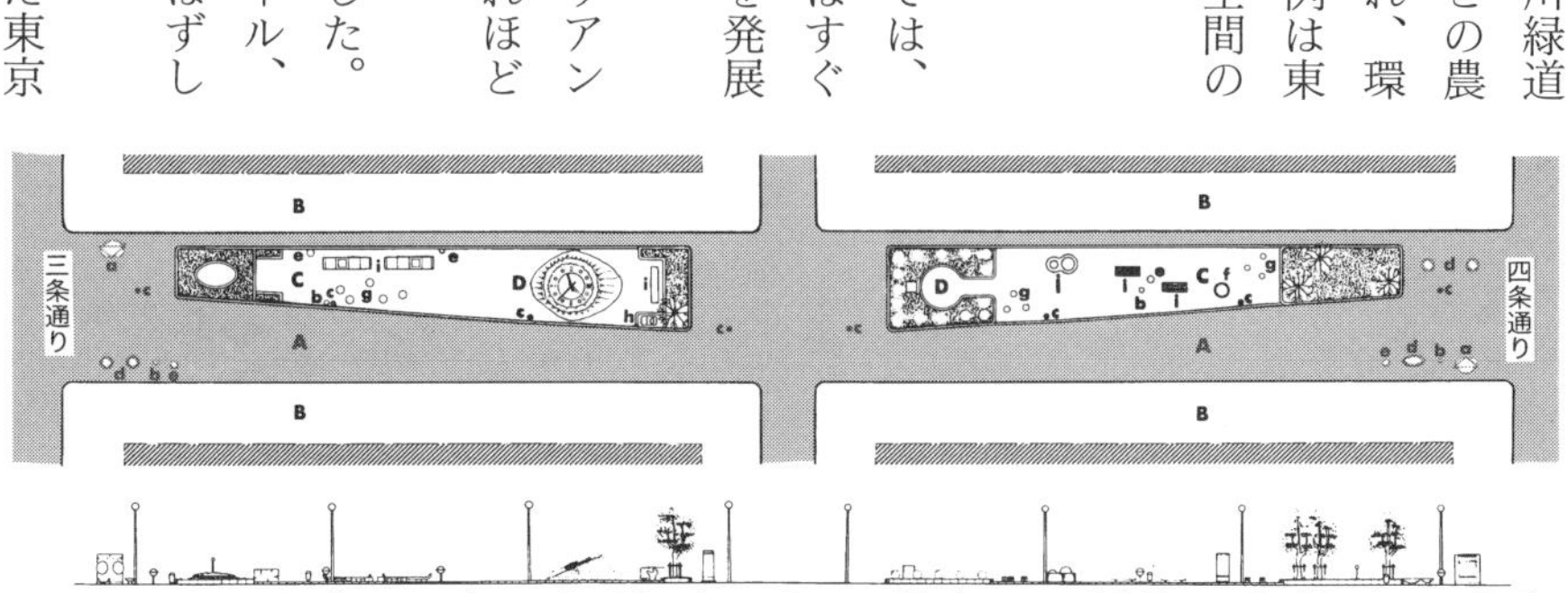

A：バスゾーン　B：ギャラリーゾーン　C：テラスゾーン　D：シンボルゾーン　a：案内板　b：吸いがら入れ　c：照明灯
d：フラワーポット　e：屑入れ　f：ショーケース　g：スツール（花，動物）　h：水飲み　i：ベンチ

図26　旭川買物公園（出典：『建築文化』1972年9月号）

新宿の通称、四季の道や、中小河川を暗渠化し、上部を緑道化した例など数多い。このような線状の緑道は、ヒューマンなスケールをもった日常の道として親しまれ、地区の構造として定着している。このようなプロムナードは上手な緑の取り入れ方といえる。

❖町並み保全とアーバンデザイン

都市化が進むと同時に建材の工業製品化が進み、街にはデザイン的にあまり好ましくない新建材が溢れることになった。古い建物は次々と建て替えられ、伝統的な町並みは歯抜け状態になった。

こうしたなかで古い町並みを保全しようという動きが各地で起きた(詳しくは第4章参照)。町並みの寸法をとり、建物の意匠を記録するデザインサーヴェイが各地で行われた。宿場町もあれば城下町の武家屋敷地、町家、寺町、港町など、様々な特色のある町並みが保全の対象となった。当時は国の支援は全くといってよいほどなく、保全にあたっては各都市がそれぞれの知恵で取り組まざるをえなかった。そうした取組みの中では木曽の妻籠宿、高山や倉敷の町家の町並み、金沢、京都などが特に先進的といえる。

その後、伝統的建造物群保存地区という地区指定が可能になり、各地で伝統的町並みが指定保存されることになった。しかし指定地区だけがしっとりとした町並みで、それ以外は相変わらずの風景というのは、伝建地区制度が弁解として成り立っているような気がしてならない。なぜ一般の町並みがもう少しまともにならないのだろうか。

一九八〇年代以降、景観行政が促進されたのは事実だが、一九六〇年代、七〇年代に先進諸都市が各々に工夫と創意で取り組んできた内容が平準化され、横並びになった印象は否めないだろう。

6 これからの都市の向かう方向

◈都市の構造変化

今、大都市も地方都市も大きく揺れ動いている。ここにきて、といってもアメリカでは四〇年以上も前から、日本でも二〇年以上も前から都市の構造変化につながるいくつかの動きが起きていた。一つは脱工業の動きである。別に工業活動がなくなるわけではなく、中国や東南アジアのより安い土地や労働力を求めて海外へ流出したり、大都市から地方都市の工業団地へ移転したりという産業構造の変化である。その結果、大規模な遊休地、移転跡地が発生した。これからの都市のあり方を見据えて有効活用されればよいのだが、一部を除いて多くはマンション建設にあてられている。開発業者は高容積を追求するため、いたるところで問題を引き起こし都市空間を劣化させている。

もう一つは自動車という、この末端から末端まで直接移動できる、しかも個人的な移動手段の普及が地域や都市を大きく変えた。小ロットにも対応できる自動車輸送は流通の合理化、迅速化を促し、それまでの鉄道や港湾のあり方を大きく変えた。具体的にいえば、異なった運搬手段を接続することのできるコンテナのような輸送が主流になり、それ以外の施設や空間があまり役に立たなくなったのである。一九八〇年代以降の都市の大規模開発は、ほとんど鉄道貨物ヤードや埠頭などの在来貨物船の跡地や遊休地化した土地の都市的土地利用への転換である。

さらにいえば、市街地から工場がなくなると、工業系用途の分離はあまり意味がなくなり、都市開発も事業リスクを減らすと同時に魅力度を付与する狙いの複合開発が行われ、あるいは住宅地にあってもそれほどの違和感がなく、むしろ住まいに近接した就業形態が好まれる情報産業などのソフト産業が普及するなかで、近代都市計画の柱であったゾーニング（用途地域制）の限界も見えてきた。こうしたなかでどのように秩序のある都市をつくっていくかといえば、一つには先にも述べたように、地区の空間構造をより強固にする空間デザインと、もう一つには、各々の地区においてこれまでとは違った優れた建築集合のデザインの実現が鍵となろう。このように都市計画の立場においてもより具体的な空間の質を実現していくことが迫られよう。

❖多様化する地方都市の空間形態

現在、全国に三〇〇〇を超える市町村がある。政府は、行財政の視点から全部で一〇〇〇ほどにしたいようだが、空間的には小集落、中小集落、小市街地、中心的市街地といったかたまりはそう急には変わらないだろう。しかし現象的には中心市街地はどんどん歯抜けになり、集落すら分散する傾向にある。将来、大都市近郊都市を除いて都市らしい都市は一〇〇から二〇〇くらいになるのではないか。残りは、これまでの趨勢から考えて、都市的環境と農村的環境が連続移行した融合型の環境になっていくと思われる。そのどの段階の居住形態を選ぶかは自分のライフスタイルに照らして決めればよいことで、その結果生まれる多様な居住地のモザイク模様が将来の地域の姿になるのではないだろうか。もしそうだとすれば、都市と農村という、これまでの関係ではなく、都市と農村の間に多様な〈型〉をもった地域や地区が生まれることになる。地方での都市デザインはそうした場所や空間を一つ一つこしらえていくことが中心になるかもしれない。

今、地方都市で中心市街地活性化がいわれている。現在の中小都市の中心市街地をすべて残すのは無理であるし、意味がない。都市部に限らず農村部も、地域の再編を視野に入れて残すべき中心市街地のあり方を探ることが必要だ。一言いうとすれば、物をただ売るだけの空間はさびれざるをえない。人々が対面し交流する場として、あるいは文化の中心として充実が図られねばならない。

❖自動車に代わる交通手段と都市デザイン

今後の都市空間の再編デザインで最も大きな課題は、車社会における都市のあり方である。地下鉄やＬＲＴなど都市型の公共輸送機関がどこまでその力を発揮するかだが、ヨーロッパはもとよりアメリカでもそのような方向が一部で模索されている。後追いの好きなわが国でも少しずつ兆しが見えてきている。この問題を詰めていくと、ドイツなどでいわれている、交通公共空間の再配分と再配置が必要になる。タテ割り行政の強いわが国だが、これを克服しないかぎり都市の再生はない。このこととの関連でいえば、公共空間の質を管理者の立場ではなく利用者の立場から、しかも生活者の利便とアメニティという視点から評価し直すことが必要かもしれない。具体的にいえば、商店街の通りとバイパス的な通りの両方を同じように、ただ車と人の交通の用に供するとして片づけるのではなく、商店街の通りはカフェテラスが出せたり、屋台があったりしてこそという観点から道路を見直したらどうか、ということである。公園などでも同じことがいえる。これらの諸点は都市デザイン的アプローチが是非とも必要な部分である。

❖地球環境問題と都市デザイン

二〇世紀は、建築とか土木といった要素がポジティブな要素として空間づくりが行われた。オープンスペースは、その間ネガティブというか背景的な扱いであった。二一世紀には、オープンスペースがポジティブな要素として空間づくりが行われ、建築がネガティブないし背景という考え方が重視されるべきである。そもそも建築は自然のネガティブな側面、例えば風雨とか寒暖といったいったことから人間を守るシェルターから始まったものである。それはそれで大切だが、建築をはじめとする人工物や人工環境で圧迫されている、本来はポジティブなオープンスペースが都市においてはより大きな位置を占めるべきである。

これまでの水と緑の諸策に加え、ビオトープ、ゴミ拾集方式、ヒートアイランド化防止、ゼロエミッションなどの地球環境や資源・エネルギー問題に対して、都市デザインからどのようにアプローチするか、これまでとは違った都市デザイン評価が必要になるだろう。ハード面から一ついえることは、長持ちする都市と建築をつくっていくことで、もう応急措置的な、あるいは操作性を重視した都市づくりは考え直すべきである。

今後まちづくりは広い意味で再開発が中心になるはずで、リディベロプメント、リニューアル、リプレイス、リハビリテーションなど、様々な形態の都市更新手法を駆使して、より快適な都市空間を実現していかなければならない。これまでしばしば見られたように、その当初目的がわからなくなるような過剰反応、過剰投資型の事業を正すのにデザインの知恵は有効に働くと思いたい。

❖ユニバーサルデザインと都市デザイン

都市デザインは、現代都市において都市計画と建築の中間の空間構成をおさめていく技術・手法として生まれたということを再度確認する必要がある。既に見てきたように、このようなスケールの都市プロジェクトはこれからも数多く存在する。生身の人間にわかりやすく、親切な空間づくりがますます求められる。昨今の都市デザインではヒューマンスケールとか人間性の回復とか、初期に目的としていわれていたことが忘れられがちだ。もちろん、単純なヒューマンスケールを超えて、ユニバーサルデザインの実現が求められている。

❖感性に触れるまちづくり

もう一点挙げるとすれば、感性に触れるまちづくりをより推進する必要がある。都市計画や都市開発の場面ではますます経済性や経済原則が表にたってくると思われるが、そうしたなかで感性を失わずに空間や環境を見ていくことが大切である。この場合、デザイナーとしての感性も大事だが、生活者あるいは都市体験者として都市を見たり感じたりする心を忘れてはならない。

❖コラボレーションと都市デザイン

本書の構成を見てもわかるように、都市デザインに関わる多くのデザイン分野がある。都市計画、建築、土木、ランドスケープ等を軸として、サイン、ストリートファニチュア、色彩等の環境デザイン諸分野、さらには動植物の分野、農業や商業の分野などである。

先にも触れた景観への取組みは建築家や建築系の都市プランナーが手がけたものが多い。ランドスケープデザインは、当時はまだ公園・緑地の計画設計の枠から出きれずにいたし、土木の方ではデザインへの関心が低かった。そのため都市空間に関心のある建築家や都市プランナーが具体的なデザインをいろいろ試みていた。

その後、景観論も賑やかになり、環境への関心も深まってランドスケープや土木の分野、さらに産業デザインの各分野も参加するようになったが、依然として建築デザイン関係の専門家が多い。これは建築あるいは都市計画分野が空間の総合に慣れていることが作用してきたと考えられる。しかし、かなりの幅を持つ環境デザイン分野を一人ですべてこなすことは不可能で、仮に建築のデザインだけを見ても複数の設計者が、そして各デザイン分野の専門家が協働で一つの空間をつくっていく方が、都市空間の本質を反映する上でもより望ましい方向だと思われる。

❖参加型社会における都市デザイン

最後に、今後ますます強まる参加型社会と都市デザインの関係について触れたい。参加型のまちづくりは地区ないし街区のスケールにおいて最も重要で、また参加の意義が大きいと思われる。都市発展が急速だった頃に、具体的プランを住民の前に見せると混乱を招くということで原則と枠組みを示し、それによって合意形成を図るという手法がとられてきた。しかし、今日の一歩進んだ参加型社会ではその手法は不適切になりつつある。どのような姿・かたちの都市や地域になるのかを、具体的な実現プランでわかりやすく提示することが、より強く要請されるだろう。今後、様々な地区計画がまちづくりで大きな意味を持ち、この地区レベルを主たる領域とする都市デザインの役割は大きくなると考える。

さらにワークショップと呼ばれる参加型のまちづくりがある。これはややもすると専門家が住民に同化する、まちづくりの運動としてあるいは手続きとしての意義が強調されがちであるが、最終的にはレベルの高い空間づくりと利用が実現されねばならない。住民や市民サイドで意見を引きだしたり意向をまとめたりする専門家と、それに基づいて案をつくり行政とも連携して実施プランをつくる専門家の両方が必要なのかもしれない。参加型のまちづくりを実らせるには専門家の役割が重要で、しかも都市デザインという領域と知識、そして手法が欠かせない。

第4章

町並みをまもり、育て、つくる

山崎正史

1　町並み保存のはじまり

一九六〇年代中頃に始まった町並み保存運動は当初、保守的でいわば歴史の展開に抵抗する動きと捉えられがちであったが、そこには都市に対して提案された新しい課題があった。「まちづくり」と「都市景観」である。

「都市景観」あるいは「都市美」へ向けた動きを見てみよう。昭和四三年に「倉敷市伝統美観保存条例」と「金沢市伝統環境保存条例」が制定された。名称からすると、単に保存を図るもののようだが、倉敷市は「固有の歴史的な伝統美観」の保存だけでなくその継承を、金沢市は「固有の伝統環境の保存」と「新たな伝統環境の形成」を目的としてうたっている。ここには次のような保存に対する新しい態度を見ることができる。①固有の美観＝都市の個性を尊重する態度、②それを継承し形成するという動的・積極的態度、③都市美は結果でなく、目的としてこそ得られるとする態度。ある時代の姿で固定し、凍結保存するそれまでの文化財保存とは態度が大いに異なることがわかる。

町並み保存運動は、他にも注目すべき特質を示していた。「町並み景観」という目に触れる具体的な景観美の認識と、「まちづくり」という動きである。

都市計画が、行政的立場から都市全体の機能的調整を主に計画の対象とし、全体から部分へと発想してきたのに対し、町並み保存運動は、地域に住む住民自らが、その場所から発想し、具体的な町並みの姿をかくあるべしとして運動を展開した。それは住民参加というより住民主体、地域からの発想、具体的都市空間像の計画、という「まちづくり」の特質を持っていた。町並み保存運動を

図1　金沢市伝統環境保存区域、浅野川沿いの景観

始めた各地の住民団体名にも「○○町を守る会」「○○町を考える会」「○○町のまちづくりを考える会」という名称も見られた。当初から文化財保存という枠を超えて、現代人の地域コミュニティが過去からの優れた都市空間文化をいかに継承すべきか、という課題に向き合っていたのである。

町並み保存には、場所の持つ歴史的意味を存続させ表現するという意味合いも大きいが、本書はまちの姿形のつくり方を主題としているので、町並みの持つ都市美的側面について考察を進めよう。

❖町並み景観とは

町並み景観というのは、個々の家が、個々の表現を超えて、群としてつくり出している「まち」としての景観のことだ。個人がその五感を通じて、姿ある実体として把握でき理解できるような範囲にあるまちあるいは集落の姿といえるだろう。

町並み景観には二つの捉え方がある。一つは、普通ヴィスタ型と呼ばれるもので、視点場が設定され、そこから見える家並みの姿である。例えば、街路に立つ人の網膜に写る家並み景観。景観には距離によって近景・中景・遠景の別があるが、そのうちの近景から中景にあたる。

もう一つは、独立した民家が散在している集落景観のように、あちらこちらと人が移動して見た映像の総体としての地域の姿=地域景観である。頭の中で記憶を再構成してできあがるもので、頭の中の地図（イメージマップ=認知地図）に対して、頭の中の景観=認知景観ということもできるだろう。大景観・中景観・小景観という言い方はこの認知景観における範囲の大きさを言っている。町並み景観はこのうちの小景観である。

狭い意味で町並み景観というときは、最初のヴィスタ型の景観をいうが、町並み景観を扱うとき、大抵はこの両方の見方が入っている。

2　町並み保存の特徴と手法

個々の建物が文化財に指定されるようなものでなくとも、それが群として優れた街路景観や集落景観が永い歴史の中で形成されている場合に、それを維持していこうとするのが「町並み保存」である。まちは生きて動いているものだから、重要文化財のように固定的に凍結保存することは困難だ。各地の町並み保存の制度は、多少とも、一定の変化を許容するかたちをとっている。このような残し方を「保存」とは言わず「保全」と呼んで区別することも多い。

町並み保存の特徴として、次の三つが挙げられる。①地方的個性と価値を尊重する、②保存を外観に限定する、③現代生活が営まれることを配慮して、一定の変化を許容する。

❖地方的個性と価値の尊重

まちにはそれぞれの歴史があり、それがまちの景観に反映している。現代のまちは、機能主義という環境形成思想と、全国規模の建材供給システムによって、地方的個性を失ってきたし今も失いつつある。機能主義では、時代が要求する機能を満たすように、その時代の材料を用いて建築や都市環境を形成するのが正しいとする。科学的な概念が普遍的であるように、環境形成の方法は世界的に同じであるというのである。しかし、かつては、建材は地場で調達されたし、建築技術も趣味も、好むと好まざるにかかわらず、地方的な特色を継承しながら展開されてきた。その上に、どの職種や店がいつの時代に繁栄したとか、誰それが特別な思いでこの家をつくったといったまちの歴史が、町並みに形を与えていった。こうしたことが町並みの個性をつくり出してきたのである。

このような町並みの個性は、それぞれのまちにとってかけがえのないものであり、隣のまちと優劣を比較すべきものではない。環境が、その場所にまつわる何らかの意味を持っていることで価値がある場合、それを指定文化財と区別して私達は地域文化財と呼んできた。ほぼ同じ内容が、文化財のインタンジブル・ディメンション（無形の価値）という呼び方で、最近イコモス（国際記念物・遺跡会議。文化財保存を研究するユネスコの下部委員会で、世界遺産を選定している）で討議されている。これに対し指定文化財は、ある時代の様式の典型であるとか、古さや改造の少なさといった客観的評価基準によって、全国的視野で比較し選択される。町並み景観の価値はいわゆる指定文化財と価値基準が異なることに注意する必要がある。町並み景観の価値は、精神的・文化的に豊かなまちづくりに役立つという環境的側面にこそ認められるものなのである。

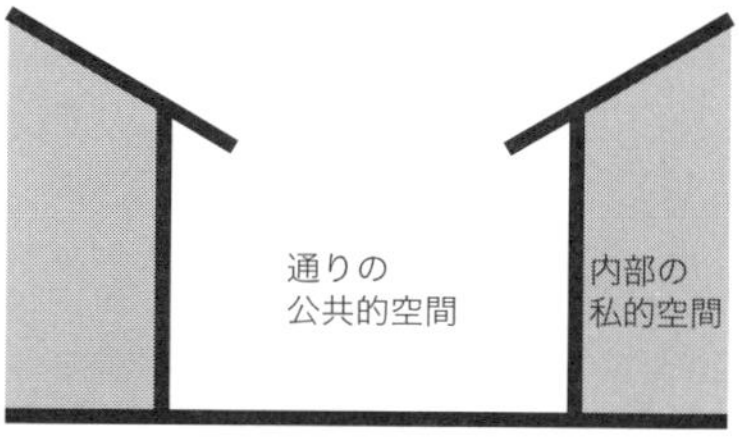

図2　建物の外壁は公共空間と私的空間の間に存在する

❖外観保存——建物外観の持つ公共性の認識

現代の日本では、土地とそこに建つ建築物は個人の私的所有物であり、所有者個人が自由に手を加え使用する権利があると信じられている。しかし、まちの印象を決定し、まちのアイデンティティを表現しているような町並み景観は、個々の建物の外観が連携してこそ存在しうる。その意味で、私的財産とされる建築物もその外観は公共的性格を持っている。歴史的な町並み景観のように、ある範囲の町並みが全体としてまとまりのある美を形成しているような場合、個々の家屋の外観が持つ公共的性格はより際立つ。建物の外壁は、通りという公共空間と、建物内部という私的空間の中間にあり、両者に属すものなのだ(図2)。町並み保存が制度として外観保存の手法をとるのはそのためである。公共性を持たない内部については、私的財産として個人の自由に委ねられるべきだろ

図3　外壁を保存して工事中の建物（パリ）。ヨーロッパではごく普通の方法

う。

事実、伝統的な町並みでは外観が統一的であるのに対し、奥の座敷はより多様で個性的なつくりを見せいている。京都では奥の座敷や庭は数寄屋の自由闊達な意匠が見られることも多い。昔の人は町並みの一部である外観について、現代の我々より公共性を認識していたように思われる。

町並み保存は表面だけの書割り保存だという批判があるが、書割り保存が目的ではなく、制度として公共的側面に限定しているのである。町並み保存地区で、伝統的な外観に対し、それと有機的な関係を持つ内部デザインをつくるか、外観と関係の希薄なデザインをつくって暮らすかは、住人の選ぶところであり、また大工や建築家の力量にもよる。

❖町並み保存の原点――伝統的建造物群保存地区

町並み保存の代表的な制度として伝統的建造物群保存地区がある。その保存方法は町並み保存の原点ともいわれる。

文化財保護法による伝統的建造物群保存地区に指定して保存を図るのは、歴史的な町並みがよく保たれ、まとまりのある美しい景観が伝えられていて、全体として文化財的価値を有していると考えられる場合である。こういう場所では、かなり厳密にその伝統的景観を保持することに意義が認められる。

伝統的建造物群保存地区に指定するには、事前に文化庁の補助事業として伝統的建造物群保存地区保存対策調査を行う。調査に基づいて保存計画を作成し、さらに保存条例を市町村で制度化し、地区指定を行って実施に至る。文化庁から標準条例が提示されていて、これに準じて各地の条例が作られている。したがって伝統的建造物群保存地区では町並み保存の手法が全国的におよそ統一さ

(上)図４　京都祇園新橋
(左)図５　祇園新橋伝統的建造物指定物件分布図
（出典：京都市都市計画局『祇園新橋町なみ調査報告』より作図）

れている。

その方法は次のようなものだ。地区内に存在する家屋のうち建造年代が古く、当初の形を比較的よく残しているものが「伝統的建造物」として選択される。これらについては外観のみでなく構造体としてその家屋を保存する。地域内の他の家屋については、建て替えも可能だが、外観をかなり厳密に伝統的デザインを採用するよう、条例で規定する。伝統的建造物の外観デザインを固定し、他の家屋が建て替え時にそれとの調和を図ることで、その地域固有の町並みが維持されるようになっているわけだ。

建物外観について制限を行うので、外観の工事費や修繕費を一定の割合で自治体から補助する。また、建築物以外に、石垣や見越しの松などその地域の町並み景観に欠くことのできない景観構成要素を「環境物件」に指定し保全を図る。環境物件に指定したものについては維持のための費用に補助金が出される。

市町村で指定された伝統的建造物群保存地区のうち重要なものを国が重要伝統的建造物群保存地区に選定する。選定を受けると保存事業費用に対して国から補助金が支給される。指定文化財の場合は、市町村指定文化財が県指定あるいは国指定の重要文化財に格上げされると、その管理もそれぞれ県、国に移管される。しかし、町並みは地域に根ざしたものであることから、その維持管理は市町村が担い続ける。

伝統的建造物群保存地区は文化庁の管轄に属すので、地方自治体の教育委員会が担当するのが普通だ。しかし実務は建築指導が大きな役割であるので、建築専門家の参加が不可欠だ。文化財担当部局が担当することもあって、デザイン規制も細部にわたり厳しい点があるが、後述する他の町並み保存に比べ、その分、本物で品のよい町並みが維持されている。実際には、まちの住人の高齢化、

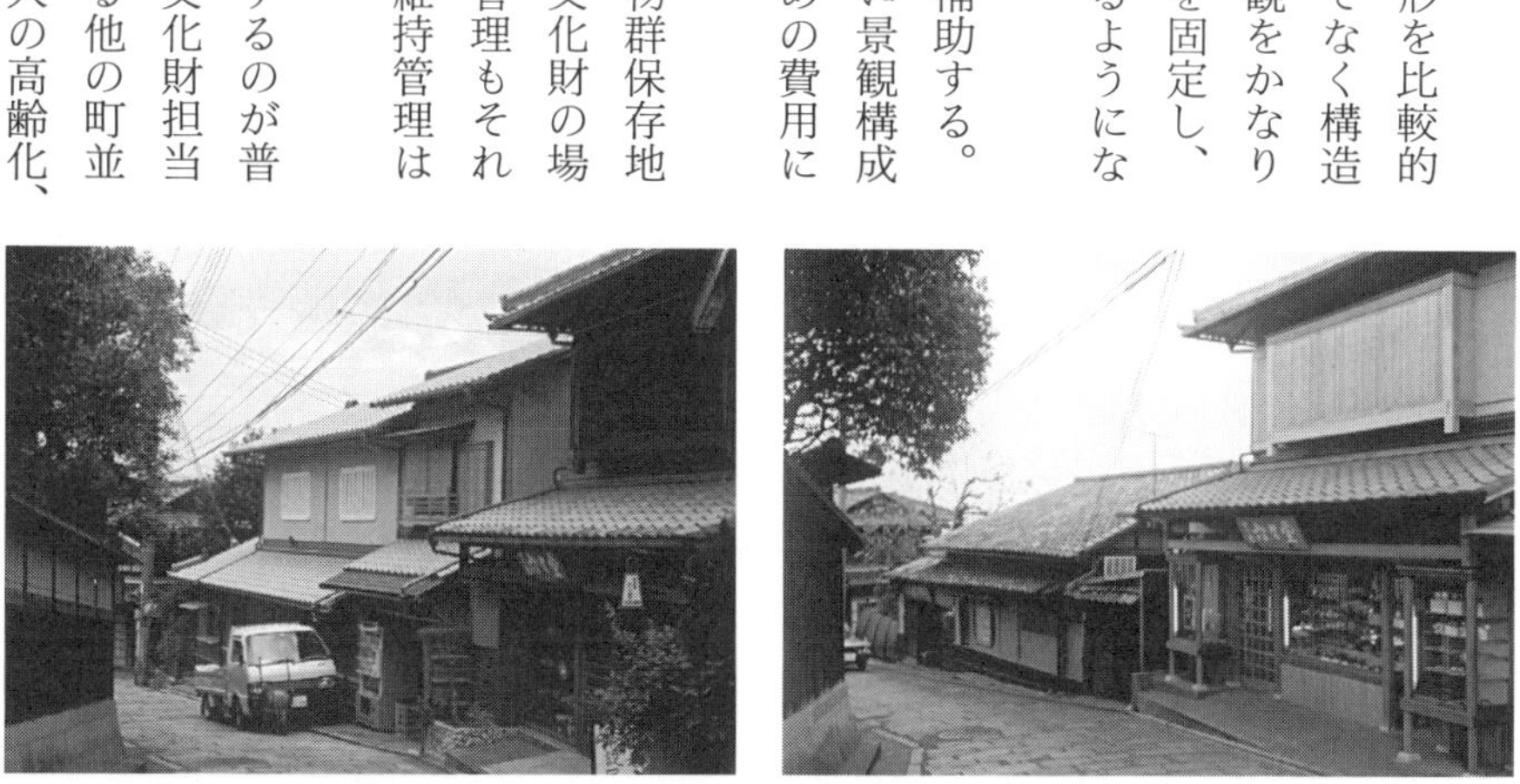

図6　産寧坂・伝統的建造物群保存地区。右の写真で平屋だった建物が、左の写真では2階建てに改築されている

空き家の増加など社会的課題も多い。町並みの保存は、地域住民に密着し、きめ細かく各戸各人に接し対応して、まちの環境を現実の姿として維持し築いてゆく仕事である。それは「まちづくり」に他ならない。町並み保存地区は、高齢化、安定化社会に向かう日本のこれからの地方行政の新たな課題を実験的に試行しているともいえよう。

3　まちづくりとしての町並み整備

文化庁主導の町並み保存より融通のきく、各地方の状況に応じた方法で町並みが整備されている例もかなりある。建て替えや改造が進み、歴史的な姿をとどめる家屋が少ない町並みでも、これからの改造や建て替えの仕方次第で、地方の歴史を表現するような町並みを強調し形成してゆくことも可能だ。その目的は、我が町の歴史とアイデンティティを確認し、そこに住むことへの喜びと自信を維持し、あるいは取り戻そうとする純粋な郷土愛に基づいているが、それに加えて、観光という経済的効果への期待がある場合も多い。「町並み保存」というよりは、「町並み形成」「まちづくり」と呼ぶ方が適切だろう。

❖小布施のまちづくり型町並み整備

まちづくり型町並み整備の例として、長野県小布施町を紹介しよう。

葛飾北斎が一時期この町に暮らしたことを記念して、昭和五一（一九七六）年に北斎館を開館したところ、全国から多くの人が訪れ、住民に歴史と文化の町に住むという意識と誇りが生まれたと

図7　伊勢のおかげ横町

図8　おかげ横町で新築された銀行

いう。これをきっかけに文化活動、地域づくりへの取組みが活発化した。郷土の偉人・高井鴻山記念館を建設し、周辺の町並み整備を進め、民家を再生利用した栗菓子店が人気を集めて、訪問客の一層の増加をみた。見る（美術館）、食べる（栗菓子）、学ぶ（多くの文化財）の三要素を満たしたことが成功につながったといわれる。一万一千人余りの町人口に対して、昭和六三（一九八八）年には約三七万人、平成九（一九九七）年には約九五万人の観光客が訪れている。

昭和五〇年代には各地で伝統的建造物群保存地区が指定されはじめ、町並み運動も盛んであったが、一方、そのほとんどのまちで、町並み運動は経済発展の足を引っ張るもの、地域発展の妨げだと批判されていた。そのような時代に、町並み保存を成功に導いた小布施は国民の求めるところを予見する目を備えていたというべきだろう。

小布施では歴史的町並みを保存したわけではない。民家が散在していたが、それらを再生利用し、新たな建物を建てる場合には町の歴史的個性を演出するよう心がけてきたのである。保存条例や厳しい規制があるわけではなく、「うるおいのあるまち環境デザイン協力基準」を定め、『住まいづくりマニュアル』を配布して、地方的個性を演出し、調和のあるまちづくりを実現している。マニュアルは「景観マニュアル」「ディテールマニュアル」「多世代住居マニュアル」の三本立てになっている。「内側は個人のモノ、外側はみんなのモノ」という節度を守ろう、新しい発想のデザインでも周辺との調和を十分配慮しよう、と呼びかけてきた。したがって、ここの町並みには古い民家にないデザインが各所で見られる（図10）。

建物だけでなく、地方材である栗材を敷きつめた舗装や、路地の敷石・植え込みなども丁寧で美しい（図11）。民地側のデザインと、行政側の公共空間のデザインがよい関係をつくり相乗効果を生みだすのも、町並み整備で求められる点だ。小布施はさらに、夜の灯りのデザインにも取り組んで

図9　小布施の町並み

図10　民家の雰囲気を持つ新しい建物

高井鴻山

いる。町並みの中に民家を利用した「日本のあかり博物館」をつくり、『あかりづくりマニュアル』を配布して、町並みにあった照明演出を町をあげて進めている。通りでは暖色系の灯りとしたり、やわらかな間接照明とするなど、かつての日本に見られたきめ細やかなセンスが、町の規模で行われようとしている。

（前頁）図11　小布施の路地

新しいまちづくりを進めながら、品格のある地方の歴史文化的個性を表現する、ということは実は簡単ではない。同じ姿勢で意欲的にまちづくりを進めながら、残念ながら、観光振興という経済目的が表に出過ぎたり、薄っぺらな偽物民家調デザインが目立ったり、そうでなくとも他地方の歴史的デザインを安易に取り入れたりして、町の品位を疑うような町も少なくない。小布施の場合、地元出身の建築家・宮本忠長氏が、自身でも設計して範を示し、永年、行政・住民とよき協力関係を保ってこられた。信州大学の岡村勝司教授他の協力もある。住民・行政・専門家が、互いに聞く耳を持ち、協力を続ける節度と賢明さを持ち合わせていたことが、この町の成功の秘訣であるように思われる。

❖町並みの修景と形成

景観を改善する作業を修景と呼んでいる。景観の改善には次の段階がある。

(1)醜悪なものを取り除く。
(2)環境の混乱を是正する。
(3)景観の調和をつくる。
(4)優れた景観を創造する。

景観に関する議論の中で、しばしばこの四段階の混乱が見受けられる。近代になって、以前は客観的概念と信じられてきた美の概念は揺らいでいるが、醜悪なものはまだ多数の人の判断が一致する。ペンキが剝げ壊れたままの看板やフェンス、錆びてメンテナンスの行き届かない非常階段、ごみが散乱する不潔な場所、これらは大抵の人が改善すべきだと考える。電柱を美しいと評価する人も少ないだろう。最低限の礼儀を欠くほどに美を無視した手前勝手なつくりに原因があるようだ。明らかに行きすぎた機能主義といえよう。景観の中の醜は除去するか、美しいものに置き換えるべきだ。

環境の混乱も我々には醜と感じられることが多い。日本の多くの都市の中心部で、環境の混乱が見られる。まず規模と機能の混乱。木造二階建てであった町の中心部を、高層ビルで構成される業務・商業地区に置き換えることを目標として都市計画がなされ、高い数値の容積率制限が敷かれてきた。そのため、住居と高層ビルをはじめとする様々な規模のビルが隣接し、ひしめきあって、景観的混乱を生じさせている(図12)。これはデザイン的問題というよりは、都市の経営的問題であろう。住民が快く平穏に暮らしているとはとても思えない環境は、多くの人にとって、美しいとは感じられない。これについてはデザインで改善される部分はそれほど大きくない。都市計画やまちづくりの制度で、調整を図る必要がある。

急激な人口増加と経済発展の過程で、都市の広い地域で高層ビル建設が進められてきた。それがこれまでは効を奏した事実も認められよう。しかし、これからは人口減少、安定化社会の時代に入る。建物を建設することはどこかで空き家と空きオフィスを生み出すことでもある。近隣関係を配慮した丁寧できめ細やかなボリュームと機能を備えた配置計画に転換することが求められている。そのことを抜きにして、日本の都市景観と都心の町並みの改善は困難に思われる。

環境の規模的・機能的混乱の比較的軽微なところでは、デザイン的調和が大きな課題となる。町

図12　京都の都心部。美的問題以前に社会的景観としての混乱がある

並みの美について語られるのは普通この段階である。町並みの調和は、詰まるところ、「多様の統一」あるいは「統一的多様性」と呼ぶべき手法で実現される。デザイン属性の枠組みの設定、多様性の設定、採用すべき形態的特徴など、地方で培われた歴史的・文化的個性を反映し、美意識を継承するための具体的な方法は無限にあるといってよい。

今でこそ少し減少したが、数年前まで、筆者が町並み整備の現場で出会った建築家の大半が、自分は「対比の調和」をここで実現したいと言っていた。しかし、近隣と共通属性をほとんど持たない対比は「無関係」でしかない。統一性の高い町並みの中では、例えばヨーロッパの歴史的都市で時折見られる現代建築のように、「無関係の対比」も好感を持って受け入れられる場合もある。しかし、日本のように建て替え・改築が多いところで、建築家の多くが無関係の対比を実現していっては、町並みは調和の美から遠ざかるばかりだろう。

さて、優れた町並み景観の創造の可否は、町並み形成に参加する施主とデザイナーの資質と才能のレベルによるのではないだろうか。町並み保存、町並み整備の制度に対し、「こんなことで優れた芸術的作品ができると考えているのか」という批判がある。制度は高度な芸術作品を生みだすものではなく、悪化を避け、ベターな状態に事態を誘導するためのものだ。批判の的となるのは、具体的には大抵、勾配屋根規定に関するものだ。町並み保存地区では勾配屋根規定が定められているところが多いが、勾配屋根なら傑作なのか、という問いかけである。この背景には勾配屋根をつけたものは初めから現代建築として失格だという根強い見方がある、芸術性や美の本来のあり方からすれば、それはあまりにも偏狭な態度ではないだろうか。

図13　ポンピドーセンター（右側）の周囲で地をつくり出している新しい町並み

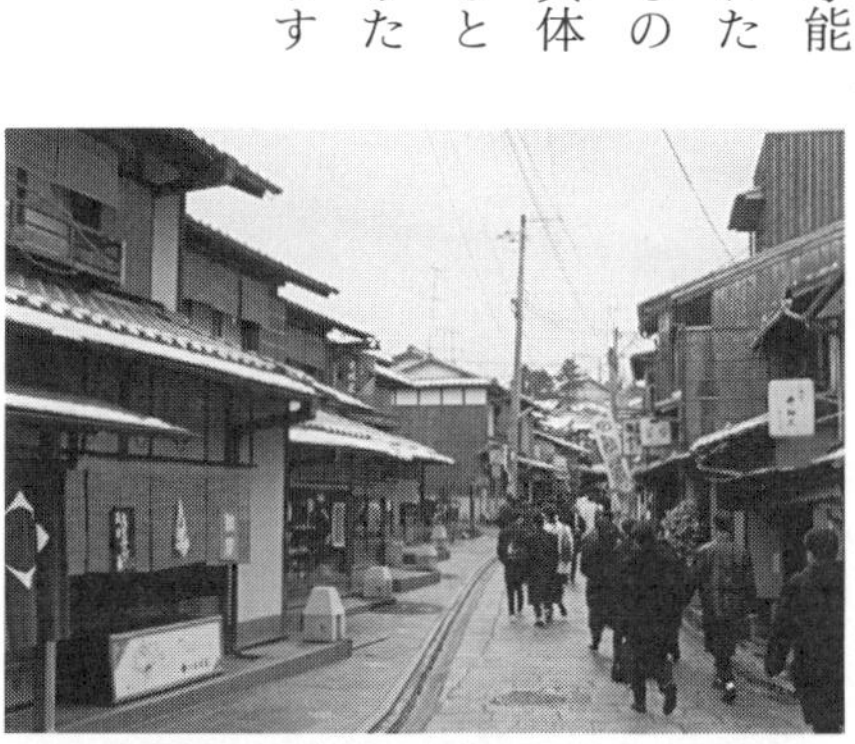

図14　産寧坂・伝統的建造物群保存地区。左の建物は1棟の長い建物を雁行させて5棟に見せ、町並みのスケールに調和させている

4 町並み景観の美を形づくるもの

❖町並み景観の美とは

人々に愛され、保存運動を引き起こし、広く観光客を惹きつける町並み景観の美とはどういうものなのだろうか。日本ばかりでなく、世界各地の町並みから、私達が次代の都市形成の手法として学ぶべきことは何か、考察してみよう。

町並み景観の美とは要するに統一だ、とよく言われる。果たしてそうだろうか。一九世紀末のイギリスで、巨大化し不衛生になった都市環境を改善するため、法律で建築規制を行った。その結果、あたかも軍隊の制服のように、延々と全く同じ姿形の連続住宅が連なる街区が建設された。それは決して美しく思えない。

美しい町並みとして人々に愛されている町並み景観は、こういう単純な統一からは生まれない。それは、互いに似ているところがあって全体としての個性をつくり出しているけれど、よく見ると個々の建物がそれぞれに個性の表現があり、固有の顔つきを持っているような景観であろう。美しい町並みは統一的ではあるけれど、統一そのものではない。その違いは小さいようで大きい。統一ではない統一的性こそが「調和」を生むのである。

人はなぜこういう町並み景観を美しいと感じるのだろうか。人が美しいと感じる景観とは、一般に人が生存し続けるのにふさわしい環境の姿であると言われる。事実、緑のある景観、水のある景観を美しく感じ、砂漠やコンクリートばかりの景観に多くの人が美を感じないのは、前者が人類の

図15　パリの建築外枠線規制（ガバリ）に従って建てられた新しい建物。パリでは、町並みの連続性を継承するため、建築の外枠線規制を行っている。これは「ガバリ」と呼ばれ、壁面の位置・高さや、軒の部分を円弧の枠内に納めるなどの規制がある

生存に不可欠な生態系を示すものだからと説明できる。町並み景観の美についても、同じような事情があるようだ。人が集まって住むとき、相互に他を思いやらず、勝手気ままにしたのでは生活に軋轢が生じる。互いに自由を認め個性を尊重しながら、互いに他を配慮して、その個性を慎みのうちに表現するような社会が成熟した集住のあり方だろう。こういう成熟した集住のあり方が反映された場所に美しい町並みが形成され、そこは住みやすい町となるのである。

◈町並みの調和＝共通属性の設定

では、統一そのものではなく、統一的な性質を持つ町並みの調和とは、どういうものなのだろうか。

群を構成する個々の要素の外観は、様々な属性を持っている。町並みを構成する建築でいえば、高さ、壁面の大きさ、壁面の位置、色彩、屋根形状(勾配屋根であるなど)、窓の大きさと位置、素材、などが主要な属性といってよいだろう。これらのうち、いくつかの属性はどの建物にも共通しているが、他の属性についてはかなり多様になっている。なかには共通しない属性があってもよい。共通属性があり、それの多様性（変化）の幅が属性ごとにうまく設定されているとき、町並みは調和を奏でる。これは「多様の統一」とも言われる。

日本の歴史的町並みの例として、京都の祇園新橋を見てみよう(図16)。屋根の素材は瓦葺き、勾配は四寸三分（四・三／一〇）くらいに揃っている。だが屋根面の大きさ、形、高さは少しの幅で家ごとに変化がある。軒の高さが微妙に変化しながら連続してリズムを生む。京都では「むくり」といって屋根にわずかなふくらみを持たせるが、それも各戸微妙に異なる。一階壁面は木造真壁づくり（柱を外にみせる形式）で、千本格子が共通して見られる。千本格子をはめた出格子の細部の納

図16　花見小路連続立面図（京都祇園新橋）（出典：山崎正史『京の都市意匠―景観形成の伝統』プロセスアーキテクチュア）

まりは、京都の場合およそ一定である。一方、壁面全体のプロポーションは各戸異なるし、壁の色は同一ではない。同一ではないが、京都付近で取れる土が材料なので、たかだか四種類ほどに限られており、彩度をマンセル値で計ると一定の狭い幅の中におさまる。言い換えれば、落ち着いた色合いをしている。壁面の位置はかなり正確に揃っていて、まっすぐに続いている。

次にパリの大通りの街路景観を見てみよう(図17)。ここではかなり大規模なアパートが町並みの主たる構成要素である。これがほとんど同じ高さでいくつも連続する。写真にあるような装飾的な鋳鉄製のバルコニーが連続する。街路が透視画法の収束する線のように奥行きを表現している景観をヴィスタ型景観と呼んでいるが、一九世紀中頃にパリを大改造したオスマン知事が、そういう景観をつくるために、道からの奥行きがかなり浅い板状のアパートを造らせた。統一性と連続性が目立つ町並みである。ここでもしかし、アパートごとに装飾が異なるし、色合いも微妙に違う。屋根はどれも腰折れ屋根だが、屋根窓の形は建物ごとに異なっているし、一階の店舗デザインもかなり変化がある。店舗のビニール製の庇は形と位置がほぼ共通しているが、色彩は赤や黄の原色もあり様々である。

このように、高く評価されている歴史的町並み景観には、共通した属性があり、しかし完全な統一というのではなく、各属性がそれぞれに多様性の幅を持っているのがわかる。

❖町並み景観の「図」と「地」

「図」と「地」という概念は、ゲシュタルト心理学で創出され研究されたものだが、存在を意識させ注視の対象となるもの（図）と、その背景（地）という関係は景観についても言える。かつてはほとんどの都市で、宗教施設と政治権力の施設がひときわ高くそびえて都市景観のなかで突出した

図18　ルビンの盃（出典：吉村浩一『図的に心理学』ナカニシヤ出版）

図17　パリの大通り沿いのアパート（オペラ座付近）

「図」をつくり、町並みはその「地」をつくっていた。現代では「図」となるものの種類は増加した。顕著な図的存在をランドマークと呼んでいる。ランドマークがあり、一方で「地」となる町並みがあって、美しい都市景観が形成される。しかし、日本の現代都市ではほとんどすべての建築が自分こそは「図」になろうと競い合い、その結果、「図」も「地」もない景観を生み出しているところに問題がある。本来のランドマークの影は薄れ、一方で町並みの群としての表現もなくなって、ただ混乱が生じるか、そうでなくともまちとしての個性は失われてゆく。

都市のランドマークとなるべき建物は、公共的な機能を持つもので、都市軸や主要な街路との関係で特別な配置であることなどの条件が揃ったときに限定すべきであろう。こういったランドマークではなく、町並みの中にはめ込まれるような一般的な建物の場合には、町並みに溶け込む「地」をつくるデザインが求められる。現在の建築教育で欠けている部分である。

それでは隣と同じデザインであればよいのか、優れた作品をめざすことは許されないのか、個性の表現は抑圧されなくてはならないのか、という疑問がわく。「図」と「地」という概念は、この疑問に対してこそ意味があると筆者は考える。

愛されてきた町並みは、どれも町並みを構成する建築物がそれぞれ「地」の一部でありながら同時に「図」にもなる特質を持っている。ゲシュタルト心理学で有名な「ルビンの盃」は、同じ中央部の形が盃（図）にも見えるし、逆に両側に人の横顔があってその間の空間（地）にも見える（図18）。「図」と「地」の間でゆらぐ存在だ。優れた町並みを構成する建築にも、同様の事態がしばしば見られる。

図19はフィレンツェの眺望景観である。アルノ川、それに架かるポンテ・ベッキオ、町にそびえるサンタ・マリア・デル・フィオーレ寺院の大クーポラと鐘楼、それらが「地」としての町並みの

図19　フェレンツェ、アルノ川と町の眺望

図20　アルノ川沿いのウフィツィ美術館

中で「図」を構成し、誰の目にもフィレンツェと知られる風景がそこにはある。この風景では「地」の一部であるポンテ・ベッキオの右の町並みに注目してほしい。その場所にルネサンスの建築家ヴァザーリが設計したウフィツィ美術館がある(図20)。これはそれ自身で街路景観をつくりだしている都市デザイン的建築なのだが、アルノ川側のファサード（建築立面）は作品としての「図」ともなっている。「地」にもなり「図」でもある建築の一例といえよう。

❈風情を演出するデザイン

都市がいつも自然と共に存在してきたことは、日本の都市の大きな特徴といえるだろう。町並み景観には常に四季折々の風情が表出されてきた。雨の日には雨の風情があり、雪の日には雪景色があった。しかし、現代都市はどうだろうか。図21は、雪の朝、京都の鴨川で撮影したものだ。川沿いの先斗町《ぽんとちょう》には雪景色が見られるが、背後のビル群には雪景色がない。勾配屋根がないので積もった雪が見えないのだ。こうして、現代建築は日本の都市から雪景色をなくしていっているとも言える。造形のデザインはあっても、そこには風情を演出するデザインが欠けている。図22の建物は、鴨川沿いの部分を低層にし勾配屋根をつけているが、これはこの地区にかけられた美観地区の規則に従ってのことで、さらに高層部にも勾配屋根を連続させている。雪の日には他のビルと違い、雪景色をつくるのに一役買っている。

降り始めた雨が斑点を描きだし、やがて一面に濡れてゆく美しさも勾配屋根があってのことである。日本の川にはよく柳が植えられていて、微《かす》かな風にもそよいでその一瞬の情景を見せる。風にそよぐ草木の姿から「そよ風が吹いている」などと判断されるのである。建築物の造形にだけでなく、自然の風情を表現するデザインにも注意を払いたい。

図21　雪の朝の鴨川、ビル群には雪景色が見られない

図22　勾配屋根をつけて、雪景色に参加しているビルが見られる（鴨川美観地区）

❖町並み景観のテーマ

町並みをつくりだす要素は、デザインとして考えるほかに、その場所のテーマにふさわしいものかどうか、という吟味も必要だ。もしテーマがなければ、新たに設定するのがよいだろう。町並み景観という観点からは、デザインの良否はその場所のテーマに合っているかどうかで判断される。

東京ディズニーランドでは、周囲のホテル群が最初は高層建築で計画されていた。客室からディズニーランドが眺められることをセールス・ポイントにしようとしたのである。これをアメリカのディズニー本社でシミュレーションしたところ、シンデレラ城の背景に高層ホテルが見えることが判明した。ディズニーランドは遊園地ではなく、テーマパークである。ホテルのデザインや色彩が問題なのではなく、シンデレラというテーマにそぐわない、来訪者の夢を壊すところに問題があった。何としてもこれは避けなくてはならないというのでホテルを説得して回り、現在のように一一階建て以下になったという。開園以来今日までリピーターを惹きつけ続けているのには、こうした場所のテーマ性が風景に貫かれていること、そこではテーマに浸り夢を見ることができる、という点が大きく効いているのではないだろうか。

ディズニーランドのような町並みを各地につくろうと言っているのでは決してない。歴史的町並みとテーマパークは、景観にテーマ（主題）があるという点で共通している。一方で、テーマパークは架空、あるいはフェイク（偽物）のテーマを追求することで面白い空間をつくりあげ、歴史的町並みはあくまでその地の本物の歴史と景観がテーマであるところが大きな違いだ。有名社寺の門前の町並みで、欧米の町並みに見られるような建築もおかしいし、日本建築といっても城郭のようなデザインもふさわしくない。ここで筆者が言いたかったのは、日本各地の町並みの取組みにおいて、その町の本物の歴史や特性を主題にしたテーマパークをつくる、というくらいの考え方を持っ

図24　出雲大社門前修景図（筆者作画）

図23　出雲大社門前現況

てもよいのではないかということである。

5 各地の町並みの美の生かし方

次に、世界各地で町並みのどのような美をどういう方法で生かし継承しているのかを見てみよう。

図25はドイツのロマンティック街道を代表する都市ローテンブルクである。第二次大戦後、工業化から取り残されていたドイツ南西部一帯の経済活性化を考えるなかで、その事情を逆に生かして観光開発の方針がとられた。歴史的景観がよく保存された小都市を結ぶ街道に、「ロマンティック街道」という名称を新たにつけた。これらの町では、主に中世に形成された都市景観をできるだけ忠実に復元し守っている。現代性を安易に持ち込まず、住民にはいくらか不自由でも博物館のように歴史的景観を見せる、それが観光で成功する一つの確実な方法であるようだ。例えば、中世につくられた鋏《はさみ》や兜《かぶと》などをかたどった鋳鉄製の透かし彫りの看板は、この町の景観に魅力を添えている。中世は文盲率が高かったので文字看板はなかったのである。観光開発は成功して、世界からの観光客で小さな町はあふれている。

同じように復元的保存で観光に成功した国内の例に、長野県妻籠《つまご》がある(図26)。山間に取り残された旧中山道の過疎の町を再生しようと、日本でも最も早い時期から町並み保存への動きが始まった。表の壁一枚だけでなく、通りから見える部分は内部も、生産技術と材料の制約を乗り越えて江戸時代の様式を復元している。こうした取組みによって、ごく普通の町がかつてはいかに魅力的な景観美を持っていたかを知ることができる。

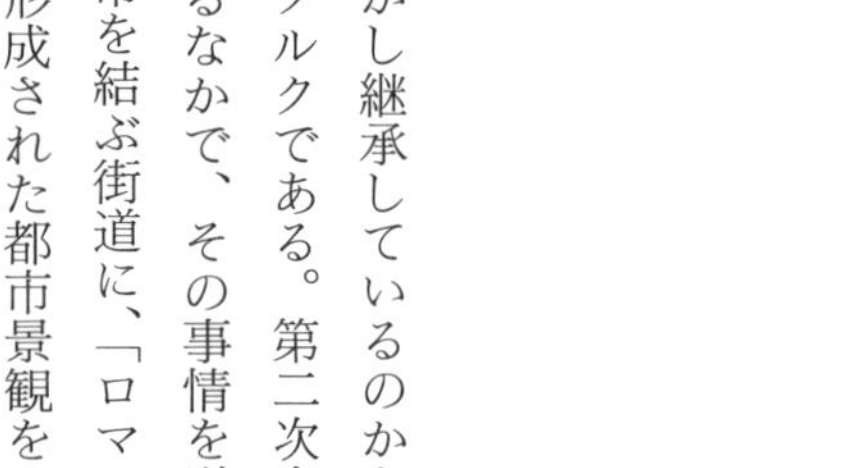
図25　ローテンブルク

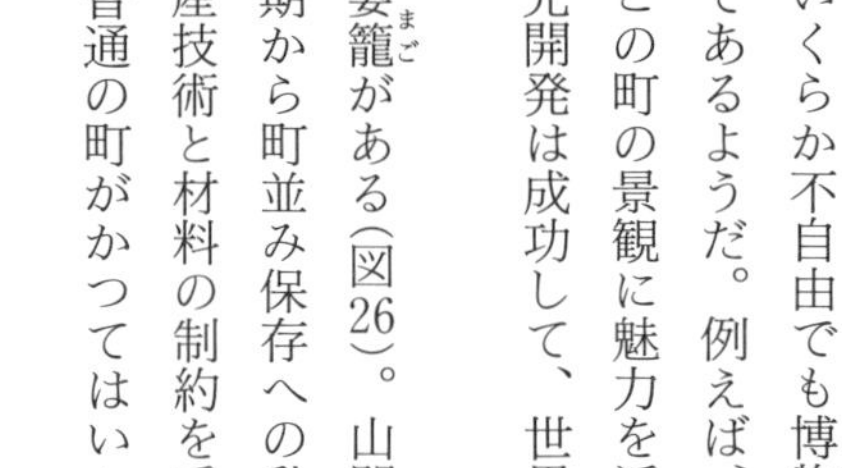
図26　妻籠

DEUTSCHER LLOYD VERSICHERUNG
RESTAURANT

VOTA

ニュールンベルクの街角を見ると(図27)、いかにもドイツの伝統ある歴史都市という印象を受ける。しかし、よく見ると、中央のモニュメントの他には、背景の町並みに一棟だけ歴史的建築があるのみで、他は皆新しい建物である。第二次世界大戦で爆撃を受けたドイツの多くの都市で、戦後、元の歴史的な都市の姿に復元する様々な方法が採用されたが、そのなかでプロポーション保存の方法を採用した都市もあった。ニュールンベルクはその一例だ。建物外壁の位置、プロポーション、窓の大きさ、屋根の形が伝統的町並みとほぼ揃っている。細部はシンプルで現代建築の手法でつくられている(図28)。それでも本物の歴史的建築と並んで、調和もしているし、町としての歴史的個性を表現してもいる。

イタリアのボローニアは町中の通りに、ポルティコ(一階の列柱廊、英語ではアーケード)が連続しているのが町の大きな個性になっている。ヨーロッパの大学は大抵が町の通りに面した建築群から成り、ヨーロッパ最古の大学の一つ、ボローニア大学の建物にもポルティコがある。これに続く新しい学舎は、ニュールンベルクのプロポーション保存と同類のデザイン手法がとられている(図29)。大学図書館は外壁保存が施されているが、古い町並みの外壁だけでなくポルティコ部分も保存されている(図30)。側面にはコンクリート壁面が露出している。一九世紀以後に発展した、この町の比較的新しい街区では、建築デザインはもっと現代的なデザインを採用している。それでも、壁面位置、高さに連続性があり、やはりポルティコを採用している(図31)。

ウィーンでは町の中心的な目抜き通りであるケルントナー通りが歩行者専用道になっている(図32)。ここでは一・二階の店舗部分のデザインは現代的なものも取り入れられ多様になっているが、三階以上はバロックから近代初期の歴史的なデザインを保存している。町をウィンドーショッピングして歩くときは現代の町であり、ふと目をあげて見ればそこには他ならぬ歴史文化都市ウィーン

(前頁)
(上)図27　ニュールンベルク
(下)図29　ボローニア大学のポルティコ

図30　ボローニア大学図書館

図28　ニュールンベルクの建物のディテール

の風景がある。

6 町並み景観をまもり、育て、つくる手法

❖町並み景観の整備手法

町並み景観の整備の手法として、規制、指導、誘導、支援といった方法がある。何々を禁止するという厳しい規制は、「許可制」を伴う。文化財的価値のある歴史的町並みや史跡名勝などでは、厳しい規制が必要だろう。許可制では、建設や現状の改変を行うときに、行政側でチェックし許可を与える。許可のない建設や開発は違法行為になる。許可制は景観整備に最も有効であるかに見えるが、必ずしもそうではない。規制の内容を、すべての人と場合に適用できるように設定するため、望ましいあり方を示すのではなく、最低限の規則にとどめなくてはならない。景観を一定のレベルに担保できるが、高いレベルに導くには限界がある。

建築基準法に「美観地区」の規定がある。規制の詳細は各自治体で条例を定めなくてはならない。その内容は建築基準法と同等となるので、違反は違法となる厳しい規制である。

「風致地区」は都市計画法で定められたもので、その規制の詳細も条例で定めなくてはならない。風致地区は許可制である。美観地区が建築物に関する規制であるのに対し、風致地区は建築物の他に建ぺい率や敷地形状について規制することができる。これとは別に地方自治体で許可制や届け出制の条例を定めることが可能だ。ただし、景観に関する厳しい規制は日本では財産権の侵害と見なされることがあり、慎重に行われている。

図31 ボローニアの新しい街区

図32 ウィーンのケルントナー通り

より望ましい方法を、より具体的に示そうとするほど、私権と表現の自由に抵触する。しかし、それを示さなくては景観形成のイメージが伝わらないし、目標が定まらない。そこで、こういう内容はより緩やかな方法で実現を図ることが望ましい。地域を指定してデザイン基準(ガイドライン)として設定し、建設・開発計画を事前に届け出てもらい、デザインをアドバイスする方法である。これが「届け出制」で、アドバイスを指導と呼んでいる。制度としては、建設計画を届け出る義務だけを課すものだから、必ずしも指導に従う必要はない。実際には、多くの施主と建築家がかなり協力的であって、一定の効果を生んでいる。また、届け出制さえとらず、ただデザイン・ガイドラインやマニュアルを冊子などで広報し、市民の理解と協力で景観改善を期待する場合もある。優れた建設事例に景観賞を与えたり、生け垣に維持支援を行うなど、顕彰と支援の制度を伴うことで効果の向上が期待できる。

町並み景観は結局のところ、集住する人々の協力と自由のあり方を反映するものだ。景観美は全体の美でありながら、単に統一的で全体主義的であってはならない。個々の要素が自由でありながら、相互に有機的関係を持ち、全体としての機能を発揮するようなもの。その機能とは住みよい環境、充実した人生が期待される場所の提供であろう。

❖景観をコントロールする方法：規則と裁量

日本では、条例に文章として書かれた規則に基づいて、誰に対しても同じ内容の規制や指導を行っている。それが平等・公平の原則からみて当然と考えられている。

しかし町並みの保全や形成という観点からすると、必ずしもそれが良いわけではない。文章による規制は一律すぎて、場所に応じたデザインを不自由にしがちだ。ときには異種のデザインがあって、特別な場所をつくり出したり、それが町並みに変化と生気を与える場合もあるだろう。また、時代の好みの変化を微妙に取り入れるのもよいことだろう。そういうことは地区指定されたなかでも、ある特定の場所で行われるべきかもしれない。このように景観コントロールに携わる行政担当官が、その場その場で判断することを裁量という。日本では法の公平を重視して、裁量をほとんど入れないようにしているのだが、必ずしもこれが唯一の方法ではない。ヨーロッパのかなりの国で、裁量による方法が取り入れられている。

例えばフランスには、直訳すると「フランス建造物建築家」（Architecte des Batiments de France、以下ＡＢＦと略記）と呼ばれる特別建築家がいて、景観管理の仕事をしている。全国で百十数名、パリには八名が活動している。彼らは国家公務員である。景観地区に指定あるいは登録された地域と、アボールと呼ばれる文化財の周辺地域（文化財から半径五〇〇メートル以内）では、建築物の新築や改造にはＡＢＦの許可が必要だ。

筆者が対談したパリの二人のＡＢＦがその活動内容を紹介してくれた。

- 規制を示すデザイン基準は、書かれた文章としては存在しない。
- その場その場で判断を下している。
- 地方自治体に提出された計画案に対し、「ウィ」か「ノン」の回答をする。それ以上は言わないし、指導もしない。許容範囲を超えると判断すると許可しない、それだけである。
- 許容の範囲は、表通りや街角といった場所の条件で異なるし、デザイナーの腕が良ければ、かなり新しいデザインも許可する。
- 数年前と今では判断基準が異なってきていて、回答も変化していく。
- 文化財とその建築が同時に見える場所にある場合は、その調和を特に厳しくチェックする。

図33　パリのマレ地区にある国立古文書館。最も厳しい保存地区内でも裁量によって新しいデザインが認められることがある

・高齢者や身障者対策など文化財保存や景観保存だけから判断できない内容が年々増加するので、我々は私的な諮問委員会を作って、相談している。

日本とはかなりコントロールの方法と姿勢が異なっている。彼らからは文章による一律規制は想像もできないことのようであった。日本では受け入れられそうにないが、まちの自然な発展を考えるとき、参考になる事例ではあろう。規則によるコントロールの中にも融通性と変化を組み入れる工夫が必要だろう。またそれを認めてゆく姿勢も求められる。コントロールする側の権限が大きくなるとき、デザインのファシズムに陥らない配慮が必要だ。ＡＢＦが「ノン」だけを言って指導しないのには理由があるわけだ。

裁量が強くなるほど、担当官の能力が求められる。フランスの場合、資格のある建築家が難関の国家試験をくぐり抜けて国家公務員建築家になり、それからさらに特別な教育訓練期間を経てＡＢＦになる。特別な技能を有する個人が、場所と人に応じた対応をしてゆく、というのが個人主義に支えられたフランス式平等の概念であるようだ。

規則によるか、裁量によるか、どちらがよいと一概には言えない。規則があっても、場所の個性や事情を勘案した判断が求められるし、裁量を行使するにはそれなりの専門的知識と的確な判断が求められる。町並みに統一性と多様性の両者のバランスが求められるのと同様に、その実現には規則と裁量の両者が必要なのである。

第5章

都市と色彩

吉田慎悟

1　環境色彩計画とは

❖スーパーグラフィックの出現

建築の色彩計画は一九六〇年代中頃まで、カラーコンディショニング（色彩調節）という機能主義的な手法が一般的であった。カラーコンディショニングは、病院の手術室の壁面を血の残像色の青緑色にし、残像を見え難くして手術を効率的に行えるようにしたり、工場の機械類に彩度を抑えた緑色（アイレストグリーン）を推奨し、作業員の目の疲労を軽減しようとした。このような機能主義的考え方は戦後、大手メーカーの工場等で採り入れられ普及したが、六〇年代半ば頃から急激に衰退していく。

建物の外壁を鮮やかな色彩で彩色したスーパーグラフィックは、カラーコンディショニングの衰退と時期を同じくして起こった。建築物を鮮やかな色彩で彩色し、新しい色彩空間を数多く提示したスーパーグラフィックは、その後の環境色彩計画を誘引していく大切な役割を果たした。スーパーグラフィックの作品をいくつか見ていきたい。

スーパーグラフィックはニューヨーク辺りに住むアーティストが、まちに出て壁に絵を描き始めたことが始まりだとも言われる。鉄とコンクリートとガラスで造られた近代建築の無機質な表情に疑問を持っていた建築家達は、このような動きに敏感に反応した。スーパーグラフィックはほとんど同時期に世界中の都市で彩色された建築物を数多くつくりだした（図1、2）。ウォールペインティングを行うアーティスト達の動きに呼応するように生まれたカリフォルニアの週末住宅シーランチは、スーパグラフィックの初期の作品として注目された。建築家のチャールス・ムーア等の設計によるシーランチ計画には、グラフィックデザイナーのバーバラ・ストウファッチャーが参画し、主としてインテリア空間に鮮やかな色彩で大きなグラフィックパターンを描いた(図3)。シーランチは様々な雑誌で採り上げられ、瞬く間に世界中に伝幡し建築における新しい色彩空間の創造が世界中で試みられるきっかけとなった。

このスーパーグラフィックは日本にも上陸し、興味ある新しい色彩空間を数多くつくりだした。一九六九年、画家の重田良一は顔料メーカーの工場の煙突を彩度の高い鮮やかな色彩で覆った（図4）。当時、重田は平面のキャンバスではなく局面を生かした作品を制作していたが、その作品を円筒形の巨大な煙突に展開した。この作品は日本におけるスーパーグラフィックの初期の例であるが、建築の外装に展開したスーパーグラフィック作品が多いなかで、煙突の彩色は特異な事例であった。この煙突は、その後、技術革新によって不要となり、取り壊しが検討されていたが、周辺住民から地域のランドマークとして残すよう要望され、現在も塗装し直して存続している。

日本におけるスーパーグラフィックは初期の段階で数多くの興味ある色彩空間をつくりだしたが、次第に新しい色彩空間の創造という側面は弱まり、商業広告的な色彩が強くなって、建築物の存在を強く主張しすぎたために、その一部は地域の景観論争を巻き起こし、一九七三年のオイルショック頃には衰退し、姿を消していった。

❖フランスにおけるスーパーグラフィックの展開

スーパーグラフィックはフランスでもいくつかの興味ある事例を残している。日本と異なり景観のコントロールも進んでいたパリでは色彩の規制が強く、工事現場近くにできた時限付きの作品やカフェの比較的小規模の壁面を飾ったものに限られるが、パリ郊外には高層住宅に高彩度の色彩を使った例も見られた（図5、6）。景観のコントロールが進んでいたフランスでは、スーパーグラフィックは日本のように商業広告的な色彩を強めることなく、その頃進められていた中高層住宅団地計画に採り入れられていった。

スーパーグラフィックの流行と同時期にフランスでも機能主義的な建築に懐疑的な建築家達が新しい人間的な空間を求めて様々な試みを行っていた。色彩はこのような建築家達の活動とつながる。建築家エミール・アイヨは、まちには機能だけでなくポエティックなものが必要であるとし、パリ郊外の大規模団地グリニーで彫刻家や画家と組んで大胆で意欲的な環境をつくりだした。扇形のユニットを組み合わせた住宅はその形もユニークだが、それらの住宅の外壁にはほとんど純色の鮮やかなモザイクタイルを使い、斬新な色彩環境を創造した。色彩計画を直接担当したのは画家のファビオ・リエティである（図7）。このチームは、その後、新都市ラ・デファンス近くの住居区の設計も担当し、空に浮かぶ雲のようなパターンで住宅外装を覆った。

グリニー団地の色彩計画は、その後のフランスにおけるニュータウン計画に多大な影響を与えた。ニュータウンの外装計画にはカラリストと呼ばれる色彩の専門家が配備され、新しい色彩環境づくりに積極的に取り組んだ。フランスにおけるスーパーグラフィックの展開は、商業主義と接近しすぎた日本の状況とは異なり、ニュータウンに興味ある色彩景観を数多く誕生させたが、急進的すぎたためか、改装が必要になる時期には退色の少ない色彩に見直され、楽天的な鮮やかな色彩を使ったスーパーグラフィック的な作品はフランスでも姿を消していった。

❖フランスの地方色

カラリスト、ジャン・フィリップ・ランクロもその活動の初期にはスーパーグラフィック的な作品を多く残している。学生ホールの内装では、ヴァイオレットやパープル系の色彩を使い、それまでに見たこともないような斬新な色彩空間をつくりだした（図8）。また、パリ近郊の製油所アガ・フランセでは原色の赤や黄をふんだんに使い（図9）、クレティーユの学校では様々な原色のストライプを生かしている。ランクロはこのように鮮やかな色彩を駆使して新しい色彩空間を数多くつくりだしたスーパーグラフィストとしても有名であったが、このようなカラーデザイン活動と並行してまちの色彩調査も続けていた。

戦後急激に変化した日本のまちとは異なり、フランスにはまだ多くの伝統的な景観を残すまちが存在していた。ランクロはこのようなまちを構成する建築物の外装色に注目した。図10や図11に示すように、フランスのまち並みはそれぞれ個性的な統一性のある色彩を持っている。あるまちの建築物には黒いスレート瓦が葺かれているし、またあるまちでは赤い焼物の瓦が印象的である。このような統一性は建築物の外装が基本的には地域の自然材を使用していることに起因している。地域の気候・風土が育てた建材は自ずとある色彩範囲に収まっている。日本のように基調となる建材が多様にならず、伝統的な建材を継承しているフランスのまちでは色彩も大きくは変わっていない。

このような基調となる自然材の他に外装として建具等にはペイントも使われることが多い。ペイントは調色によって自由に色調を変化させることができるが、フランスの伝統的なまちで使われるペイントの色調は地域ごとに特徴を持っている。あるまちでは深い緑色を好んで使用し、またあるまちでは紅白の様式的な塗り分けを使用する。

ランクロはこのような地域ごとに異なるまちの外装色に興味を持った。ランクロは日本の京都に

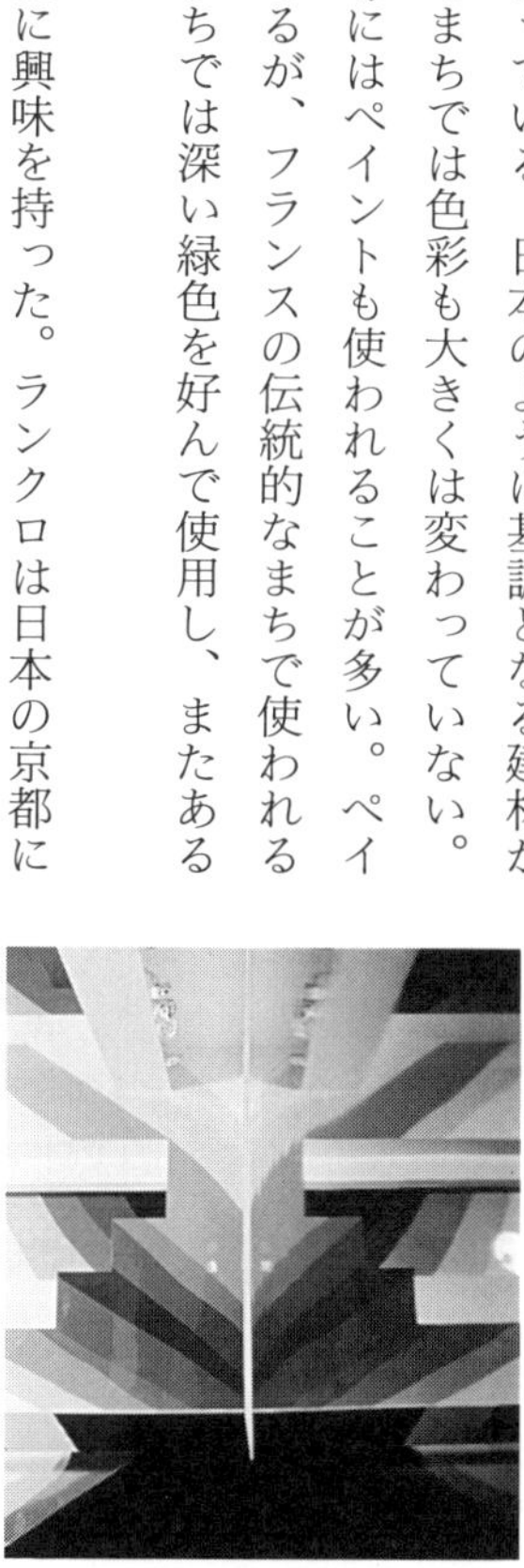

図8　J・Ph・ランクロがデザインした学生ホール

留学した経験を持つが、地域によって異なる環境色彩については、日本での留学中に知ったという。フランスのようにペイントは使わず、木材や土の素材色を生かした穏やかな京都の色彩景観に接して、まちの色彩は地域の自然と密接に関わっていることに気づいたという。ランクロはフランスに戻ってすぐにフランス中のまちを歩き、地域の個性的な色彩を採集していく。この環境色彩調査は、ポンピドーセンターで開催された〝色彩の地理学〟展へとつながっていく。

❖色彩の地理学

ジャン・フィリップ・ランクロはフランス中のまちの環境色彩調査を実施した。数多くの建築色票を現場に持ち込み、実際の建築物の外装と照合し、その色彩を読みとる作業を続けた。この作業で得られた色彩調査資料はアトリエで丁寧に等質の色票に読み替えられ、地域ごとにカラーパレッ

図1　アメリカに出現した巨大なグラフィック

㊨図3　カリフォルニアの週末住宅シーランチの内部
㊧図4　画家・重田良一がデザインした大日精化の煙突

図7　色彩計画を取り入れたグリニー団地

図10　個性ある景観を保つフランスのまち並み

トと呼ばれる色票集にまとめられる。フランスの伝統的なまち並みは主に石材を建材としているが、これらの色彩が基調となり穏やかな景観をつくっている。またアクセントとして使われているペイントの色彩が地域の景観を特徴づけ、それぞれのまち並みを個性的に見せている。これらの調査は〝色彩の地理学〟としてポンピドーセンターで一九七七年発表され話題になった（図12、13）。

この展覧会には地方色について考える契機となった日本の環境色彩調査も展示されていた。ランクロは京都への留学以後、まだ手探りでフランスの環境色彩調査を行っていた頃、東京のカラープランニングセンターの依頼を受け東京の色彩調査を行った。彼は浅草や木場のような下町地区、大手町辺りのビジネス街区、渋谷のような商業地区の建築物の外装色がそれぞれ異なっており、地域の景観に色彩が果たしている役割の大きさを指摘した。しかし、この調査が発表された一九七二年当時の東京は、まだ経済成長期でまちは大きく変貌する時期であり、地域を特徴づけている色彩の

図2　大型化した広告デザイン

㊨図5　画家・フランソワ・モレレのスーパーグラフィック
㊧図6　パリ近郊の集合住宅の外装

図9　原色を使ったアガ・フランセの製油所

図11　赤い瓦で整ったフランスのまち並み

保全計画の提案は受け入れられなかった。地域の環境色彩の整備は、一九八〇年代に入ってから多くの自治体で策定された景観条例の中で活発に議論されるようになったが、東京の景観はランクロが色彩調査を行った当時と比べ、その地区性を薄めてしまったように見える。

ランクロはフランスの環境色彩調査を通して、地方色の重要性を説き、地域の特徴的な色彩の保全の必要性を訴えた。ランクロの仕事の中で新しい色彩空間を創造するスーパーグラフィック的な作品は徐々に減り、周辺の環境との調和を大切にした色彩計画が大幅に増えるようになる。一九七二年頃計画に参加したニュータウン、ボードルイユの色彩計画では、近郊のまちであるルーアンの環境色彩調査を実施し、ニュータウンの住棟の外装を伝統的なルーアンのまちに存在していた色彩のみで構成する提案を行っている。一九八〇年頃までフランスのニュータウンの色彩計画は楽天的なスーパーグラフィック的な手法が残されていたが、地域の色彩とかけ離れた新しい色彩景観の創造は次第に飽きられ、影を潜めてしまった。地方色の保全は、その後、地域のまち並み再生の中で大きく取り上げられ、地域の色彩基準も整備されていった。

❖日本の環境色彩計画

フランスにおけるスーパーグラフィックはニュータウン計画に展開し、いくつもの新しい色彩環境を創造した後、カラリスト、ジャン・フィリップ・ランクロによって、地方色の見直しへとつながっていった。

日本におけるスーパーグラフィックはその初期に実験的な興味ある色彩空間を数多くつくりだしたが、その後、商業広告の一部として扱われ、地域の景観論争を巻き起こし、やがて衰退していった。一九七〇年代のオイルショック以降は建築色彩の際立った動きはなかった。スーパーグラフィ

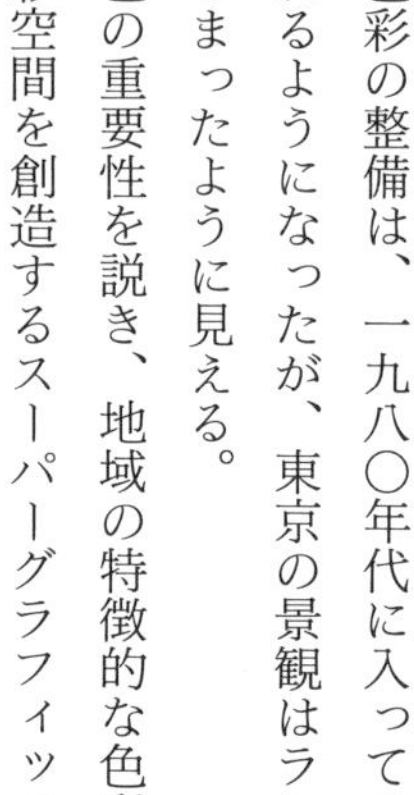

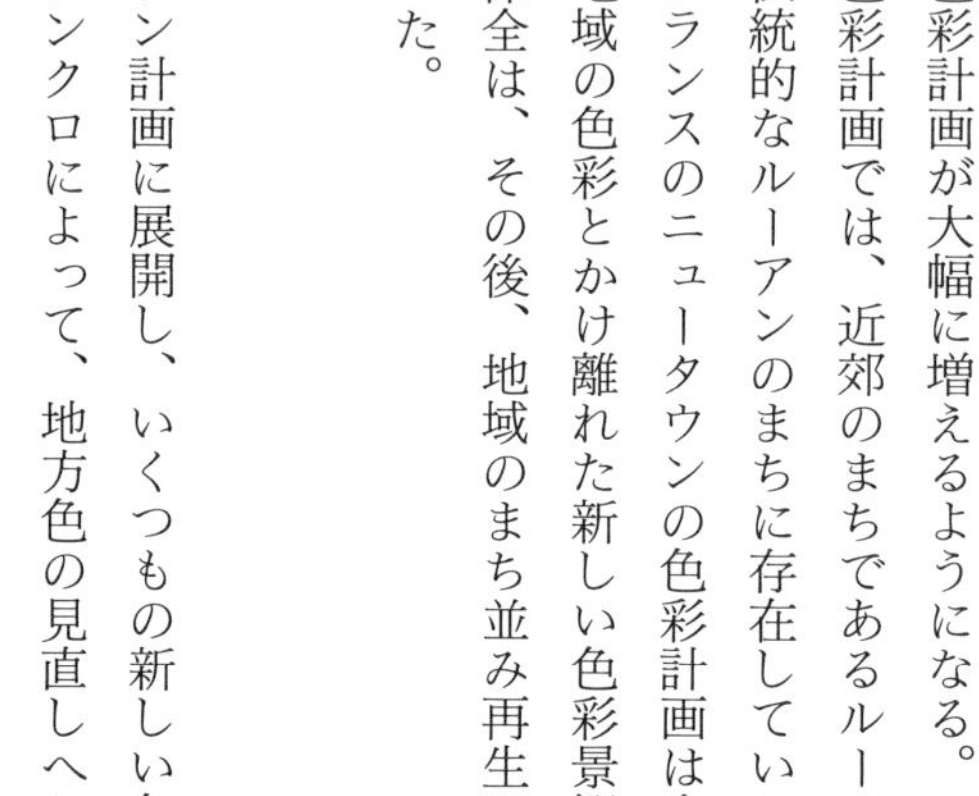

(右)図12 "色彩の地理学"展のポスター
(左)図13 地方色の存在を示した"色彩の地理学"展

ックを推進したデザイナーが好んで使った高彩度色の氾濫を嫌い、アースカラーが流行した。当時建設されたマンションの外装には、地域を問わず、赤茶色のレンガタイルが使われた。七〇年代後半は見かけ上、建築物の色彩計画に目立った動きはなかったが、その時期に地域に蓄積された色彩を重視する計画が少しずつ育っていった。

一九七四年頃色彩計画が立てられた鹿児島県の鴨池海浜ニュータウンでは、海側から市街地に向かって建築外装色の明度を下げていくカラーシステムが採用されたが、この辺りがスーパーグラフィックの実験的な試みが終結し、色彩が環境全体の景観の質を高める方向へと転換した事例であろう(図14)。色彩のそれぞれに良し悪しはない。色彩は全体との関係が整理されたときに美しく見える。大切なのは建物と建物の、あるいは建物と外構の、さらには新しい街区と旧街区等の色彩の関係である。私達はこのような関係性を整えて地域の景観を再生していく手法を環境色彩計画と呼んだ。

2 まちの色(環境色彩)を調査する——広島県西条

鴨池海浜ニュータウンの色彩計画の後も、私達は我孫子に建設された民間の大規模団地の外装に、地域で採集した土の色を使ってみたり、神戸のポートアイランドに建設される住宅の外装色彩計画のために、異人館の色彩調査を行い、それらの色彩を新しい住居区に移植できないかと試みていた。広島県の西条の色彩調査はそのような試みと並行して始まった。環境色彩計画は建築単体ではなく、総合的にまちをつくることを志して活動していたアーバンデザインの動きとも重なり、広島大

図14　鹿児島に計画された鴨池海浜ニュータウン

学西条新キャンパスの計画を協働する機会を得た。

　私はジャン・フィリップ・ランクロのアトリエでまちの色彩調査を手伝い、個性的な色彩を持つまちに触れ、景観形成における色彩整備の重要性を強く感じていたので、日本の雑然としたカオスのようなまちの色彩のあり方を変えなければならないと考えていた。このような時期に西条で地域のまとまりのある景観に出会い、希望を持ったことを覚えている。

　西条には赤瓦を葺いた民家がゆったりと散在していた（図15、16）。これらの民家を調べてみると、新しく建て直されたものも多く、特徴的な赤瓦でまとまった景観が決して古いものではないことがわかった。このようなまとまりのある新しい景観に接して、色彩コントロールによって、美しくまとまりのある景観の創出が可能であることを感じた。

図15　赤瓦を葺いた西条の民家

図16　西条の民家

図17　まち並みに配慮した西条の造り酒屋

図18　西条の民家のカラーパレット

その後、国内の色彩調査で、西条のような色彩的なまとまりのあるまちの景観にいくつも出会った。それらの色彩的な特徴は、ペイントを使用するフランスほど明確ではないが、意識して見ると、日本のまちの色彩は異なっており、それぞれ特有の色調を持っていた。西条の色彩調査はその後の環境色彩を考える上で大きな収穫となった。

❊彩度の高い新しい赤瓦

西条盆地に散在する赤瓦は別名「油瓦《あぶらがわら》」とも呼ばれる光沢のある釉薬瓦《ゆうやくがわら》である。その色彩を調べていくと、新しい近年のものほど彩度が高く色みが強くなっていた。新しい赤瓦は彩度が六程度もある強い赤みを感じさせる色調になっており、焼き斑もほとんどなく均質に仕上がっていた。一

(右)図19　西条の民家の屋根のカラーパレット
(左)図22　自然景観色の測色

図23　質感の豊かな西条の建材の色

図24　天候によって表情を変える陰影のある赤瓦

(右)図25　豊かな表情を持つ日本の外装材（内子）
(左)図26　天候によって表情を変える土壁（内子）

方、古い民家に葺かれている赤瓦は彩度が低く、ほとんど無彩色に近い、焼き斑の大きな瓦である。この瓦は一見するとほとんど黒かこげ茶色といった印象だが、近づいてよく見ると大きな焼き斑が深い味わいを持っていることがわかる。色彩の鮮やかさを抑え、焼き斑のある質感豊かな古い赤瓦は、近代的な技術によって均質な斑のない、強い色彩表現に変わっていった。当時の西条には斑の大きな低明度・低彩度の赤瓦がまだ多く残されており、景観全体に落ち着いた印象があったが、彩度の高い強い色味を感じさせる赤瓦も急激に増加していて、盆地を囲む美しい赤松林との色彩関係が崩れかけていることに危惧の念を抱いたことを覚えている。

この赤瓦の分布はとても狭い地域に集中していた。新幹線で西条盆地を抜けるほんの一瞬だけ赤瓦を確認することができる。西条盆地の東にある尾道ではほとんど黒い桟瓦《さんがわら》が使用されていたし、西の広島でも同様であった。西条盆地の民家だけが赤瓦を使用しており、その傾向は強化されていた。西条では一種のステイタスシンボルとして赤瓦を葺いた大きな家を建設する。この傾向に逆らうように駅周辺の比較的規模の小さな住宅では鮮やかな青いセメント瓦葺きの家が多かった。

私達はもう少し広域に赤瓦の分布を調べてみたが、西条の東西には存在しない赤瓦も、北へ向かうと赤瓦葺きの民家が散在しているまちが点々と続き、日本海側に抜けた山陰では真黒い釉薬瓦が多く使われていることがわかった。夜と昼の寒暖差の大きな山陰では、強度のある釉薬瓦の使用は必然であるように見える。西条の赤瓦使用の起源はよくわからなかったが、近年の彩度の高い赤瓦の使用は一種の流行現象のようにも思えた。動機はどのようなものであれ、赤瓦で揃った西条盆地の景観は優れていると感じた。日本の多くのまちは高度成長期にそれぞれの固有性を失っていったが、西条では逆にこの時期に景観のまとまりを強化していった。

また西条は造り酒屋が多いことでも知られ、まちなかの造り酒屋は海鼠壁《なまこ》の塀を巡らせていた（図

17)。それらの海鼠壁は伝統的な焼物と漆喰ばかりでなく、黒いタイルを海鼠壁と同化させるように扱ったり、波板トタンを海鼠壁風に白黒で塗装しているものもあった。波板トタンを海鼠壁風に塗装した安っぽい書割り建築的な手法も地域景観の再生に有効ではないかと、当時議論をした。

※西条のまち並みのカラーパレット

西条における環境色彩調査では、まず調査用の色票をつくることから始めた。日本規格協会が出している標準色票は色相・明度・彩度の三属性に沿って色票が整然と並べられており、色彩の構造を体系的に知るには便利であるが、建築の外装色に多い低彩度の色票は少ない。また日本塗料工業会が出している建築用の塗装見本は色数が少なく精度が高い調査には不向きであった。その他の建築色票等も色数が少ないか、あるいは非常に高価で調査用色票としては適当なものが見当たらなかった。そのため私達はまず西条の調査対象になる建築物等の写真をポジフィルムで撮影し、アトリエに持ち帰って近似色をエマルジョンペイントで調色してたくさんの色票を作成した。それらの色票を整理し調査用の色票集にまとめた。この色票を西条に持ち込んで、建築の外壁や屋根や建具と照合してその色彩を視感で測色した。それらの調査資料をアトリエで対象物の写真と共に整理した。

さらにこれらの色票をランクロがカラーパレットと呼ぶ色彩の一覧表にまとめた(図18)。このカラーパレットは建築の部位別に作成し、屋根や外壁等の部位別の色彩傾向が読みとれるようにした。図19は、西条で視感測色した屋根の

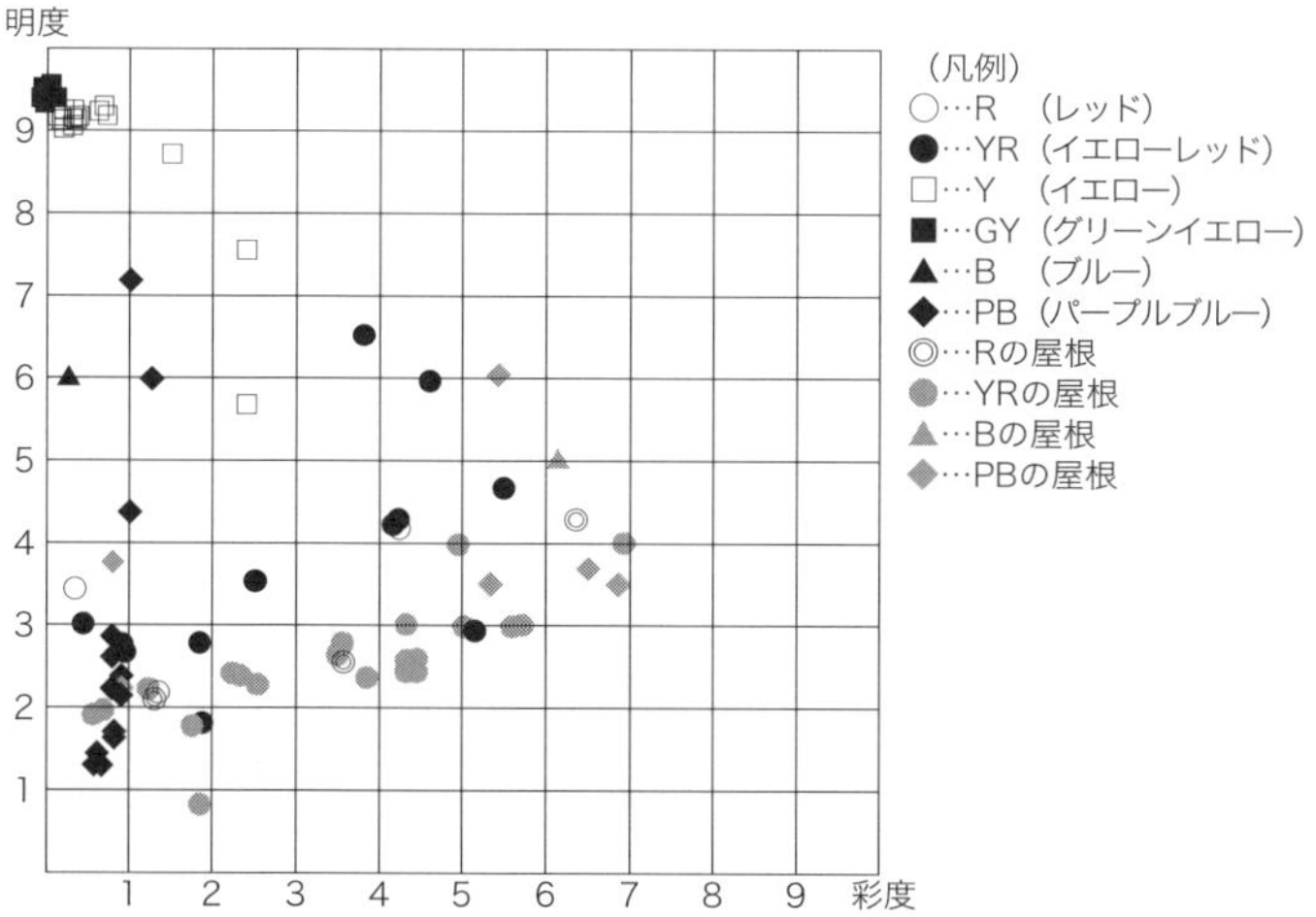

図20　造り酒屋と赤瓦の民家のマンセル色度図。赤瓦は彩度4前後に一つの群が見られるが、青瓦の彩度は6〜7もあることがわかる(出典：カラープランニングセンター編『環境色彩デザイン』美術出版社より作図)

カラーパレットである。古い焼き斑の大きな屋根はその中心色を測り採った。このカラーパレットを見ると、新興住宅の青い屋根と赤瓦の強い対比がよくわかる。次にこのカラーパレットにまとめた色票を測色しマンセル数値に置き換えた(図20)。色彩を数値化する方法は、色彩の分布状況を把握するのにとても便利な方法である。

❖西条らしさをつくる色彩の面積比

西条の色彩調査では建築外装の測色ばかりでなく、色彩に関係する様々なことを採り上げてその分析を試みた。例えば、距離の変化によって景観を構成する色彩の面積比がどのように変化するかとか、天候による色彩の見え方の変化とか、距離をおくことによって色彩はどのように変化するか等である。

図21は、西条の典型的な民家を通常の視点で見たときの色彩面積比を測ったものである。民家は様々な角度から見られるが、家全体が確認される距離では屋根と壁の色彩面積の比率はほぼ一対一であった。駅近くには青いセメント瓦葺きの比較的小さな住宅があったが、これらの住宅に赤瓦を葺いても、通常のアイレベルから見たときの屋根の面積比が小さいために御殿造りの赤瓦の民家とは見え方が大きく異なる。この色彩面積比は建築様式や屋根勾配と深く関わっているが、西条のまとまりある景観にはこの色彩面積比も大きな意味を持っていた。

❖西条盆地を囲む赤松の色彩

西条盆地は周辺を赤松の山に囲まれている。昔は秋になると七輪を持って山に入り、採った松茸をその場で焼いて秋の味覚を楽しんだそうだ。この赤松の葉や樹皮の色彩も季節を変えて数回測色

図21　西条の民家の見かけの屋根と壁の面積比率。ほぼ一対一という面積比は、最近の建売住宅と比べると、屋根の比率が非常に大きいといえる

した(図22)。赤松は常緑樹であるが、その葉の色は季節によって変動する。春から初夏にかけては比較的彩度が高く美しい黄緑色が見られる。色彩は彩度が高いほど、人の眼を引き付ける誘目性が高いが、昔の西条の赤瓦はこげ茶色で彩度が低く、焼き斑も大きかったので、四季折々の赤松林はもっと印象的に見えたであろう。新しい彩度が高い赤瓦は、赤松の緑よりも彩度があり、誘目性が高いために民家の方が強い印象を持つ景観になっていた。これらの赤瓦は彩度が六程度まで上がっていたが、これ以上彩度を上げたり、赤瓦の民家の密度が増すと、ゆったりとした西条盆地の景観は崩れてしまうだろう。

❖日本の色

ジャン・フィリップ・ランクロは建築の部位別にその色彩が一読できるカラーパレットをつくりだしたが、色票を測色機にかけて数値化することはしていなかった。測色が進んでいた日本では比較的安価に色票をマンセル数値に置き換えることができた。ランクロが使用していた数多くの色票集にはマンセル数値ではなく、色名が記されていた。〝サバンナの緑 vert savane〟とか〝アッシリアの灰色 gris assyrien〟とか〝雪の桃色 rose de neige〟のような色名から具体的な色彩イメージは抱き難かったが、色票につけられたおびただしい数の色名には色彩に対する文化の違いを感じた。

この色名のことも含めて日本で色彩調査を続けるうちに、色彩に対する考え方がフランスとは異なっているのではないかという感じが強くなっていった。フランスで色彩調査を手伝ったときには、測色はもっと容易に感じた。フランスの伝統的なまちにある建築の外装色は整理されており、色数が少ない。そしてそれらは明確に対比する色彩で配色されていることが多い。このような色彩のあり方に対して、日本の建築の外装色は明確な対比を使わず、色数も多く、さらに使われている材質も多様である。

私は日本の教育の中で西洋の色彩学を学び、その配色方法を勉強した。それらは例えばオストワルトの色彩調和論のように「等間隔の色相にある三色は調和する」とか「同じ明度差を持った数色は調和する」といったように数学的なハーモニーを大切にする。このような配色は音楽の和音を連想させる。西洋の音楽は調和する音を積み重ねて構築する。しかし邦楽ではもっと一つの音の音色とか、音と音の間というものが重視されているのではないか。日本の色もハーモニーではなく一つの色の質に向かうところがあるように思う。

西洋では、色彩は関係こそが大切だということはすぐに理解される。しかし日本では、色は材質と分かち難くあり、質感との関係によって〃よい色〃は確実にある。日本では色彩よりもその材質感がより大切にされているのではないか。また一般に日本では対比よりも融合を好むのではないか。建築色の外装も建具等をアクセントとして対比させることをほとんどしない。むしろ周囲に溶け込み四季折々の自然の変化を引き立てる背景としての色彩の扱いが基本となっている。西条の調査で感じた、彩度の高いはっきりとした色調を持つ近年の赤瓦よりも、まだ生産技術が十分に発達していないために色彩の調整が上手く行かず、斑が大きく彩度も低い瓦の方に深い味わいを感じることも、色彩よりも質感を重視する日本人の感性が働いているせいであろう。日本の色には色彩の三属性だけでは表せない質感が含まれている。斑や光沢は日本の色を考えるときに見落としてはならないものであろう。

西条の環境色彩調査[*1]で地域の色彩特性を読みとるなかから、私達の環境色彩コントロールの手法が育っていった。

＊1　『広島大学統合移転キャンパス周辺地域基礎調査報告書』（一九八〇年二月）の中にまとめられている。

3 まちの基調色をアーバンデザインに取り入れる——川崎市

❖川崎都心部の建築外装色

川崎都心部の環境色彩調査はアーバンデザインの基本計画を策定していた㈱都市環境研究所からの依頼で実施した。この計画は西条のように地域の色彩傾向を読みとるだけではなく、川崎都心部のアーバンデザインの中で色彩をどのように扱うかを具体的に示す必要があった。

このときまでに日本のいくつかのまちの環境色彩調査を実施し、どのような地域にでもある程度の色彩傾向が存在することを摑んでいた。この色彩傾向はあまり意識されないような目立たないものであったり、あるいは近代化のために評価されなかったりすることもある。しかしまず調査によってその傾向を明らかにし、たとえマイナスのイメージを持つものでも、議論の俎上に載せることが大切だと考えていた。

川崎は日本の高度成長を支えた工業地帯のあるまちとして有名だが、その環境イメージは決して良いものではなかった。私達は西条の調査と同じようにたくさんの調査用色票を現場に持ち込み、建築物の外装色を測っていった。その頃はレンガタイルが流行し、赤茶色の色彩のマンションが全国的に増加していたが、川崎都心部の建物の外装色は高明度の明るい色調が多かった。明るいイメージを強調した高明度色の外装色の中に彩度が高い外装色の建築物も混入し、統一感のない乱雑な景観となっていた(図28)。そして行政が建築した公共建築物も赤いレンガタイルや濃紺の釉薬タイルを使った、特殊な色彩を持つものも多かった。オフホワイトの外装色の使用が多いのは、川崎は

図28　雑然としていた市役所通り

図27　調査の対象となった川崎駅前

工業都市で「灰色のまち」と言われ、一時は大気汚染も問題になったが、このような灰色の暗いイメージを嫌って住民が進んで明るい色彩を選択していたのかもしれない。また東京から川崎に向かうと多摩川を渡って都心部に入るが、その位置関係から川崎都心部は多くの時間帯を逆光で見られる。そのためより暗く陰鬱な印象が強調されてしまい灰色のイメージが強められたのではないか。

図29は、川崎都心部で採集した建築外装飾のカラーパレットである。当時流行していたレンガタイル系の色彩も見られるが、明るいオフホワイトが多いことがわかる。また一部強い青も見られるが、川崎のイメージカラーでもあったブルーを川崎球場の外装色として使用したものであった。

◈川崎のイメージカラー

建築物の外装色は明るい色調が多く見られたが、他に多くの色彩が混入し、基調色としてまとまった雰囲気を感じさせる状態ではなかった。またこの頃の川崎では鮮やかな青が多く見られた。行政が打ち出した清潔さを強調するイメージカラーであった。イメージカラーは通常ポスター等のグラフィックデザインによく使われるが、川崎ではグラフィックメディアを越えてまちの中の様々な場所に強いブルーが多用されていた。大きな歩道橋は真っ青に塗装され、駐輪場の床面も眩しいくらいにきつい青で全面的に舗装されていた(図30)。さらには公園のフェンスも植栽の緑よりも強い原色の青が使われていた。

この頃はイメージカラーをまちなかに使うことが流行っていた時代であり、藤の花が市の花であるからといって小学校の外壁を藤色に塗ったり、メロンの産地だということで路面をメロングリーンで舗装したりと、まちに賑やかなイメージカラーが氾濫していた。川崎の都心部でもイメージカラーが乱用され、賑やかで陳腐な景観となっていた。

❖川崎都心部のカラースキーム

川崎都心部のアーバンデザインにおいて、今後のまち並みの基調色が議論された。当時建築の外装材としてレンガタイルが流行しており、茶系のレンガタイルの色彩は高級感がある色彩として受け入れられていた。マンションは地域を問わず競ってレンガタイルを使用していた。また都市デザインを先行していた隣の横浜では、市役所周辺の建築物の外装基調色として茶系の色彩の使用を勧め、歴史的な建築物の色彩とも呼応した計画である程度の成果を収めていた。川崎でもこのレンガタイル色は魅力的な色彩として基調色の候補になった。

しかし私達は調査によって得られた色彩を基調とすることを主張した。現在まで多く蓄積した色彩は無意識のうちにも地域の住民が選んだ色彩であるし、現況の環境色彩を大きく変えてしまうことはその後の色彩コントロールを困難にするだろうと考えた。また歴史的な建築物が多く残されていた横浜とは異なり、川崎は工業のまちであった。工業のまちに落ち着いた高級感のあるレンガタイルの色調は似つかわしいとは思えなかった。最終的には「川崎は今後とも工業のまちであろう。しかしそれは高度成長期のような灰色のまちではなく、さわやかな近代工業都市に生まれ変わる」という景観形成の方向性が定められ、基調色は近代的な工業都市のイメージに相応しい色彩として、明るいオフホワイトが選択された。さらに近代工業都市のイメージを高める素材として、ステンレス等のメタリックカラーの使用が勧められ、街路灯やベンチ等にはシャープなステンレスの鏡面仕上げが採用されることとなった。

基調色としての白は現況の色彩を最大限生かした色彩であったために、川崎では短期間にまとまりのある景観が生まれたと思う。また川崎の環境色彩計画では、この明るい

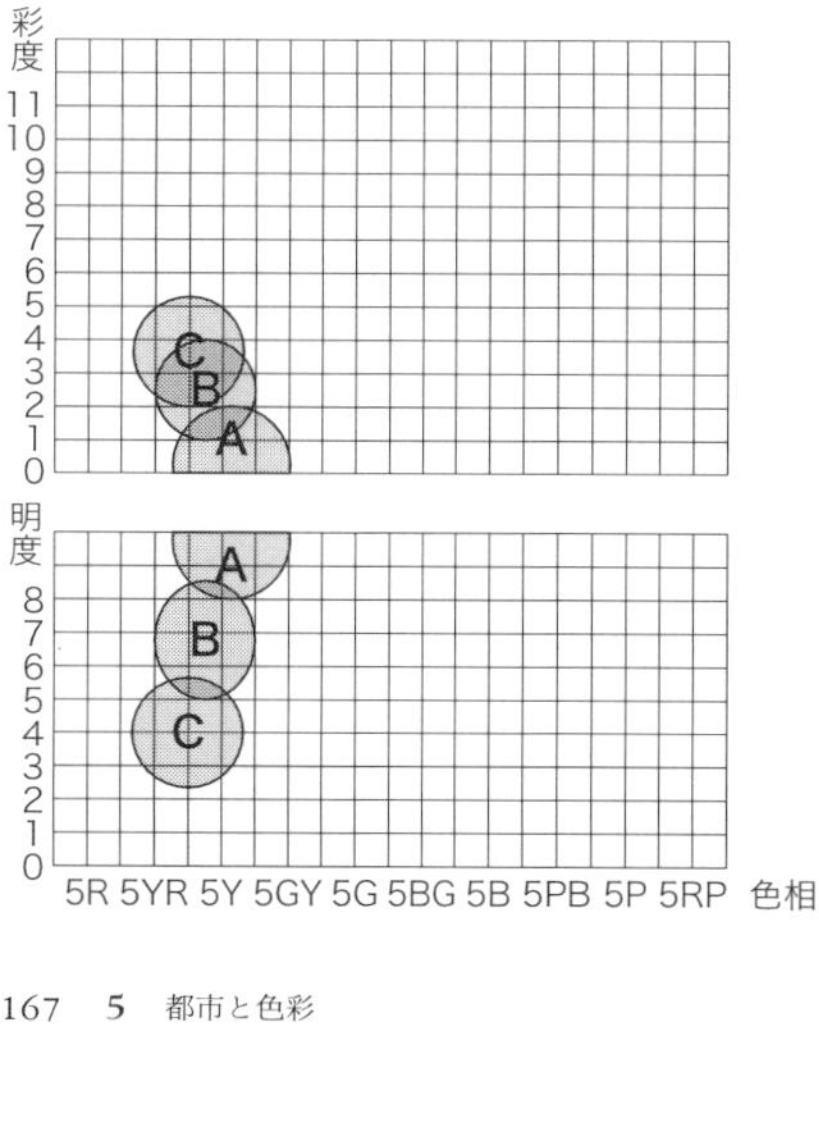

図31　川崎都心部のカラーシステム。この図は横軸に色相、縦軸に彩度と明度を表示している。駅周辺のエリアAは、YR（イエローレッド）～Y（イエロー）系の高明度、低彩度色（オフホワイト）を基調とし、緑の多いエリアCに向かって徐々に明度を下げ、彩度を上げて、アースカラー系の色調へ移行するように設定している

色調は川崎駅付近の建物に展開し、市役所通りを通って市民の憩いの場である樹木の多い公園が整備された地区では、穏やかなブラウン系の基調色に変化するように考えた。このように白基調の駅周辺から徐々に明度を落とし、落ち着きのある色彩に変わっていく景観構造も色彩調査から得られた色彩分布状況を保全することを大切にした結果生まれたものである。白からベージュ、ブラウンへと移行する色彩は、明確ではなかったが、再開発前の川崎に存在したものである。私達は調査によってその存在を明らかにし、その構造を明確化することが望ましいと考え提言した。このような考え方はイメージカラーや流行色の乱用によって失われていく地域の色を再生するためにも有効であると考えた。環境色彩計画ではまずそこに蓄積された色彩を探し出し、それを保全していくことが基本になると思う。

❖白基調のまち川崎

川崎都心部は、短い期間で大きく変わった。新築や改築の時期が重なった建築が多かったことも幸いしたが、明るいオフホワイトの基調色は短い期間にまちの中で体感できるようになった（図33）。駅周辺や市役所通りにはよく育ったイチョウやケヤキが街路樹として植栽され、灰色のまちは見違えるように美しくなった。樹木の間に見え隠れする街路灯やベンチ、公共サイン、電話ボックス等にはステンレスの鏡面仕上げが使われ、近代的な雰囲気が強調されているメタリックカラー色はアーバンデザインを担当したコンサルタントの提案であったが、色彩だけではなく材質まで踏み込んだ指定をしたことが、川崎の景観形成に大きな効果を与えたと思う（図34）。

明るいオフホワイトで基調色を整える提言は、大方の事業者に受け入れられ、一応の成果を見たが、中には企業色を主張し、白とは対比的な暗い色調の外装を使用した建築物も現れた。公共の空

図30　多用されていた川崎ブルー

(右)図29　川崎の建築物のカラーパレット
(左)図32　明度の対比を生かしたカラーシステム

図33　明るいまち並みとなった川崎都心部

図34　近代工業都市を象徴するメタリックカラー

間に現れる建築外装は、たとえそれが個人の所有するものであっても、周辺との関係を考えなければならないことは当たり前のことだと思うが、このような考え方は今でもすべての人の理解を得るまでには至っていない。そこに蓄積された色彩を大切にし、それらの色彩との関係を重視することがもっと一般に理解されるようになれば、日本のまち並みはより美しくなる。

4　景観形成地区の色彩基準づくり――兵庫県出石町

一九八〇年代に入ると、景観に対する自治体の取組みが活発化し、環境色彩計画も徐々にその必要性が認識されていった。一九八四年に兵庫県から依頼されて大規模建築物の色彩基準策定を手伝ったが、その後、いくつかの景観形成地区の候補地における色彩のあり方を検討する機会を与えられた。前述のように、日本の伝統的なまちはペイントを使用する習慣がなく、一般に木や土や瓦等の自然材を使用するため、ジャン・フィリップ・ランクロが行ったフランスの環境色彩調査ほどに色彩による地域差は大きくない。しかし注意深く観察すると、日本でも色彩の地域差は明らかに存在する。一九八五年に調査した丹波篠山は漆喰塗りの白壁のまち並みが特徴的であったが、その翌年に調査した出石町では赤土壁のまち並みが連続していた。同じ兵庫県内でも地域の歴史や気候・風土を反映してまち並みの色彩は異なる。私達はこの色彩の地域差を確認し、保全していくことを提案してきた。

出石町の環境色彩調査において、私達は日本においても色彩の地域差が存在することを確認した。色彩同士の関係ばかりでなく、色彩と材質、色彩と形態の関係にも目を向けるよい機会となった。

❖出石町の環境色彩調査

「但馬の小京都」とも呼ばれる出石町は兵庫県但馬地域に位置する人口一万一千人ほどのまちで、江戸時代には五万五千石の城下町として栄えたが、明治の大火により町家の大半は焼失してしまった。しかし町割りは当時のまま残り、現在でも道路は碁盤の目状に走っている。私達が環境色彩調査を依頼された当時は、この碁盤の目状の道路に沿って平入り、瓦葺きの民家が残され、まだ歴史的な風情を色濃く残していた。しかし車社会への対応にも追われ、徐々にまち並みは出石らしさを失いつつあった。江戸時代から続く狭い道路に自動車が進入し、家をセットバックして駐車場をつくるために家並みの連続性は崩れつつあった。

図35　兵庫県出石町の景観

出石町にはまだ土壁の家が多く残されていた。これらの土壁の色は赤く、印象的な鮮やかさを持っていた（図36）。これらの赤土壁は民家に多く、まちの中心部にある武家屋敷や寺院等は漆喰塗りの白壁となっていた。一部の町家の民家には漆喰塗りも見られたが、その壁の色彩は白ではなくほのかに黄味がかっていた。私達はこの色を鳥の子色と呼んだが、赤土壁と並んだときに白壁よりも対比が穏やかで、まち並みの連続性が保たれる色調であった。

また出石町では開口部には格子が見られるが、これらは繊細な細格子である。現在でも建具屋が健在で様々な細格子がデザインされている。この細格子の意匠も出石を個性的に見せている大きな要素であった。木材で作られるために色調や形態はある範囲の中に収まっているが、その範囲の中でたくさんのバリエーションがあった。

私達は現場に多くの調査用の色票を持ち込み、連続する町家の外壁の色彩を視感で測色していった（図37）。当時はまだ携帯用の測色機で手頃なものが見当たらず、予備調査によって得られた写真を元に調査用色票を手作りで作成していた。調査の度に色票を透明のシートに貼って照合をしやすいようにしたり、小さくしてたくさんの色票を持ち運びやすいようにしたり、あるいは逆に色票を大きくして照合をしやすくしてみたりと様々な方法を繰り返し試していた時期でもあった。

❖赤土壁の色域

出石町の外壁色を視感で測色し、マンセル色度図にプロットしてみると、その特徴的な分布状況が把握できた。赤土壁の色相はYR（イエローレッド）系で、明度は五あたりを中心としている。彩度は日本の土壁色としては際立って高く、五以上の強い色

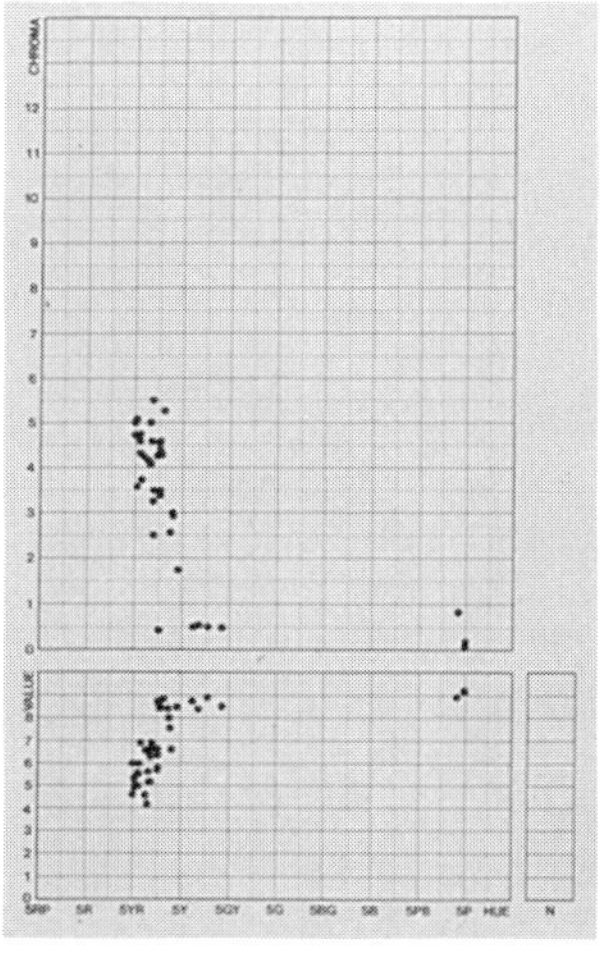

図39　壁色の分布を示すプロット図。この図は下に色相ー明度図、上に色相ー彩度図を積み重ねて表現している。景観形成地区の色彩基準は、このような調査資料をもとに定められた

味を感じさせる範囲まで広がっていた。赤土壁の他にも鳥の子色と呼んだ明るい黄味の壁も見られたが、この鳥の子色の壁の色相はY(イエロー)系で、明度は七から九あたりに分布し、彩度は四程度までであった。この他武家屋敷などに見られる白い漆喰壁の明度は九程度、Y(イエロー)系、Y(イエローグリーン)系、P(パープル)系等、わずかに色味を持っているが、彩度はいずれも一以下であり、ほとんど無彩色として感じる。色彩調査によってまとめられたカラーパレットで出石の色彩的なまとまりを実感できる(図38、39)。

❖景観形成地区指定された出石

出石町では、環境色彩調査の後、さらに建築様式や建材の詳細な調査が実施された。それらの調査結果を受けて兵庫県の景観形成地区指定がなされた。景観形成基準には建築の形態や素材と共に色彩も加えられた。この色彩基準は調査によって得られた現況の色彩範囲を保全する方向で策定

(上から)
図36　赤土壁の家が並ぶ出石のまち並み
図38　出石の民家の外壁のカラーパレット
図37　視感測色による色彩調査
図40　明度を抑えた出石の屋根景観

された。色彩基準の中で推薦されている色彩は出石に蓄積されていた赤土壁色、鳥の子色、漆喰の白等であり、色値と代表的な色票で示されている。その後、出石町ではこの景観形成基準に沿って建て替えが進み、一時崩壊しかけたこの地特有の落ち着いた歴史的な雰囲気が再生されつつある。景観形成地区では伝建地区のように歴史的な建築物の保存を目指すのではなく、現在の暮らしに合ったまちのあり方を模索している。古くて良いものを残すばかりでなく、新しい現代に合った建物をつくる際も、まちの個性や統一感を壊さずに強化していくことを考える。出石の町役場が建て替えになったが、近代的な光溢れる明るい空間を実現しながら、赤土壁色の外装はこれまでのまち並みに溶け込んでいる。新しい建築物も周囲の景観と調和させることによって、まちはより個性的になる。

景観形成地区・出石で策定したような色彩基準は、建築行為を行うすべての建築家が、本来身に付けておかなければならないものだと思う。建築家は地域に蓄積された建物の形や色彩に合わせることを怠ってはならないし、地域に存在しない新しい形や色彩を持ち込むときには住民と十分に議論すべきであろう。これまでは住民側も自分達が住むまちの色彩に対して無関心であったが、出石のように環境色彩が修復される過程に出会うことによって色彩に対する関心は高まっていく。

5 デザイン・コラボレーションによるまちづくり――幕張ベイタウン

幕張ベイタウン・グランパティオス公園東の街一～四番館(SH1－①街区)では、住棟設計を担当する建築家の他に、ランドスケープデザイナー、照明デザイナー、カラリストが参画しデザイン・コ

(右)図41　初期の幕張ベイタウンの景観
(左)図42　明るい色調でそろった幕張ベイタウン

ラボレーションによって住宅環境をつくる試みがなされた。コラボレーションは狭い領域に分割されたデザインを総合的な環境形成に向けて再編する試みでもある。環境色彩計画もこのようなコラボレーションによって、それぞれの領域の関係性を強く意識したより高度な調整が必要となる。

❖幕張ベイタウンと色彩調整

幕張ベイタウンは「住宅でまちをつくる」という理念のもとに様々な新しい試みがなされている。例えば、住棟配置はこれまで日本の大規模団地で一般的だった、バルコニーが一律に南を向いた平行位置ではなく、道路に対して平行に配置される沿道型を採用し、まち並みの連続性を強調している。また一つの街区に建設される住棟を複数の建築家が設計し、設計調整者が各住棟間の調整を行う。このような仕組みによって景観に統一感と変化がつくりだされる。

幕張ベイタウンの初期の計画における住棟の外装色は比較的明るい色調で揃っている（図41、42）。各街区の設計調整者が強く色彩をコントロールしたらしい。この強い調整に対し各住棟の個性が損なわれるという批判もあって、その後、街区間の色彩コントロールは緩やかになった。そのため外装に使用される色幅は広がり、一部では相当彩度の高い強い色調も見られるようになった。最近完成した街区では経済的な理由から、使用可能な建材の幅が制御され、比較的安価な外壁塗装が増加したが、差別性を強めるために色彩表現が過剰になっているようにも見えた。ＳＨ１－①街区の設計調整者は過剰な色彩表現を危惧し、統一感のある景観を創造するために色彩計画を導入した。

この街区の環境色彩計画では、まず周辺の色彩を調べ、それとの連続性に配慮した色域を検討し、設計を担当する建築家に提示した(図43)。また環境における色彩の調和型を解説し、配色の基本的な考え方を示した。しかし、この時点では具体的な色彩の提案は控えた。周辺の住棟の色彩やそれらの色彩との調和のあり方を知ってもらった上で、三人の建築家にそれぞれの外装色を提案してもらい（図44）、提案された色彩をそのまま着彩立面図として表現した（図45）。この着彩立面図を見ながら全員で色彩検討を繰り返した。このような同じスケール、同じ彩色方法で揃えた着彩立面図によって、街区内の隣り合う住棟との連続性や配色調和の問題が自然と整理されていった。

これまでの建築設計の中では色彩は実施設計の最終的な段階に素材と共に決定されることが多かった。そのため各住棟間の色彩の調整は時間的にも困難であった。事実、ＳＨ１－①街区に連続する両隣の街区の色彩は、最終決定までに時間がかかり、その情報が最後まで入手できず、街区間の調和を検討することができなかった。ＳＨ１－①街区内ではデザイン・コラボレーションによって、建築とランドスケープと照明と色彩について同時に検討が進められたので、竣工後の環境のイメージを早期に共有化できたと思う。

建築家が提案した色彩を着彩立面図に表現して検討を行い、修正を加えた着彩立面図を再度作成し、さらに検討するということを繰り返し、次第に精度の高い色彩計画案ができあがっていった。このような作業には相当の時間と労力が必要となり大変な仕事であったが、カラリストが一方的に色彩をデザインするのではなく、調整をするという行為を繰り返すことによって、デザイン・コラボレーションチーム内の環境色彩に対する理解を格段に深めたと思う。最終案として確認された色彩は、その後、速やかに実際の建材による色見本作成段階へと移された。

❖現場での色彩調整

ＳＨ１－①街区では住棟のファサードを分節して見せるために多くの建材・外装材を使い分けている。これらの建材別に色見本を作成し、最終的な色彩調整を行った（図46）。色彩は天候や時間に

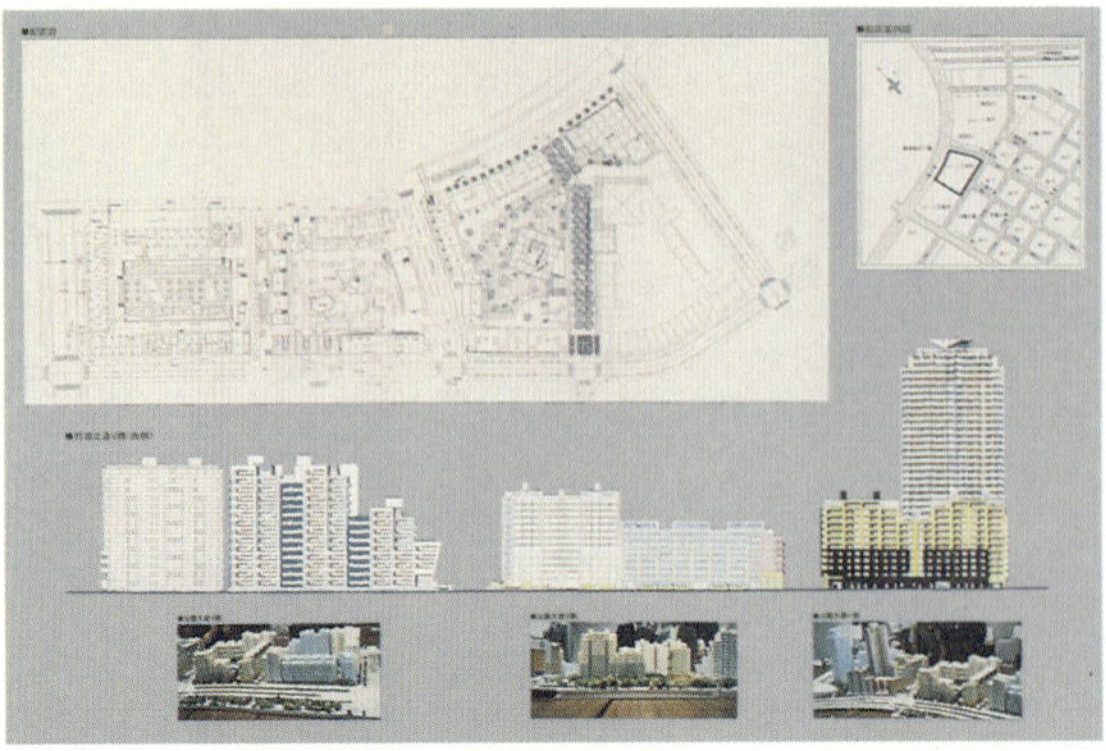

図43　両隣の街区との色彩関係を考える

↑↓図45　調整のために作成した着彩立面図

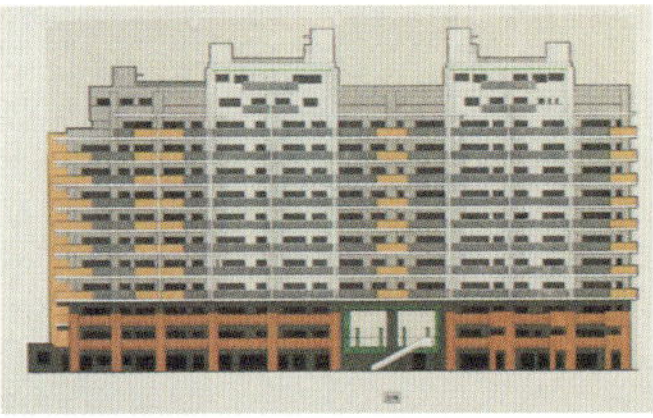

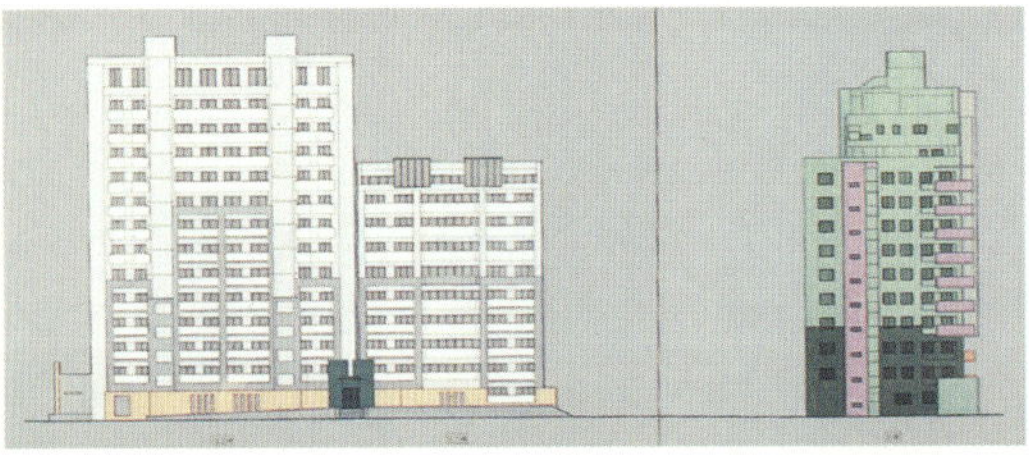

図44　設計者が提案した外装色彩計画案

図48　完成したグランパティオス公園東の街

図49　中庭から見るＳＨ１－①街区

よって変化して見えるため、色見本は現場事務所付近に一定期間掲げておき、様々な条件下で確認できるようにした。このような確認の後、最終案の着彩立面図を見ながら全員で色彩調整を行った。

色見本は予め選択した色彩に対し、濃淡の幅で数色作成したが、この範囲でも気に入る色がない場合は再度メーカーに依頼し、色見本を追加した。そしてこのような相当数の色見本から最終的な色彩の選定は、建築家に任せることとした。カラリストはこれまでの色彩計画の経験から一応の配色の良し悪しは判断できるが、住棟間の色彩の関係性が崩れると判断したときにのみ意見を述べることとした。実際この段階で配色を変更する建築家もいた。しかしこれまで検討し詰めてきた色見本の範囲であれば、どのように組み合せようと全体の景観を大きく変えるものではないと考えたし、またまちの色彩は一人のカラリストが取り仕切るべきものではなく、ある一定のルールの中で様々な試みが混在することが面白いとも考えた。

❖統一感と適度な変化を持つＳＨ１－①街区

建築間の色彩調整は順調に進み、現場での最終的な塗り分け位置の確認等を行いながら工事は急ピッチで進められた。ＳＨ１－①街区は公園に面した目立つ位置に建設されるので、両隣の街区の色彩がどのようになるのか気になっていたが、中間でカラーコピーされた立面図が入手できたのみで、結局街区間の外装色彩は未調整のまま三つの街区はほぼ同時期に完成した。カラーコピーではＳＨ１－①街区の東側は鮮やかなクロームイエローが使われていたし、西側はレモンイエローや明るいブルーで表現されていた。どちらも建築色としては鮮やかすぎる色調なので、カラーコピーの色が不正確なのだろうと判断していた。しかし実際に建ち上がってきた両隣の街区は、カラーコピーに表現されたままの鮮やかな色彩が使われていた。鮮やかな純度の高い色彩は、耐候性等に問題

図46　現場での色彩検討会

図47　模型による配色の検討

があるが、色としてはきれいで魅力がある。両隣に鮮やかな原色を使われたためにＳＨ１－①街区は対比的に少し暗く地味に見える。このように色彩は近隣にも影響を与えるので、まち並み全体の質を高めるためには街区間の色彩調整は不可欠であると考える。統一性を強め景観が単調になってしまうことは避けなければならないが、対比が強すぎてまち並みの連続性が失われるのも困る。

デザイン・コラボレーションによって計画されたＳＨ１－①街区の色彩は、概ね好感を持って受け入れられた。住宅の色彩は強すぎず、景観の背景となってまち行く人々や四季折々に移り変わる樹木の緑を美しく映えさせることが基本であると思う。人工的な強い色彩の住棟のファサードは、毎日見続けると飽きてしまう。ＳＨ１－①街区では、穏やかなグレーに近い外壁の基調色も住棟ごとに濃淡の変化をつけ、使い分けている。それらの色差は微妙で公園から見るとその差はほとんど意識されない。現場での色彩調整段階では、あまりに微妙な色彩の調整を続けたので、基調色は統一して一色でも良いのではないかという意見も出た。しかし、このような微細な変化が、景観をより豊富にするだろうと考え、基調色は単一色にしないよう主張した。

伝統的なまち並みを調査すると厳密にはすべての外壁色は異なっていることがわかる。これまでの環境色彩調査を通して小さな色幅の中にたくさんの色彩が分布していることがまち並みに統一性と変化をもたらす大切な要因だと考えていた。遠くから眺めると単色に見える小さな色差も、毎日住み続ける人達には読みとれる変化として働く。完成したこの街区を訪れると、いくつもの色が折り重なって複雑な厚みのある景色が感じられると思う。

❖コミュニティをつくる色彩

二期工事も終わり、すべての住宅の入居が完了してまもなくデザイン・コラボレーションチームと入居者の会合があった(図51)。入居者からこの街区のデザインについて話を聞きたいという依頼だった。コラボレーションチームは設計段階の多くの資料を持ち込み、竣工するまでの流れを説明した。居住者はそのプロセスを聞き、たくさんの質問と意見を述べた。その意見のほとんどは苦情ではなく、自分達が住んでいる住宅のデザイン過程をもっと深く知りたいという興味から出た好意的な内容だった。色彩に関しても周辺の住棟に比べて「落ち着いた大人の色だ」という評価を得た。

SH1–①街区の設計はデザイン・コラボレーションという新しい手法により、設計の早期の段階からカラリストも参画し、より総合的な調整を行った。実施設計の後期に組まれる色彩計画では、色は後付けになり形態や素材との関係が希薄になり色彩表現を強調しすぎる傾向がある。プロジェクトの早期から参画するデザイン・コラボレーションでは、色彩は他のデザイン領域との関係を深め景観構造の一部として組み込まれる。色彩調整の回数は格段に多くなり、そこに費やす労力も増えたが、それだけ密度が高い空間が生まれる。

またデザイン・コラボレーションよって完成した住棟の入居者と環境デザインについて語り合うことも新しい経験だったが、入居後間もなく、インターネットを使って住まいに関する情報をやりとりし、新しいコミュニティの誕生にも出会った。入居者とデザインについて語り合った後、地下駐車場の上に造られた広い中庭で楽しいパーティとなった。広い中庭での入居者との楽しげな交流を見ていると、「住宅でまちをつくる」ことの重要性を再確認する。環境色彩計画は単に美しいまち並みをつくることが最終目標ではなく、このようなコミュニティが生まれ、まちに誇りを持つ人達が増えることに寄与することが重要なのだと思う。

図50 子供達が遊ぶ人工地盤上の池

図51 住民の集いに参加した設計者達

第6章 都市の環境照明

面出薫

激動の二一世紀を迎えて、私達はますます悩ましい時代を生きている。出口の見えない世界経済不安、エネルギー危機や地球の温暖化に見られる環境問題、絶えることない民族・宗教紛争や貧富の格差など、悩ましさは深刻である。全く予期できない事態ではなかったが、警鐘を早くから鳴らすには、私達の日本社会は平和すぎたのかもしれない。

しかし、この悩ましい時代は言葉を換えると、本物の価値や健全さを見つけるための好機であるとも言える。環境照明の分野でも、エネルギーを浪費し、飽食の光を手にしてきたことが不健全であったと気づき始めた。悩ましい時代には多くの工夫が求められ、新しい発明や発見が期待され、価値観の転換が余儀なく迫られるので、現代は都市生活における照明の役割を大きく見直し、刷新することへの期待感を抱かせるに十分である。

そこで、新時代の環境照明を探る上でも、電気エネルギーを利用した近代の照明デザインがどのような変遷をたどったかをまず足早にレビューしてみたい。

1 照明の役割の変遷 ―― エジソン電球から発光ダイオードまで

都市生活における光の役割は時代の変遷と共に変化してきた。今から約一二〇年前、一八七九年にエジソンが実用炭素電球を完成させたが、その一年前に日本で初めての電気を用いた照明（アーク灯）の点灯実験がされている。そして街に照明柱が立てられたのは、それから四年後の一八八二年、やはりアーク灯が使われた。銀座二丁目の大倉組の前に設置された高さ一五メートルほどの日本初の街路灯は、その火力を洋ローソク四〇〇〇個分、五馬力の蒸気機関を設備したとある。当時

図1　銀座のアーク灯に群れをなす人々
（出典：野沢定吉筆「東京銀座通電気燈建設之図」明治一六年）

の錦絵には「其光明数十町ノ遠キニ達シ、恰モ昼ノ如シ」と解説してあり、そこに集まった明治の人々の嬉しそうで自慢げな顔は、どれも満面に笑みをたたえている(図1)。夢のような出来事、第二の太陽の出現のようであったに違いない。

◇照明は電気　このような近代技術の発展は、人々の夢をかき立て多くの感動を与えたが、一方では戦争という不幸な代償も与えた。一九四五年の終戦は都市機能ゼロからの再出発を意味した。そして焦土と化した日本の都市に再び新しい街をつくろうとした頃、ちょうど蛍光ランプ[*1]の本格的製造が開始され、その比類ない明るさは復興期の人々に明るい未来を予感させるに十分だったのである。それまでの灯火管制された弱々しい白熱ランプ[*2]に対して、約三倍のパワーと一〇倍の寿命を誇る真っ白で清潔な光は、工場や学校、オフィスなどの作業・労働環境にとどまらず、店舗や飲食店、そして住まいの主照明として普及していく。街の夜がオレンジ色から白に変化し、パワフルで高効率な光によって街を照らし出すことに、復興のエネルギーが象徴されていた。ウサギ小屋と呼ばれる日本住宅は決して豊かではなかったが、家の中だけは夜も昼のように明るくなっていった。

しかしこの頃、同じように敗戦を迎えたドイツでは、日本と事情が異なっていた。彼らは工場やオフィス用の高効率の作業照明が、住まいには不適格だと感じ、復興再整備された住宅に、決して安易に蛍光灯の光を進入させなかったのである。

このような特殊事情はあるにせよ、一九五〇年代から六〇年代までは家電製品の普及に同調して、蛍光灯照明器具が各家庭に蔓延していった。この時代には、照明器具は扇風機や炊飯器以上のものでも以下のものでもなかった。つまり「照明は電気」だったのである。

◇照明は家具　六〇年代後半から七〇年代に入って、少しずつ生活が豊かになってくると、次に「照明は家具」として迎えられる。ヨーロッパから、シャンデリアやペンダント、スタンドのよ

*1 **蛍光ランプ**　高効率で経済性の高い光源として、特に日本では一九五〇年代から急速に普及し、その白く拡散性の高い光は高度経済成長期の明るく影のない住宅照明をつくり出した。直管型は主に工場やオフィスの全般照明に使われることが多いが、コンパクト型や電球形状のものも開発され、省エネルギー時代を迎えて、店舗や住宅照明など広範囲な使用が期待されている。しかし、自然な色の再現性や調光制御のしやすさ、暖かさ、陰影の演出性などにおいては白熱灯の利点を越えることがない。住宅に使用する場合には白色でなく電球色を選択することが増えてきた。

*2 **白熱ランプ**　ガラス球内のフィラメントに電気エネルギーを加え、その熱放射により可視光を得る原理の光源。電圧を上げると光は白くなり、下げるとオレンジ色に変化する。発熱量が多く、炭やろうそくに似た自然光の一種とも言える。多くの場所で多目的に使われているが、新種のガスを封入したハロゲンランプやクリプトンランプなど、高品位化と長寿命化を図ったものも活躍している。何といってもその従順で豊かな光質は他のランプに代用を許さない。

うな調度品に近い照明器具が紹介され、急にヨーロッパの生活文化に目を奪われ始める。この時代に照明は豊かさやステイタスを象徴するようになる。

◇照明は光　そして八〇年代に入ると、工業化社会に対する懐疑心が高まり、物の世界でない分野が価値観を主張してきた。私が照明デザインを始めたのが、ちょうどこの頃で、照明デザインは照明器具の造形デザインから離れるべきだ、と主張した。照明器具の姿が目につかずに、快適な光だけが空間に与えられている情景に憧れた。デザイン過多な街路灯ではなく、機能的で光の性能論に基づいたものに目を奪われた。つまり八〇年代は「照明は光」として捉えられるようになったのである。その頃の私達は極端にアメリカナイズされていて、明らかに七〇年代に受けたヨーロッパの強い造形的影響から逃れ、アメリカ的性能論の影響を強く受けるようになった。

◇照明は景色　さて九〇年代に入ると、人々はより一層飽食な光を求めるようになった。バブル経済と共に光の増量ゲームにのめり込み、明らかにある種の感覚公害に苛まれている。ヘッドホーンやイヤホーンによる大音量、強烈な香りや激辛食品、テレビゲームの刺激光など…。ほとんどすべての感覚機能が麻痺し、わずかな刺激の豊かさや快適さが忘れられつつある。

一方、九〇年代は発する光の側からでなく、光を受ける対象について論じられるようになり、「照明は景色」と言われるようになった。生活のあらゆる場面で常に美しい景色に触れていたい、お互いの表情を美しく演出したい、と思うようになったのである。物や素材に対して入射する光の性能ではなく、物に当たって透過したり反射したりする光の性能が大切に扱われるようになった。そのような光のバランスこそがまさに景色と呼ばれているものの実体なのである。

◇照明は刺激　最後に、二〇〇〇年代には光の役割はどのように変化するのだろうか。地球規模でエネルギーの削減が声高に叫ばれ、光の量から質への転換が容易に説明されるようになった。

しかし一方で、コンピュータの普及による情報メディア化は、現代人にバーチャルな光や人工的な光の価値を与え続けている。善きにつけ悪しきにつけ、二一世紀に入ると「照明は刺激」と評価されるようになり、わずかな刺激光への憧憬と共に、直接的で危うい刺激光も増長してくるに違いない。また、光は生活に対してさらに積極的な快適性を与えるために研究され、視作業のためでなく、心の病理の治癒や、健康な生活環境を確保するために役立つようになるのではないかと思われる。白熱電球や放電灯のほかに、発光ダイオード（ＬＥＤ）[*3]やエレクトロルミネッセンスという、固体液体にかかる直接のエネルギーを光に変換する方式の光源に大きな期待が寄せられている。特にＬＥＤは素子の新発見により、現在の蛍光ランプを上回るパワーを少ない消費電力で実現する可能性が理論上発表されている。これらの新技術は、私達がこれまで目にしたことのない光と人間の生活風景を実現するに違いない。

＊3　**発光ダイオード（ＬＥＤ：light emitting diode）**　電気エネルギーを直接光に変換する固体素子を利用し、わずかな電流を順方向に流すことで発光する新種の光源。小型で長寿命なことから家電音響機器、サイン表示などに多用されている。赤、橙、緑、黄に加えて、近年では高出力の青も加わったことで一層用途を拡大し、高品質・高輝度の屋外用マルチビジョンを出現させた。さらに白色ＬＥＤの出現により、光量を求められる照明設備への転用も期待されている。

2　照明の新たな役割——二〇世紀から学ぶ七つの反省点

東京は今や世界から注目される最も興味深い都市の一つである。海外の文化人のほとんど誰もが、面白がってこのカオスと新技術の混在する街をエキサイティングな都市だと評する。しかし、こと夜の街並みという点では、旺盛な商業主義によってつくられた節操のない電飾の繁華街を除外すると、胸を張って自慢できる光環境に乏しい。寂しい限りの夜の景色だ。

しかし、昼間の雑多な景色を改善する難しさに比較すれば、夜は意図した光の演出でいかようにも景観をデザインできるはずである。これまでの日本の都市照明の現状を反省し、これからの都市生活における光の役割を正しく見極めるために、二〇世紀の光を七つの課題に整理し、それに対するアンチテーゼの必要性を説きたい。

❖大量の光——光の足し算に明け暮れた日々

敗戦の暗さを払拭して明るい社会をつくろうとしたのであるから、住まいのあかりが白熱灯から蛍光灯に代わり、街路灯に水銀ランプが使われだしたことは、まさに新しい日本の都市づくりを象徴していたに違いない。少しでも効率の高い光源を利用し、さらに多くの光の量を手にすることが日本の近代化だったのである。

ＪＩＳの定める推奨照度基準も諸外国より高めに設定され、一般オフィスの作業照明にとどまらず、住宅照明まで、鰻のぼりの高照度*4を求めるようになってしまった。また、防犯や交通の安全性の面からも、広場や道路などの屋外の広い範囲が大量の光を必要とするようになっていった。言い換えると、日本の近代化は夜の闇を奪い、昼の明るさに近づけることを目的としてきたのである。

しかし、そのような光の足し算だけが未来永劫に許されるはずもない。一つは有限な地球資源を守り、環境破壊を防ぐ立場から、そしてもう一つは美しい闇を取り戻そうという立場からの反論である。光の量を手にした満腹感から離れて、光の質にこだわることが大切なことに、私達はやっと気づき始めたのである。十分に明るい夜を手にすることができた後には、あかりの質、味わいにこだわることが重要である。わずかな光の方がむしろ細やかな生活の味わいが出る。大量の光に満たされた飽食の時代に終止符を打って、光の引き算に勤しまなければならない。このことは言うほど簡単ではなく、光の量の既得権を得た現代人は、心を律して大量の光から逃れる努力をしなければならない。光のダイエットには時間と根気がいるものだ。

＊4 **明るさ暗さ（照度・輝度）** 一般的に明るさは照度（lxルクス）で表される。しかし照度が高ければ明るいかというと、必ずしもそうでない場合がある。室内が反射率の低い黒っぽい素材で仕上げられるような場合には、光の量は与えられていて照度も高いが明るく感じないことが多い。つまり、人が感じる明るさと光の量とは微妙な関係にある。〇・二lxの満月の夜道はこうこうと明るいが、五〇〇〇lxの曇天の日に街を暗く感じたりもする。明るさは心象的なものにも左右される。輝度（cdカンデラ／㎡）は物体に反射する光を測定するので、明るさ感により近い指標を示す。明るさと暗さは兄弟の関係にある。

❖均質な光——陰りのない均一な光の幻想

大量の光と共に日本人を支配してきたのが、均質な光に対する憧れである。私達日本人は、光を隅から隅まで同じように平等に分布させることに勤しんできた。均質照明が快適であるとされてきたのだ。これは生産性を上げるための工場照明や、オフィス照明に見られる効率優先の思想と、全体主義、平等主義に根ざした日本社会のモラルによるところが大きいと思われる。

いずれにしても私達は、部屋の真ん中に高効率の蛍光灯器具を吊るし、部屋のどこに寝ころんでも新聞が読めるような均質な明るさをよしとした。欧米の住まいでは、新聞を読むときにはフロアランプの近くに寄るか、明るいペンダントの下に移動することが常識であることと比較すると、実に日本人は無駄の多い、機能主義に反した生活態度をとっているかが理解できる。多分このことは急に訪れた近代的な生活様式の混乱が招いたもので、その結果として日本人が大切にしていた美しい陰影をも排除することにつながっていった。

道路照明の設置基準を見ても、光の量と共に光の均整度が重要視されている。ドライバーの視作業、安全性の点から定められているわけだが、すべての道路が均質に照明されることは非現実的である。要するに、いかにスマートに均質な照明から逃れ、光と影の意味のある対比を楽しみ、リズミカルな光のバランス感覚を取り戻すことができるかが問われている。均質でなければなしえない環境の快適性は、実はかなり限られたものでしかない。

❖真っ白な光——太陽でも色温度を変化させるのに

日本人の現代生活空間はかなり白っぽいことに気づく。壁紙や衛生陶器の色や、食器や自家用車の色にしても、白が基調色になっている。多分、モダニズムの理解が流行色としての白に偏っていただめだろうと思われる。この傾向は物体色だけでなく、光の色（光源の色温度）[*5]にも波及した。住まいの中も俯瞰する都市の夜景も、真っ白なのである。これは住宅やオフィスで使われる白色蛍光ランプと、道路照明に使われる水銀ランプに依るところが大きい。

住宅でも白熱ランプを使い暖かい光を好む欧米人と、南方系の東洋人との間には、大きな生活感覚の違いがある。また、シカゴのように早くから高効率の高圧ナトリウムランプを使いだした都市は、オレンジ色をしているが、未だ水銀ランプを使う習慣の抜けきらない東京や大阪などの日本の都市では白っぽい夜景をつくっている。

そもそも白い光は日中の太陽光に似て、快活な雰囲気をつくり活動的な行為に適合するが、心を鎮静し、リラックスした雰囲気をつくるのには不向きなことが実証されている。逆に黄色からオレンジ色にかけての光は、大量の光を与えると暑苦しく壮快感に欠ける。日中の太陽光との緩和照明などには白い光を使う意味があるが、夜間にゆったりした雰囲気をつくろうとするときに白い光は不向きである。夜間の住宅照明は真っ白な光から離れて、本来の白熱ランプのような温かさを基本にすべきだと思われる。

◈まぶしい光——明るさとまぶしさを間違えた

まぶしい街路灯や道路灯は、日本ばかりでなく欧米のスマートな都市にも多く見られる。車社会の発達と共にまぶしい光（グレアの多い光）が街に蔓延した結果だ。高速で走るドライバーの目には多少の緊張感を伴って許されるまぶしさも、ゆっくり歩く歩行者の目には美しい景観を阻害する邪魔者でしかない。いや、景観を阻害するだけでなく、視神経を刺激し生理的な不快感や、視覚機能の低下を招く元ともなっている。つまり、まぶしさ（＝グレア）は百害あって一利なしの犯罪者

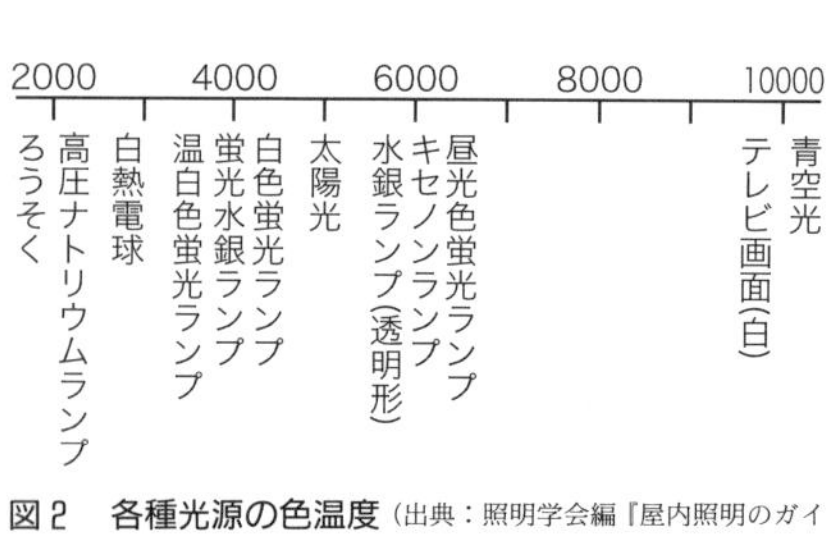

図2　各種光源の色温度（出典：照明学会編『屋内照明のガイド』電気書院）

＊5　**光の色（色温度）**　光は様々な色を見せる。夜空の星にも白や青や赤みがかったものもある。炎はオレンジ、抜けるような空は青、太陽の直射光でさえ青から赤まで一日のうちで変化に富んだ色を見せる。このような様々な光源から発せられる光の色を色温度（単位：Kケルビン）で表すことができる。ろうそくの炎二〇〇〇K、白熱ランプ二八〇〇K、白色蛍光ランプ四二〇〇K、北の曇天空七〇〇〇K、北の晴天空一二〇〇〇K、という具合。大切なことは、人の心理がこの色温度に深く関わっているということだ。青から白にかけての色温度の高い光のもとでは緊張感が増し、黄からオレンジにかけての色温度の低い光のもとでは気持ちを鎮静させ安らいだ気分にさせることができる。

なのである。

しかしながら、日本人はこれまで明るさとまぶしさを多少混同してきたきらいがある。キラキラしていないと華やかでなく明るく感じない、という印象を聞いたことが何度もある。多少刺激的な光でないと明るさ感につながらないらしい。また、蛍光ランプがむき出しのオフィスやコンビニのまぶしい天井を、苦情も言わずに放置している。家庭内の蛍光灯器具でさえ、ランプを直視できるようなものは依然少ない。これらは欧米人にとっては非常識な現象だ。黒い眼の日本人はまぶしさに強いという説明も三分の一ほどは納得するが、それがすべてではないはずだ。私達が眼に優しいまぶしくない光の効能をキチンと体験し理解していないことが原因であろう。キラキラがギラギラに変化する境界線を、厳しく見定めなければならない。

輝度計を取り出してまぶしさの元凶を計測すると、夜道に並ぶ住宅地の門灯などでは一〇〇〇cd／m²でまぶしさを感じるが、明るい室内では一〇〇〇〇cd／m²以上、明るい商店街では一〇〇〇〇〇cd／m²以上の輝度でまぶしさを感じることがわかる。大雑把な話ではあるが、つまりまぶしさは絶対的な光の量によるものでなく、それぞれの環境における相対的なものであり、突出した輝度の悪戯なのである。まぶしさのない環境がどんなに快適で美しいかを早く学習する必要がある。

❖上からの光――横から下からの光が消えた

日本人の室内での生活は、石油ランプが輸入される前までは、横からの光によって成り立っていた。自然光は深い庇によって遮断され、夜の灯明はほとんどが床置き型の背の低いものだったから、天井の方から光が降り注いでくる状況は皆無に近かったと思われる。そのような横からの光は部屋全体を均一に照明するには不適当であったが、人の表情に豊かな陰影を与えたり、部屋の隅にきれ

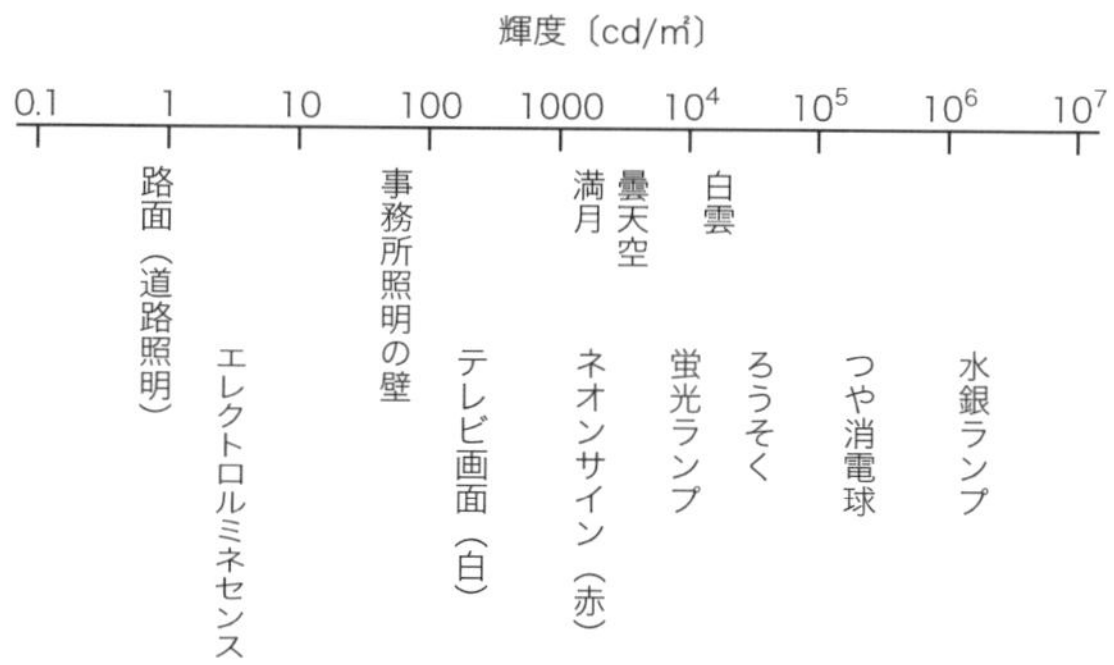

図3 輝度レベルの目安（出典：前掲書）

いな闇を与えたりしていたに違いない。上から吊るす照明手法は部屋全体に明るさを分配するには向いているが、味気ない景色と表情をつくる結果を生んでしまった。

また、一般的に屋内外にかかわらず、床や地面からの視点が高くなるほど、人間は心理的な緊張感が増す性質を有している。言い換えると、立っているときは座っているときより緊張感が高く、椅子に座っているときより床に座っているとき、さらに寝転んだときの方がよりリラックスしていることになる。その人の目の高さと緊張感の関係は、光源の高さにも関係し、緊張感を伴う行為をする場合は光源の位置や明るさの重心を高くし、ゆったりとした気分にしたいときは、光源位置や重心を低くする必要がある。天井面からの上からの光と、吊り下げ型、壁付型の光、そしてフロアスタンドや床置き型による横からの光では、そのリラックスの度合いが異なることを考慮しなければならない。

上から下への西洋合理主義的な光は、前述した均一な光の要求に対応しており、オフィスや工場などの生産性を求める作業環境には向いているが、多様な生活に対して万能でないことを知るべきである。本来、日本人が得意としてきた横からの光が息を吹き返すことを期待する。

❖高効率な光——効率の必要なところと不必要なところ

効率の高さにかなりの価値観を置いているのが日本人である。効率が高いということは無駄がないということで、戦後の環境づくりは無駄なく行われることに中心的な努力が払われてきた。そして無駄のない効率優先の姿勢は、その裏返しに、味気なく面白くない生活環境やシステムをつくり上げてきたとも言える。社会全体が効率を高めることにいささかも反対する理由はないが、人間生活の快適性は効率のみで計ることのできないことも見逃せない。

光と人間生活の関わりにおいても効率優先の姿勢が先行したための弊害がいくつか見られる。その代表例が蛍光灯や放電灯などの高効率ランプ[*6]への盲目的な信奉である。白熱灯は効率が悪く経済的でないから、という理由でダイニングテーブルの照明までもが蛍光灯に替えられる。白熱灯に調光器をつけて、ゆったりとした食事を楽しむべき場所にまで仕事場と同じモラルがはびこる。

また、現在流通している人工光源では最もランプ効率（光束（ｌｍルーメン）／電気量（Ｗワット））が高い、低圧ナトリウムランプというオレンジ色の単波長しか発しない光源があるが、これを多くの空間に利用すべきだと主張する傾向もある。これまで高速道路のトンネル照明にしか利用されないような光質の悪いランプなので、十分な配慮を必要とすることが理解されていない。

エネルギー効率の良い照明を語るには、ランプ効率以外の要素にも言及する必要がある。つまり、ランプを収めて料理する側の照明器具効率や、器具の効率の良い空間配置、また無駄のない光の与え方や、光の点滅調光制御に対する工夫などである。照明デザインにも常に新しい技術革新を遂げた新光源の可能性を要求されるが、高効率化は相乗的に図られるべきであり、ランプ効率の優れた光源を使用することだけでは実現できない。生活環境は量の供給や効率化のみでは真に豊かにはならないのである。

❖時を止める光――光は時の流れと共に

最後に提案したい課題は、快い時間の流れを視覚化することの重要性についてである。およそ電気が導入される以前の生活空間では、何の変化もない安定した光の状況などありえなかったはずである。太陽光の変化にとどまらず、灯火を燃やした夜の室内も、灯火のあかりは必ず弱くなったり消え失せたりするので、それによって時間の経過を理解できた。

＊6　ＨＩＤランプ（ＨＩＤ：**high-intensity discharged**）　水銀ランプ、高圧ナトリウムランプ、メタルハライドランプなどの高輝度放電灯類の総称。長寿命、高効率なので省エネルギー光源として主に屋外空間に使われてきたが、最近では高品質な放電灯が小型化したために、商業空間や公共建築の室内にも多用されるようになった。一般に、ランプ効率と光の品質は反比例の関係にあり、最高効率を誇る低圧ナトリウムランプは最悪のカラーバランスを示すことはよく知られている。目覚ましい品質改良が進んでいるのは高演色型高圧ナトリウムランプとメタルハライドランプの両者である。

しかし、これまでの経済発展過程では、安定した電力供給や経年変化の起きない光源の開発などを目標にしてきたから、人工光源の元では、時間の経過を忘れさせるかのような、安定した光、変化しない光が与えられてきた。時間を忘れていくらでも残業してもよいように、オフィスの執務室は昼夜共に全く変化のない人工的な光環境が提供されている(図4)。日中に自然光を感じながら生活できる場合には、太陽の移ろいに助けられながらリズムをつかむことができるが、自然光が入らない建築の中や地下の環境では、体内時計を狂わせるような時間感覚のない生活が強いられている。さらに夜にもなれば、コンビニエンスストアのような完璧に時を止めた不夜城さえ現れる。

変化のない光の空間のもとでは、人間は健全な生活を送ることができない。例えば、家庭での照明にも好みに合わせて光の量を調整できる調光システムが必要である。[*7]音楽を聴くときに音量を調整することが当然なように、そのときの状況や心理機能に適った光の量をまずは選択する自由を手にしなければならない。壁付調光器にもシンプルなものからコンピュータ制御のかかるものまで、たくさん製品化されている。

図4　残業中のオフィス

3　二一世紀に期待される都市照明——安全な照明から快適な照明へ

二一世紀に求められる光のルールは、前述の七つのアンチテーゼに見られる通りである。二〇世紀が目指したものをいったん否定してリセットした後に、光と人間生活との間に新しい価値観を探さなければならない。常に変化する時代を背景に、その価値観は何十年かごとにリセットされるに違いない。何度も清算されながら光の役割も変化していく宿命にある。

＊7　**調光制御(変化する光)**　光の量を可変させることはもとより、光の位置を選択したり、色温度を変化させたりすることで、豊かな生活シーンをつくり出すだけでなく、エネルギーの有効利用にも積極的に貢献する。

さて、都市照明という視点で未来を探るには、これまでの都市照明が交通機能の安全性を中心に据えた、道路照明技術に先導されてつくられてきたことを省みなければならない。都市は車社会と共に高速化した道路を提供し、そのことによって起こる交通災害を最小限に抑える努力として、道路は光の照度・均整度を上げてきた。歩行者の目ではなく、運転者の視野を優先することで、安全な道をつくろうとしてきた。路面の照度分布が唯一の設計条件であり、均一に輝く路面をつくることで、不意に飛び出す歩行者を迅速に視認し、急ブレーキを踏めるようにした。それが安全な都市づくりの基本であったことは間違いない。

しかし、このドライバーにとっての安全性だけで都市照明が計画される時代は終わった。車と人との分離が促進され、運転の安全性や快適性は車両側の性能や技術革新に期待されようとしている。ちょうどオフィスでの視作業が、輝くモニターとのインターフェースを中心に行われるようになりつつあるのと同様に、道路の安全性の理屈も変化するはずなのである。

二一世紀に期待される快適な都市照明を探るときに、安全な照明から快適な照明へ、という光のピラミッドが考えられる(図5)。二〇世紀に目標とされてきたベーシックな都市機能照明のエレメントとして、路面照度と灯具のコスト、そして照明器具の意匠という三項目が挙げられる。つまり、ほどほどのコストで格好良いデザインの街路灯が立てられ、旧建設省の推奨基準をクリアする明るさが確保されていることが、当面の目標だったのである。そこから次のアップグレードされたベーシックな快適照明に移るためには五点ほどの光の指標が提示されよう。

それらは、①まぶしさ(グレア)を除去すること、②色温度をうまく使い分けること、③演色性[*8]に十分配慮すること、④光源の高さを工夫すること、⑤調光制御をかけること、などである。これらの快適照明は、高次元な機能照明と呼ぶこともできる。つまり、都市の安全や防犯といった機能

図5　光のピラミッド

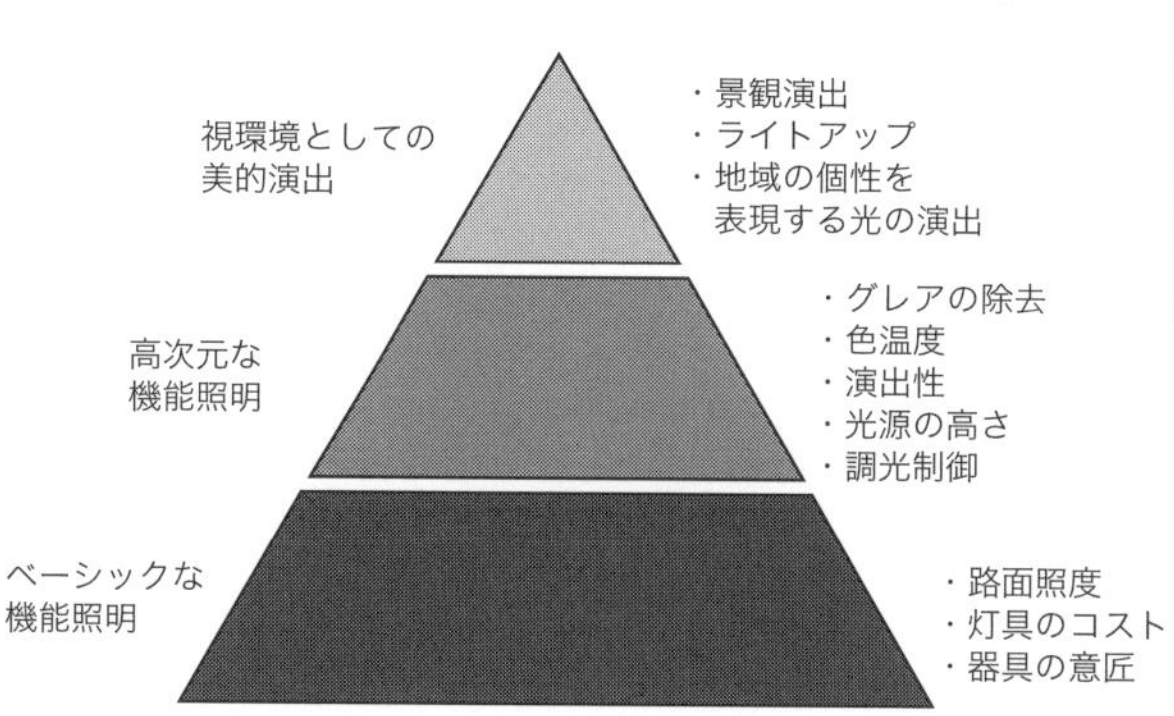

でさえ、明るさの量だけでは確保できなくなり、高次元な視覚機能が求められるときに、より正確な視覚情報と目に優しく快適な視環境が必要とされるのである。

そしてそれらの二段階を踏んだ後に、私達はさらに美的表現として優れた夜の街並みを生むための最終段階、つまり景観照明へと進んで行くべきである。この最終段階で語られるべきことは絵画的な夜の街並みであり、街の個性の美的表現である。このときに私達は照度という光の供給量ではなく、三次元の絵画を創作するのに大切な輝度という概念を持ち出すことになる。視覚的に訴えかける街並みの輝度的設計法とは、絵心を持つ画家や写真家の仕事に似て、光の絵筆を持って夜の闇に個性的な景観を描いていく作業なのである。しかし、そこに至るまでには、多くのチェックリストを通過し、レベルアップすべき事項が山積みされている。それ故、いわゆるライトアップ[*9]などに代表される高次元の都市照明にも、今なお確立されていない快適機能照明とのアンバランスを感じるのである。この快適機能照明の実現に一歩近づけようと意図されたプロジェクトが、東京都が巨額を投じて取り組んだ東京湾の埋立地、臨海副都心である。以下に、私達が関わったそのプロジェクトの概要を紹介する。

4　東京臨海副都心で実現された新しい光環境

一九九六年に突然、それまで計画中だった「東京フロンティア（世界都市博覧会）」に中止宣言がだされ、会場の設計を担当していた私達設計者チームは大変落胆した。二一世紀の都市がどのように夜を迎えるべきなのかをプレゼンテーションできる絶好の場であると自覚し、意気込んでいたか

*8　**きれいな色（演色性）**　自然光のもとではすべての物体の色が正しく再現されるが、人工光のもとではそれがかなわぬことが多い。普通の蛍光ランプや水銀灯の下では人肌がきれいに見えず不健康に見えたり、活きのいいマグロの刺身も腐ったように見えたりもする。またトンネル照明などに使われている低圧ナトリウムランプの下では緑や青が汚く見えてしまう。このようなランプを演色性の低い光源と言う。自然光や白熱電球は連続スペクトルでできているので最も演色性が高く、最高の平均演色評価数（Ｒａ100）を示す。道路照明に使われる放電灯はＲａ25程度のものが多い。

*9　**ライトアップ**　歴史的な建造物やモニュメンタルなタワー、橋梁などを夜間演出するために行う投光照明。パリやロンドンが先んじて夜間の景観照明要素として街並みのライトアップを行い、世界中の主要都市がこれに追随した。観光資源としても貢献し、明るく感じる街並みをつくる手法としても有効である。日本の都市でもこれをまねて城址や寺社仏閣などをライトアップする例が多いが、下から上へ照らし上げる投光照明は、時に不自然な情景を呈するだけのことがある。洗練されたライトアップの技法が望まれる。

らだ。街は様々な都市のインフラストラクチャーによって成り立っていて、自由な環境デザインを展開するにはがんじがらめになっているが、これからの都市はそのストラクチャーを生かしながらも、さらに軽やかに様々な景色をつくり、人々のアクティビティを生むべきだということを、私達は博覧会で実践しようとしていた。

しかしながら、都市博覧会の頓挫が知らされた後に、私達は東京都港湾局が主査する「臨海副都心部道路景観調査」というタイトルの二〇年越しのまちづくり設計業務と、それに先んじて出現する幅八〇メートルのシンボルプロムナードの照明計画に招かれた。この敷地に関わる二種類の照明デザインはある種の二〇世紀型開発を批判しながら始まった。都市環境照明のインフラやガイドラインを完成する手法と、歩行者のための楽しい夜間景観をつくろうとするプロジェクトの好例として紹介したい。

❖光のガイドラインづくり

このプロジェクトの内容を要約すると、臨海副都心部全域に関わる様々なヒエラルキーの道路に新交通システム「ユリカモメ」も加えて、この新都市の二〇年後の姿を策定するものであった。東京都港湾局の他に、旧建設省や警察庁などの省庁関係者も加わり、委託されたデザインチームは、アーバンデザイン・コンサルタント、アプル都市計画設計事務所、GK設計、そして私達LPA(ライティング プランナーズ アソシエーツ)などである。アーバンデザインは全体計画のコーディネーションを、アプルは道路空間の総合的デザイン、GKはストリートファニチュア系の道具のデザイン、LPAが光環境の基本方針(ガイドライン)と夜の景観設計を担当した。

街は様々な機能の道路空間によって区画され結びつけられているため、現地の調査を繰り返した

JOYPOLIS

あとに、夜間景観の基本ガイドラインを策定することにした。基本的には「暖かい色の光を基調にする」「色の再現性の高い光を採用する」「光源位置の低い光を大切に扱う」という三原則に基づいて計画をした。

まずはじめに計画地全域を網羅する道路と新交通システムの平面配置を十分検討し、街全体を俯瞰したときの総合的なコンセプトについて話し合った。それまでの東京の街は全域に渡って水銀灯による道路照明が蔓延し、家々の中からこぼれる光も白色蛍光灯によるのもが多いので、俯瞰した街全体は白く寒々とした印象が強い。それに対してこの計画では「暖かい色の光」つまり色温度が二五〇〇K（ケルビン）程度のオレンジ色の光を発する光源を採用することとした。

計画当時の技術データでは、高圧ナトリウムランプが水銀ランプの効率（lm／W）を上回り、経済的にも優位性があり、暖かい色調を発するので、これに注目した。しかし、この高圧ナトリウムランプの種類も様々で、効率のみを最優先すると植物などの緑から青にかけての色彩の再現性が悪いランプ、つまり演色性の低いものが多く、既存の道路でこの高圧ナトリウムランプが嫌われるのは、この品質の低さが原因だった。そこで私達は暖かい色の光を発し、かつ緑系統に対する色の再現性を落とさないランプ、つまり高演色型、または演色改善型と呼ばれる品質の高い高圧ナトリウムランプのみを採用することにした。色の再現性は平均演色評価数（Ｒａ）で表し、100を最高とするが、この地域では、幹線道路にはＲａ60以上（演色改善型）、歩行者のための歩道や広場などにはＲａ80以上（高演色型）を使うことにした。このルールに従うことで街全体の暖かい夜景が保証され、しかも夜間でも人の肌色や植物の緑さえ美しく見えることを力説した。

色温度と演色性に次いで主張した点は、光源の高さである。光源の高さとは、一般に街路灯や照明器具の高さを指すが、地表面からの灯具の高さと人間の心理との関係式は前述した通りである。

（前頁）図6　東京臨海副都心の夜景（撮影：金子俊男）

一般的に光が上から下へ降り注ぐ状況は、合理的に環境全体を明るく照らし出し、陰を少なくして均一に照明する手法である。太陽光にしても南中時には最も効果的に高照度で地表を照射することになる。そのときに人間は最も高い生産性を持ち、適度な緊張感を持って仕事に勤しめる。つまり、気持ちの安らぐ光環境ではなく、緊張感を楽しむための光環境といってよい。それに反して、斜め上からの光、横からの光、斜め下からの光、下からの光…というように、徐々に光源が低い位置に移動して私達の足元に近い位置に移動するにつれ、緊張感から逃れていく法則にある。太陽光が傾きだし、夕暮れを迎え、日没を迎え、夜になるとさらに低い位置に火が焚かれる。このような流れが自然に安らぎを約束する光環境に結びつく。

このような心理現象を基本におくと、高速で行き来する自動車のドライバーには高い位置からの照明を、そしてゆったりとしたリズムで散歩を楽しむようなカップルには低い位置の照明を、という原則になる。後はその両極端の間の微妙な光源の高さを環境の機能種別によって選択していくということになる。

ここ臨海副都心では、〇～一二メートルまでの光源の高さを計画地全体の中でグループ分けし、ゾーニングに落とし込んでいる。幹線道路には一二メートルの高さの車道照明、駅前広場のような場所には一〇メートルの高さの二灯型照明、歩道やゆったりした広場には三・五メートルの高さの歩道灯、そして特徴的なデートスポットなどには一メートルの高さのボラード照明や、ストリート・ウォッシャー[*10]といわれる器具を開発している。また〇メートルというのは、地表面に埋め込まれた器具のことで、特徴的な植栽をアップライトしたりするために用いている（図7）。

もちろん、ここで語れるのは道路景観についてであり、道路によって結びつけられる公共用地や民間の敷地には、建造物が出現するにせよ、オープンスペースとして活用されるにせよ、道路に定

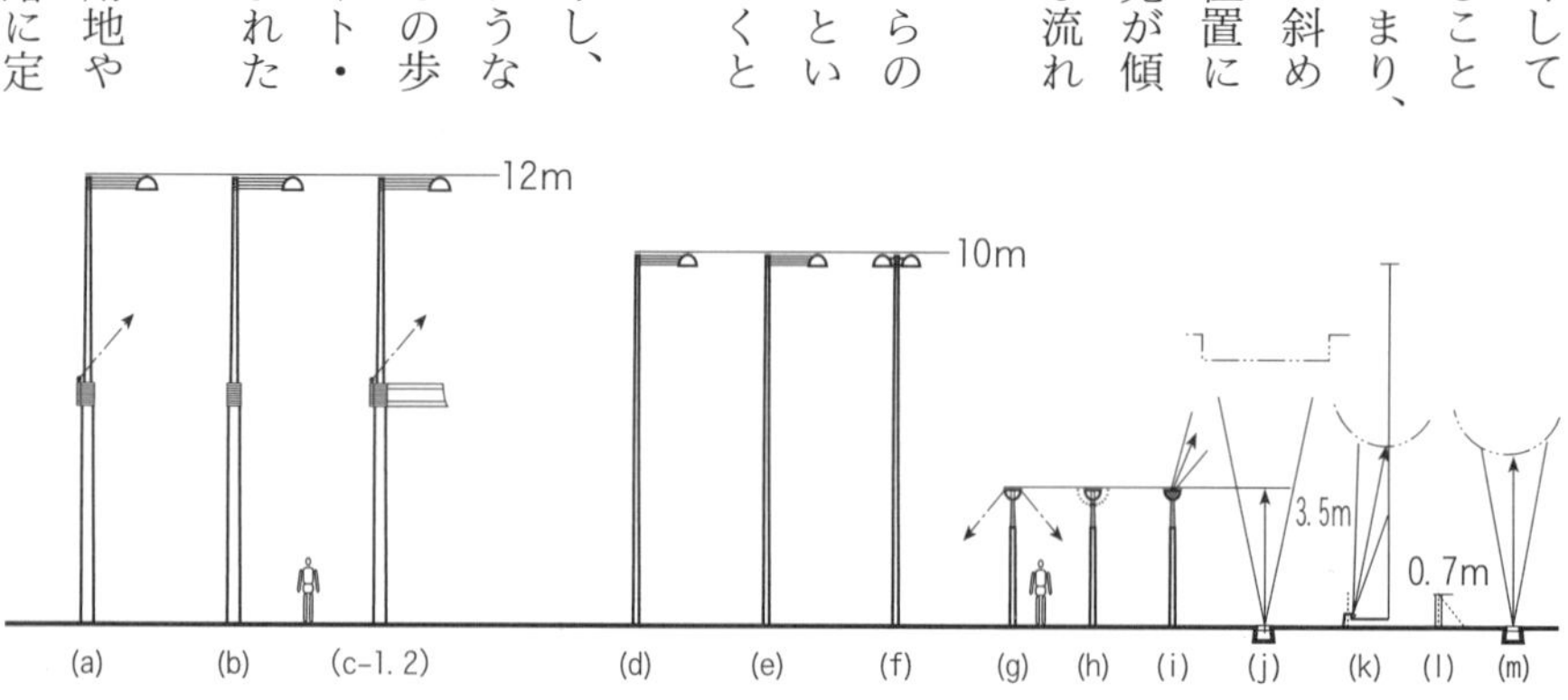

図7　東京臨海副都心の光源の高さ一覧（次頁の表は各光源の高さ・ランプの種類・設置場所の一覧）

める光と異なる要素が挿入される。通常このような敷地に計画される施設に対しても、夜間景観のガイドラインなどが示されるべきであろうが、ここではそれに至っていない。当然のことながら、臨海副都心が成長し、たくさんの個性的な建造物や施設が整備されてくるにしたがって、道路景観に示した規範に反する光環境の出現も見られる。つまり、実際の施設には暖かい色の光ではなく真っ白な光で特徴づけられるものも少なくなく、しかも、それが街を活性化させていくためのルール破りのようにさえ見えてくる。たしかに、街がすべてを規制された状況で正しく計画的につくられることの是非は大いに議論される必要がある。しかし、私は「緩やかな光のインフラストラクチャー」というのが、日本の都市の照明計画としてふさわしいと考えている。その意味では、現在の道路景観照明のルールが、その後に続々と出現する街の個別の個性とどう関われるのか、臨海副都心での試みは新しい夜間景観のあり方を示しているようで興味深い。

❖シンボルプロムナードの照明計画

臨海副都心の国際展示場前に敷かれたシンボルプロムナードは、広大な敷地を南北につなげる役割を果たす象徴的な遊歩道であるが、私達は日建設計の土木デザインに協力する形で照明計画に関わった。緊急車両以外の車が通らない歩行者専用のプロムナードである。ここでも私達は極力これまでの均一に明るいだけの公共空間を見直し、ゆったりとした速度の人間の目線を大切にした環境照明を提案した。

シンボルプロムナードの照明計画のコンセプトは三つの「低」である。つまり「低照度、低色温度、低位置」の推奨を行った。まず「低照度」であるが、日本の道路照明のほとんどは旧建設省の道路照明規準に習ってつくられているので、路面での照度（本質的には必要路面輝度から割り出し

	高さ	ランプ	設置場所
(a)	H＝12m	NH360W (R_a60)，MT70W×2 (R_a96)	新交通リング，幹線道路
(b)	H＝12m	NH360W (R_a60)	幹線道路
(c)－1	H＝12m	NH360W (R_a60)	交差点
(c)－2		NH360W (R_a60)，MT150W×2 (R_a96)	
(d)	H＝10m	NH220W (R_a60)	幹線道路
(e)	H＝10m	NH250W (R_a85)	区画道路
(f)	H＝10m	NH400W×2 (R_a85)	駅前広場
(g)	H＝3.5m	NH (T) 150W (R_a85)	区画道路
(h)	H＝3.5m	NH (T) 50～70W (R_a82～83)	区画道路，新交通リング道路の一部，幹線道路の一部，駅前広場
(i)	H＝3.5m	NH (T) 150W (R_a85)	アンダーパス
(j)	H＝０m	NH220W (R_a60)	駅舎下
(k)	H＝０m	MF100W (R_a70)	シンボルツリー
(l)	H＝0.7m	NH (T) 70W (R_a83)	要所
(m)	H＝０m	MH150W	駅前広場のシンボルツリー

たアスファルト舗装の場合の路面照度）が高めに設定されている。もちろん交通量の多い幹線道路では、その安全性のために高い照度と均整度が重要視されるべきであるが、交通の安全性が少しずつ緩和されてしかるべき歩行者空間でさえも、未だ高い照度が要求されることも少なくない。防犯照明という立場にたつと、にわかに不審者の顔の表情が認識できる照度が持ち出されることもあり、詳細にその危惧を払拭させるにはやはり相当な照度と均整度を必要とすることになる。

それでは一体どれほどの物理的な光の量（照度）を計画することが適正なのだろうか。満月の月明かり（〇・二lx）でも夜道を歩くことができるし、その照度で新聞の活字さえ読めることも事実である。また、かつて多摩ニュータウン永山団地の照明計画の際には最低照度を非常照明と同様の一lxに設定し、十分明るい公共空間だったことも記憶している。つまり、防犯の意味も含めて、実際に物理的な照度で最低照度を規定することが現実的な解答にはなりえないと思われる。あえて断言しなければならない状況では一lxを目標にするようにしている。そのようなわけで、シンボルプロムナードでは「暗すぎる」と苦情のこない程度に、極力低い照度を旨とした（図8）。

次に「低色温度」は、全体計画と同様に、三〇〇〇K程度の高圧ナトリウムランプかメタルハライドランプ、あるいは場合によってコンパクト蛍光ランプなども使用した。厳密に語ると、同じ色温度を表示しているランプでも、ランプの種類の違いや、製造メーカーの違いなどによっては一目で色温度の相違が視認できる場合もあるが、それくらいのことは現時点では目をつぶることにした。つまり、大切なことはどんなランプを使うにしても暖かい色種のもの（三〇〇〇K前後）を使いなさい、ということである。そして、その暖かな色味に囲まれた環境にあって、ほんの一部分の特徴的なオブジェクトに白く色温度の高い光を使って強調するのがスマートだと考えた。

最後に「低位置」という規準であるが、これも積極的に低い位置の照明手法を取り入れて歩行者

＊10　ウォッシャー　連続して配置されたダウンライト等により、床面や路面、壁面、天井面等を均一に照らし、輝度を上げる手法。まぶしさを発せずに光を拡散させるための繊細な光学制御技術によって実現。

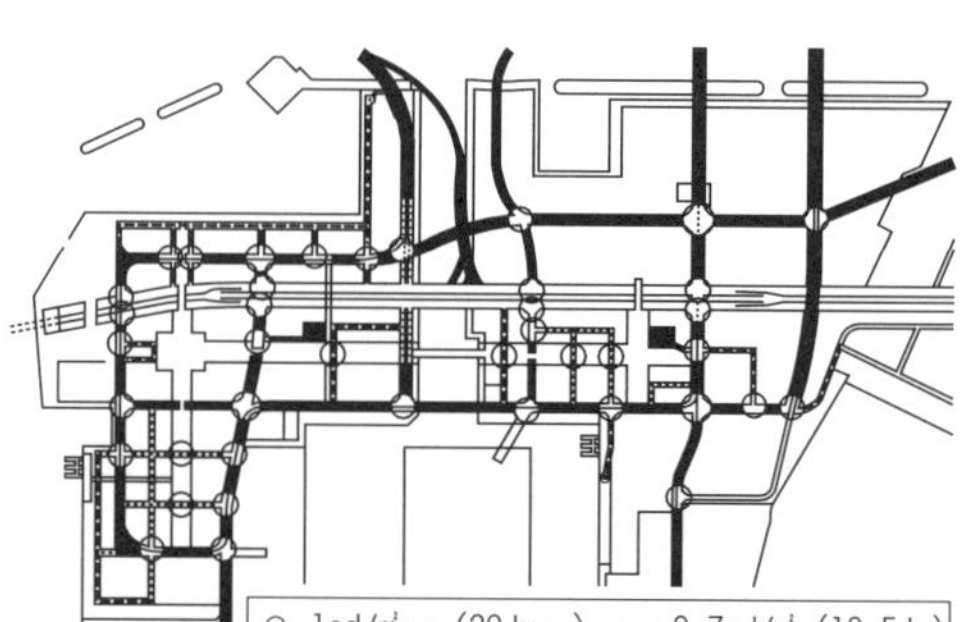

図8　東京臨海副都心の路面輝度（照度）分布計画図

（次頁）
上図9　列柱が光り輝くウエストプロムナード（撮影：金子俊男）
下図10　シンボルプロムナードのストリート・ウォッシャー（撮影：金子俊男）

空間の景色を活性化し、環境にリフレッシュメントを与えようとする試みである。お台場公園脇に突き出すウエストプロムナードは、臨海副都心部における東西の大切な軸線を構成している（図9）。フジテレビ本社と日航ホテルに挟まれたデッキ上には円筒形のシンプルな列柱が光り輝き、そのデッキに立ち西を見ると、レインボーブリッジと東京タワーの輝きにそのパースペクティブの消失点が重なるようにできていて、象徴的な環境である。このデッキ上の列柱照明も三・八メートルの高さに抑えられ、なおかつ上部が筒状に輝くだけでなく、下部には足下灯の役割を果たす補助照明が組み込まれて、デッキ上にリズミカルな光のスポットを落としている。国際展示場前のプロムナードには、高さ一メートルのストリート・ウォッシャーと名付けられた照明が連続的に配置され、広いプロムナードの幅員の両側から中央部に向けて光が溢れるような効果を狙っている（図10）。また、その東西と南北のプロムナードの交差部はさらに象徴的な出会いの広場として、路面に埋め込まれたライン状の光ファイバー照明[*11]とポイント的なLED照明器具が使用され、一八分間隔でプログラムされた小さなライトショーを奏でている（図11）。つまり、臨海副都心では三・八～〇メートルまでの低い位置の照明が随所に試行されているのだ。低位置の照明は路面に対して均整度を確保することには向かない代わりに、光と影のリズミカルな景色を演出し、低照度が許される空間での重要な演出手法として注目に値する。

　これまで述べてきたように、大量の白く均一な光や高効率で時間変化のない照明設備は、かつて日本の近代照明の象徴であったが、明らかに今、その価値は転換を迫られている。常に新しい照明の役割を提示する立場にある、私達照明デザイナーは、飽食の時代に培われた光の量の呪縛から都市をどのように解放すべきか、私達はどのようにして二〇世紀の照明に終止符が打てるのだろうか。

＊お断り　本章の内容の一部は、『光と人間』（朝倉書店）、『現代デザイン事典2001年版』（平凡社）より抜粋し、修正加筆したものです。

図11　光ファイバーとLEDで演出された国際展示場前の広場

＊11　**ファイバー照明**　照明用にはプラスチックとガラスの二種類の光学ファイバーを使用するが、デザインの自在性からプラスチックファイバーが主流である。別置の光源装置から出力される光を束ねたファイバーの小口から挿入し、光を逃がすことなく先端まで伝えるシステムが基本。床・壁・天井の材料に埋め込み一体化した点照明演出や、最小形状のダウンライトなどにも展開され、ますますその利用価値を高めている。

第7章 都市のオープンスペース

——宮前保子、井口勝文

1 オープンスペースの三つのモデル

オープンスペースは、もともとパブリック・ユース＝公衆の利用を意図してつくられたものだけではない。しかし、様々な人間活動によってオープンスペースの最も重要な機能である公開性ならびに公共性が獲得されてきた。そこで、三つの類型を設定してオープンスペースの美に関わる問題にアプローチしてみようと思う。

❖広場型都市

改めて紹介するまでもなく、ヨーロッパの歴史的諸都市には、市民で賑わう象徴的な空間として市庁舎や聖堂が囲む広場がある。そこでは日常的な往来や休息などのほか定期的な「市」が立つなど、古代ギリシャ都市のアゴラ以来の伝統的なオープンスペースの形態がその後の都市に受け継がれ、今も存在している。

芦原義信は、G・E・キッダー・スミスによるイタリアの広場についての考え方を、「イタリアにおける広場というものは、単にそれと同じ広さの空地ではない。それは生活のしかたであり、生活に対する考え方である。イタリア人はまったくのところ、ヨーロッパの国々のなかで、最も狭い寝室を持っているかわりに最も広い居間を持っているともいえる。なぜかというと、広場や、街や路は、イタリア人の生活の場であり、遊び部屋であり、また、玄関のパーラーでもある。(中略)ほとんどの余暇は屋外で送られるし、送られなければならない」[*1]と紹介している。その上で、イタリア

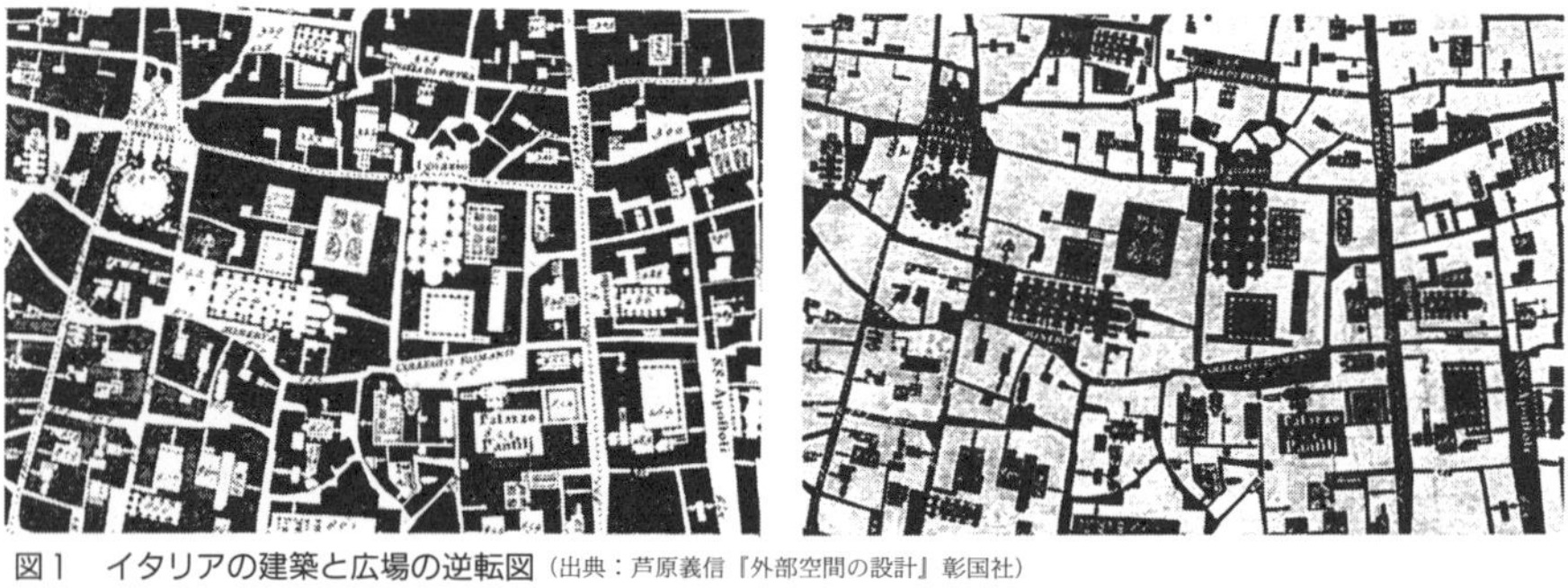

図1　イタリアの建築と広場の逆転図（出典：芦原義信『外部空間の設計』彰国社）

の中世都市は都市全体があたかも一軒の建築のようであり、そこでは建築の占有する空間とオープンスペースを逆転させても一向に不都合のない形態をとり、広場や街路はまさに街全体のリビングルームに該当すると評価している（図1）。

このように、都市のリビングルームとして機能しているといわれるヨーロッパ諸都市における広場の発生起源は、政治や宗教のために供される為政者のものであり、必ずしも公衆の利用を目的としたものではなかった。

イタリア中世都市の一つであるシエナは、一二世紀半ばにコムーネ[＊2]となったが、ペストの大流行によって人口が激減し、一四世紀に都市の輪郭を規定する市壁建設が再開された。この当時の都市図をみると、都市の内部には多くの農地が残されており(図2)、三つの尾根の交差地点となる窪地を利用して都市の中心を構成する有名なカンポ広場と市庁舎が建設されている（図3）。

また、イギリス中世都市のカンタベリー、ドイツのハンザ同盟都市であるハンブルクなどをみても、中心的な広場は政治、経済、宗教を目的とした空間であり、街路はそれらの活動を支えるために効率的に配置されたものであることがわかる。このように為政者の手でつくりだされたオープンスペースではあるが、広場は、都市を代表する祝祭の場であるだけでなく、市民の憩いの場であり、観光客が集まる交流の場であり、さらに商業の中心地として、公共性と公開性が確保されている。

しかし、こうしたヨーロッパの市壁都市における自然についてみると、建築物の中庭などに取り込まれ、公開性が確保されている自然はわずかに河川や斜面地の樹林地などに見られるのみである。一五世紀のシエナに見られた農地は市街地の予備地として後に市街化されていったのである。

このようにヨーロッパ中世以降に発達した都市のオープンスペースをみると、公共性の高い広場と私有性の高い自然の空間に二分化され、都市壁で囲まれた内部の自然は極めて私的なものとして

＊1　『外部空間の設計』彰国社。
＊2　コムーネはイタリアの基礎的な行政組織であり、それぞれが議会を持った独立組織である。全国に約八〇〇〇余りを数え、都市とみなされるコムーネは約五〇〇、農村は約七五〇〇であり、平均的なコムーネには三つの中心集落があるといわれている。

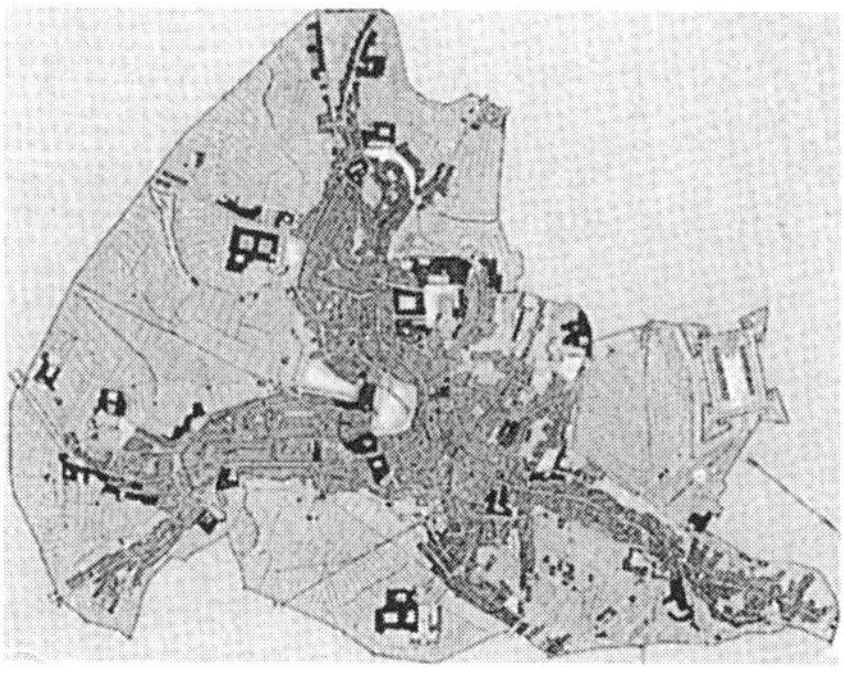

図2　一五世紀のシエナ（出典：都市史編集委員会編『都市史図集』彰国社）

捉えられていた。このような公共性と私有性が明確に区分され、自然は私的な空間に囲い込まれていた都市を広場型モデルとする。

※公園計画型都市

オープンスペースの中心が広場であった中世都市に対して、産業革命以降、新しい都市が計画的に建設された。その代表的な例がアメリカの諸都市に見られる。アメリカでは、フロンティアによる開拓都市をはじめとして多くの都市が一八世紀以降に建設されたが、その先陣をきった都市がボストンである。

清教徒（ピューリタン）によるショウマット（丘の上の町）として建設されたボストンは、当初は農業や牧畜を主たる産業とする集落的コミュニティであったが、造船業や貿易によって次第に富が蓄積され近代都市へと発展していった。

ボストンは一七七〇年には既に都市化が始まり、次第に湾の埋め立てや交通網の整備を進め、一八五五年には湾を埋め立てた南側まで市街化が進められたが、その際にボストン・コモンが都市の内部に取り込まれた。ボストン・コモンは、もともと農場であった。しかし、ボストンに移住してきた都市住民の共同体の象徴として、その空間と自然性が公園として担保されたのである。その後、ボストン・コモンの南側にG・T・ミーチャムによってデザインされたパブリックガーデンが建設され、さらにコモンウエルス・アベニューが新たに設けられた。

市街化が進んだ近代都市ボストンに、フレデリック・ロウ・オルムステッドが新しいオープンスペース・ネットワークの概念が必要であると唱えたことはよく知られている。オルムステッドはニューヨークのセントラルパークのデザイン理念と同様に、都市の中にこそ田園の情景を持ち込むこ

図3　シエナのカンポ広場

とによって都市生活者に快適な空間を与えることができ、イギリス風景式庭園のような空間を都市に積極的につくりだすことが重要であると考えた。オルムステッドの考え出した、「エメラルド・ネックレス」と呼ばれるオープンスペース・ネットワークは、ボストン・コモンからコモンウエルス・アベニューを通り、フェンス、オルムステッド公園、ジャマイカ公園、アーノルド・アーボレータムからフランクリン公園に至る、チャールズ川上流から市街地を超えて湾までつながる大規模なネットワークであった（図4）。

ボストンのオープンスペース・ネットワークの特徴は、ネットワークの核的部分に公園があり、そこから公園道路や街路ならびに河川が伸びていることである。この空間の連鎖が都市を美しく構成しているといえる。

しかし、この壮大なオープンスペース・ネットワークも現在では高速道路によって分断され、その壮大さは減少している。新たな都市建設に伴ってオープンスペース・ネットワークを計画的につくりだすことは可能であっても、その後の都市の発展によってオープンスペースの機能的な衰退を余儀なくさせられたのは、理念と空間を結ぶ明確なデザイン手法が欠落していたためであった。

このように、近代都市では都市の肥大化を阻止すると共に都市内部に自然性を取り込むためにオープンスペースを公園として公的に担保した。都市の自然性と公共性を同時にオープンスペースとして確保してきた、これらの都市を公園計画型モデルとする。

❖オープンスペース侵食型都市

いうまでもなく、日本において都市の内部にオープンスペースが必要であるという概念が導入されたのは、明治期の市区改正計画および大正期の震災復興計画であった。

図4　エメラルド・ネックレス（出典：ボストン市公園局資料）

それまでの日本は古代の都、中世以降の寺内町、近世以降の城下町という都市の流れのなかで、ヨーロッパの求心的広場とは異なるオープンスペースを自然発生的につくりだしてきた。その一つは平安京の中世化のなかで出現した、「辻子《ずし》」や「巷所《こうしょ》」である。

辻子は街区内に新たに通された路地を指し、主として碁盤の目状に通された街路で取り囲まれた街区の内部の宅地化を促すために設けられたものであるが、小路や路地として住民の日常的な屋外生活の息抜きの場となった。一方、巷所は街路や河川敷が都市への流入者によって占拠され、宅地や耕地になったもので、「市」や歌舞伎などの芸能が催されたりする公衆の楽しみの場であった。

つまり、日本の都市では、街路と街路に付随する占有地や河川敷が自然発生的に公衆のものとなったオープンスペースであり、私的利用を拡大しながら、公開性を獲得してきたといえる。

また、社寺境内地は、近世日本の諸都市における「群衆遊観」の場であった。事実、江戸の浅草寺や京都の八坂神社をみても宗教的な場というよりも、日常的な生活から離れて「ハレ」のときを過ごす楽しみの場であり、こうした社寺境内地が、明治以降の近代都市における公園として「安堵」[*3]されていったのである。

一方、河川敷も江戸の墨田川、京の鴨川などをみても、花見の場、夕涼みの場などとして社寺境内地と同様レクリエーションの場として機能していたものが、やはり明治以降には都市公園などとしてその公共性が担保されていった。

このように、日本の都市におけるオープンスペースの原初的形態は日常的であれ、非日常的であれ、「延気《えんき》の場」(息抜きの場)であり、そこではレクリエーション性が重視されていたといえる。これの場合、ヨーロッパの宗教施設とは異なり、境内地には樹林が備えられ、河川には河畔の並木や樹林がもともと存在する。オープンスペースの自然は、計画的に創出されるというよりも、むしろい

＊3　安堵とは鎌倉時代に武士や社寺の土地所有権を確認するときに用いた用語であり、社寺等で江戸時代に遊観地となっていた土地に公園を設置することで政府がその土地を公的なものとして確認したこと。

つのまにか都市住民の身近な存在になっていたといえる（図5）。

しかし、近代国家の成立と共に、わが国にもヨーロッパ型の都市モデルが取り入れられた。その嚆矢は明治二一年の東京市区改正審査会における公園計画である（大遊園一〇ヶ所、小遊園四二ヶ所が必要とされた）。都市に人口が密集した結果、大気汚染がもたらされることから「園林或いは空地」を設けて衛生上から公園を設けなければならないというのが公園設置の大きな理由であった。さらに大正一二年の関東大震災による復興計画を契機として、都市には衛生上、防災上、レクリエーションの場を確保するという目的のため、計画的に公園や緑地（当初、オープンスペースは自由空地あるいは空地と記述された）を配置するべきであるとの議論が大都市を中心として展開された。このようなオープンスペースの配置計画は昭和一五年の都市計画法の改正時に法制化された。

しかし、その後の日本の都市は、経済の高度成長と共に無秩序に拡大した。その結果、計画的に配置されたもの、民衆が獲得してきたものにかかわらず、オープンスペースはいつのまにか都市に埋もれていったのは現在の日本の都市をみれば明らかである。

このように、都市の発展と共にオープンスペースが衰退してきた都市をオープンスペース侵食型モデルとする。

図5　江戸図正方鑑。江戸の町のオープンスペースは河川、火除地、社寺境内地で構成されていたことが読みとれる（出典：佐藤昌『日本公園緑地発達史（上巻）』都市計画研究所、原出典：『古板江戸図集成』六巻、中央公論美術出版）

2　人はオープンスペースに何を求めるのか

現代都市におけるオープンスペースについて、三つのモデルを設定した上で、その形成過程についてみてきたが、都市にオープンスペースが必要であるとすれば、人間はそこにどのような機能を求めているのであろうか。

◈公開性（立ち入ることができること）

オープンスペースの定義は様々であるが、その最も重要な定義は公開された空間であるということであり、オープンスペースの第一の機能はその場に立ち入ることができることである。どれほど美しく快適な空間があろうとも、そこにアクセスできなければ都市住民にとってはそれほど大きな意味がない。近代に入ると、ヨーロッパ、日本を問わず、かつては支配と儀式の場であった都市広場、王侯や領主などの支配者階層の庭園であったハイドパークやケンジントンパーク、あるいは水戸の偕楽園などを、公衆に公開してきた。一方、アメリカの都市ではセントラルパークに代表されるように、オープンスペースを公園（パブリックパーク）として計画的につくりだしてきた。

このように、都市の近代化に伴って、オープンスペースはあらゆる階層の人々に公開され、アクセスできることが可能となった。日本の都市における近代化の過程で、池田宏や大屋霊城がオープンスペースを「自由空地」[*4]と翻訳したのも、その公開性を重視したからに違いない。

しかし、オープンスペースの公開性が必ずしも機能として拡大されていったわけではない。特に

＊4　池田宏は『現代都市の要求』（大正七年）で「自由空地と称するは仏人の所謂『エスパース、リーブル』に当る。市内に於いて道路河川運河等公共の用に供する営造物の敷地以外の空地にして建築物を以って覆はることなき空地を指す」とし、大屋霊城は『都市公論』（大正一三年）において「欧米では open space とか、Espace libre とか云う適当な字があるようだが、我国にはこれ等を総括した言葉がない。（中略）我国の都市計画者、都市衛生学者が自由空地（Espace libre）なるものに注意しなかった為に、今日、日本の都市は殆どの空地の必要を閉却している」と指摘している。

図6　都心のオープンスペース。都市に私有地を公開する新しいオープンスペースが生み出され、都市空間を豊かにしている

日本の都市では、オープンスペースは「あきち」として捉えられて建造物に覆われるか、もしくは私有化・閉鎖化されていった。オープンスペースの公開性を維持すること、あるいはつくりだしていくことが重要な所以である（図6）。

❈眺望性（見通しがきくこと）

都市の広場に立ったとき、街路に佇んだとき、人はその視界のなかに都市の変化に富んだ様相を取り込むことができる。オープンスペースとは、たとえ建築の壁面に取り込まれたポケットパークなどの小さな空間であったとしても、そこから都市の様々な様相を眺めることができる。それは一片の空と雲であることもあれば、広場や街路に連なる建築のファサードであったり、あるいは樹木と芝生の緑であったりする。いずれにしても人は屋内の空間から開放されて、視覚を全開できる場としてオープンスペースを意味づけている。

こうしたオープンスペースの眺望性の価値は絵画に最もよく現れている。西欧の風景画、中国の水墨画、日本の浮世絵などをみても、人々は「見通しがきくこと」や「眺望性」の重要性を発見し、これに屋外空間の価値を見出したのである（図7）。

図7　ボストンのクインシーマーケット。建築と街路が、眺望性、見通しを確保し、美しい空間を提供している

❈自然性（土があること）

都市の自然とは何であろうか。空の美しさ、街を通り抜ける風ももちろん都市の自然であるが、一般には植物をもって、都市の自然を代表させている。しかし、それならば鉢に植えられた観葉植物も都市の自然といえるのかもしれないが、それは自然に似た愛玩物であって自然とはいえない。むしろ都市の自然性とは、樹木や草花が生育可能な空間であり、雨水を染み込ませる空間であり、

様々な生き物が生育する空間である、「土の空間」と定義することによって、オープンスペースの価値を再認識できると考えられる。

もちろん、ヨーロッパの歴史都市の石畳の教会前広場も、ニューヨークの五番街の街路も、京都の祇園界隈も、土の空間はないけれど空や風を感じることができる、美しいオープンスペースである。しかし、ヨーロッパの歴史都市もニューヨークも京都も、庭園の自然、セントラルパークの自然、御所の自然が一方に存在しているからこそ、これらのオープンスペースは価値があるといえる。

現代の都市は、無秩序に舗装や建築物で地表を覆いつくし自然性を排除してきた。しかし、土があるからこそ、どこからか種子が飛んでくることもでき、その種子が発芽・成長した樹木に鳥がやってくることもできるなど、自然そのものの営みが可能となるのである。それだけでなく、瑞々しい土の空間は、都心の灼熱地獄から解放してくれる。

このように、都市のオープンスペースの自然性を象徴する土にこそ重要な価値があることを再認識する必要がある（図8）。

図8　都市の土の空間。樹木や草が育ち、蝶も飛んでくる。何よりもそこに佇めば土と樹木の恩恵を受けて涼しく感じられる

❖可変性（表情が変わること）

都市は様々な表情を見せる。都市の小さな空間では、待ち合わせのために佇む人がおり、夕方ともなればストリートミュージシャンが最新作を披露している。あるいは急ぎ足で歩きすぎる人もいれば、張り出したカフェでコーヒーを楽しむ人もいる。祭りのときには観客席ができ、イベントがあれば仮設の舞台が登場する。オープンスペースは空地であるがゆえに、その空間に可変性があり、様々な表情を見せることが可能となる。しかし、その可変性も空間の管理者如何によっては禁止事項などで幾重にも抑制され、表情を変えることさえできない場合も多い。しかし、本来のオープン

スペースの価値は、その時々で表情を変えることができる可変性にあるといえる（図9）。

❈快適性（気持ちがいいこと）

都市の快適性とは、住居の通気性や採光の確保という極めて個的な居住環境に関するものから、様々なレクリエーションの場が確保されているという共同的な事柄、さらには植物や動物などの自然の美しさから生み出される価値を受容できるという感性的事象まで、多種多様な要素が含まれる。また、このほかにも、屋外の集会所として世の中の動きを感じる場、他者とのコミュニケーションの場として機能することも都市のオープンスペースの快適性として取り上げられてきた。

これらの論述を待つまでもなく、都市の快適性はオープンスペースの持つレクリエーション的機能、自然美、コミュニケーション機能によって獲得される。

3　日本のオープンスペースをめぐる問題の所在

オープンスペースの機能とは、公開性、眺望性、自然性、可変性、快適性にあると定義づけた。ところで、日本の都市は、オープンスペースを十分活用しているであろうか。あるいは日本の都市はオープンスペースによって美しくなっているであろうか。こうした問題意識のもとに、広場型モデル、公園計画型モデル、オープンスペース侵食型モデルの三つのモデルを比較しながら、オープンスペースの公共性と私有性、自然性と非自然性の視点から問題の所在を推察する。

図９　万博公園の世界の森地区。平時は樹木と草地が広がるオープンスペースであるが、それゆえに、いくつかの装置が設置されると、まったく表情の異なるイベント空間が生まれる

❖オープンスペースの公共性と私有性

オープンスペースは、公的な土地であれ私有地であれ、公開性が確保されなければその空間は意味を持たないことは前述した通りである。しかし、日本の現代都市では、総合設計制度に基づく公開空地の確保などの例を除けば、土地の公有化を図らなければ公開性の確保は困難である。

アメリカやイギリスの多くの近代都市では、オープンスペースは都市の形態を制御するものと捉えられ、都市の外周にはグリーンベルトが形成され、都市の内部には公園などのオープンスペースが確保されている。しかも、ボストンの例でみたように、公園は本来、コモンつまり共有の場であったものの公開性や公共性をより強固にした形態として捉えられる。

そこで、三つのモデルを例にとって、土地の所有形態と公開性・公共性の関係をみてみる。

第一に広場型モデルであるが、イタリアの中世諸都市に見られるように、求心的な空間構成を持つ広場型都市では広場や街路は二四時間、あらゆる人々に公開されており、公共空間である。しかし、公開されているのは広場や街路、あるいは公有地のみであり、私有地の公開性は非常に制限されている。これはローマ法による所有権の絶対性がその根拠になっている。このように公と私の明確な所有区分による公開性の担保は、一見非常に合理的なシステムであると見える。しかし、中世的な規模の都市で成立していたこのシステムも、拡大する圧倒的な都市の空間量に対して、公共性や快適性の確保、美しさの維持などに有効なシステムとなりえない弱点を持つ。

一方、公園計画型モデルでは、近代都市であってもイギリスの諸都市に代表されるように公共性と私有性の関係は異なる。平松紘は、ロンドンの主な公園の土地所有者と管理者を調査した結果、王家が所有している公園が一一%、市区が所有している公園が七〇%を占め、ナショナルトラストや市民団体、あるいは会社組織が所有している公園が残りの一九%であることを明らかにしているが[*5]、土地の所有権と公開性は必ずしも一致していない。イギリスでは、都市の郊外に広がる自然地が、たとえ私有地であっても、市民が自由に散策できるというアクセス権を獲得してきた。このような公衆のアクセス権が北欧や中欧の都市で法律によって認められているのは、ゲルマン法的な所有の概念が「総有」的なものを認めていることによると指摘されている[*6]。つまり、所有権が侵害されないことを前提として、オープンスペースは公開されるべきであるとの認識が、土地の私有性を超えて公衆の利用を担保してきたのである。

一方、オープンスペース侵食型モデルで見ると、近代以前は土地の所有にかかわらず公衆が利用することが慣習化された神社境内地などのオープンスペースが存在していたが、近代化と共に公私の明確な区分が設定され、公開された空間＝公共空間となった。その結果、都市におけるオープンスペースの量的不足、都市の拡大に伴うオープンスペースの衰退が余儀なくされ、「都市と田園をはっきりと区切る境界線はもはや見かけられない。ぼんやりかすんだ都市の外辺あたりまで見渡しても、自然の形成物以外、なに一つはっきりした形のあるものが拾い出せない。目に映るものはむしろ連綿と続くぶざまな集塊ばかりで、そのある個所が建物でふくれ上がり、うねをなしているかと思えば、また他の個所では緑の斑点が散らばり、ほどけたリボン状のコンクリート歩道が通っているという有様である」[*7]と、ルイス・マンフォードが述べた言葉通りの都市が拡大していった。つまり、土地の利用に関して、きわめて私的活動である経済的発展が優先され、オープンスペースの公衆的利用を排除しながら都市が発展してきたともいえる。このことは、計画的に公共のオープンスペースが確保されたとしても量的には都市の拡大に追いつかず、さらに近代以前には公開性が確保されていた都市の外延部の農地や森林などのオープンスペースについても都市的土地利用の拡大に伴って、真の意味での公共性を喪失せざるをえない結果を生み出した。

＊5　『イギリス緑の庶民物語』明石書店。
＊6　前掲＊5。
＊7　ルイス・マンフォード『歴史の都市、明日の都市』新潮社。

❖オープンスペースの自然性

第二の問題の所在はオープンスペースの自然性をめぐる課題である。

広場型モデルについて見ると、都市とは人間が集住する区域であって、自然とは都市の外側に存在するものであり、都市の内部に自然が存在するとすれば、それは住居に囲まれたなかにひそやかに存在する庭園として発達した空間を指した。こうした自然は私的であるがゆえに閉じ込められた美が維持されてきたが、都市に対しては開かれていなかった。しかし、視点を変えてみれば、このモデルでは都市を都市として囲い込むことによって、周囲の自然を認識することができる明快な美の論理を構成しているとも評価できる。

一方、公園計画型モデルにおいてオープンスペースの代表となる都市公園は、前述したように、都市の自然性を公共的に確保するためにつくりだされた装置である。しかし、多くの都市における初期の公園は、自然性の確保以外に、犯罪の抑制、社会の道徳心の向上をめざした都市装置として位置づけられる側面があった。また、ニューヨークのセントラルパークやセントルイスのフォレストパークなどの事例に見られるように、公園が建設されたことによって周辺住宅地の地価が上昇するなど経済的価値を生み出したことから、公園は都市の価値を高めるものであるとも評価された。

このように都市に自然を取り込むことを目的とした創生期の公園は、自然性以外の様々な価値を付加させることによって、その空間確保に対する市民的合意を獲得してきたといえる。しかし、「オルムステッドの計画した公園は都市を美しくするものであると共に人を爽快にするものであったが、都市の真ん中にあって脆弱なオアシスのようなものであった。都市ではレクリエーションの型が次第に専門化され、また類型化されて、その方が市民に喜ばれるようになってきた。需要を明確に区別してつくるオープンスペース、すなわち、野鳥のサンクチュアリー、自然保存地、海水浴場、ゴルフコース、競技場などは、反対する圧力に対してもその適性を保持することはたやすかった。しかし、ロマンティックな景観と田園的な幻影をつくりだした公園は各種のレクリエーション施設によって変容させられていった」[*8]と、オーガスト・ヘックシャーが述べているように、都市化の急激な進展に伴って、明確な使用目的がなく、単に美しい風景や景観の確保という機能のみで自然性を確保することは非常に困難になってきたのである。

第三のオープンスペース侵食型モデルでは、ヘックシャーのいうオープンスペースのレクリエーション機能特化の傾向が一層強く実行され、オープンスペースの価値とはいかに多くの人々がその空間を利用するかという具体的利用行動量が第一義の評価軸とされた。オープンスペースの自然が都市にもたらす景観的な美しさや自然美の変化に感動する人間側の情緒性などの価値に対する評価軸は確立せず、その結果、自然地は未利用空間として切り捨てられていく傾向が見られた。

◈日本の都市におけるオープンスペースをめぐる課題と問題点

オープンスペースについて三つのモデルをもとに公共性と私有性ならびに自然性について考えてみたが、こうしたモデル的検討から日本の都市の美しさを損なっているのはどのような点であるか、ここで改めて日本の都市のオープンスペースをめぐる課題と問題点を整理してみる。

都市のオープンスペースをめぐる最大の課題は量的不足である。公開され、眺望を楽しみ、自然性を感じることができ、可変的で快適な緑のオープンスペースは、河川・海浜・湖沼などの自然物以外では、公園、公開庭園、社寺境内地、公開空地などが挙げられるが、その絶対量は平均して都市域の三〇%にも満たない。[*9] 特に市街化区域におけるオープンスペース量の不足は悲惨な状況である。このため、土地の公私にかかわらないオープンスペースの公開が求められている。

*8 オーガスト・ヘックシャー著／佐藤昌訳『オープンスペース―アメリカ都市の生命』鹿島出版会。

*9 全国の自治体で策定されている「緑の基本計画」をみると、大都市での緑の確保目標が都市計画区域の三〇%となっている。このことは逆にいうと、日本の大都市のオープンスペースは都市計画区域の三〇%にも満たないことを示しているといえる。

第二の課題は、オープンスペースの量的不足と相俟って生じる都市環境の悪化である。無機的環境の悪化の代表例として、ヒートアイランド現象が挙げられ、有機的環境についてみると、自然性の欠如が挙げられる。都市で生活していても夜間は涼しく、朝は鳥のさえずる声が聞こえ、蝶の舞う姿を見ることができなければ都市生活の快適性は味わえないばかりか、真に都市が美しいとはいえない。そこで、改めて都市の自然性の復活に対する市民的合意が必要とされる。

第三の課題は、オープンスペースの過利用に関する問題である。例えば、最近の道路整備では広い幅員の歩道が確保され、舗装の素材やファニチャー類も高質なものが導入されているが、しばらくすると、放置自転車や各種の看板類に占拠されてしまう。また、月曜日の朝の広場はゴミがあちらこちらに散乱している。このように、誰でもがアクセスできるオープンスペースはルールなきままに過利用された結果、次第に荒廃してくる。このため、オープンスペースの公共性の意味、すなわち、「みんな」のものであると同時に「わたし」のものであるという認識を高める手だて＝デザインが必要とされている。

第四の課題は、オープンスペースの自由利用に生じる数々のコンフリクトである。自由利用に対する典型的なコンフリクトはホームレス問題である。本来公開されている公園や地下通路、橋梁下空間は自由利用が可能な空間である。しかし、一時滞在が長期化し、特定の個人が自由な工作物をつくって空間を占用すると、管理者側に排除の論理が働く。こうした問題は単に空間だけの問題ではなく社会的要因が大きいが、オープンスペースを考えていく上で避けては通れない課題である。

第五の課題は、オープンスペースの植物維持に関する課題である。公共空間のなかで最も市民の苦情が集中するのが、道路や公園などの落ち葉問題など維持管理に関わる問題である。市民からの苦情が集中すると街路樹は無様《ぶざま》な姿に剪定され、都市景観の阻害要因になってしまう（図10）。

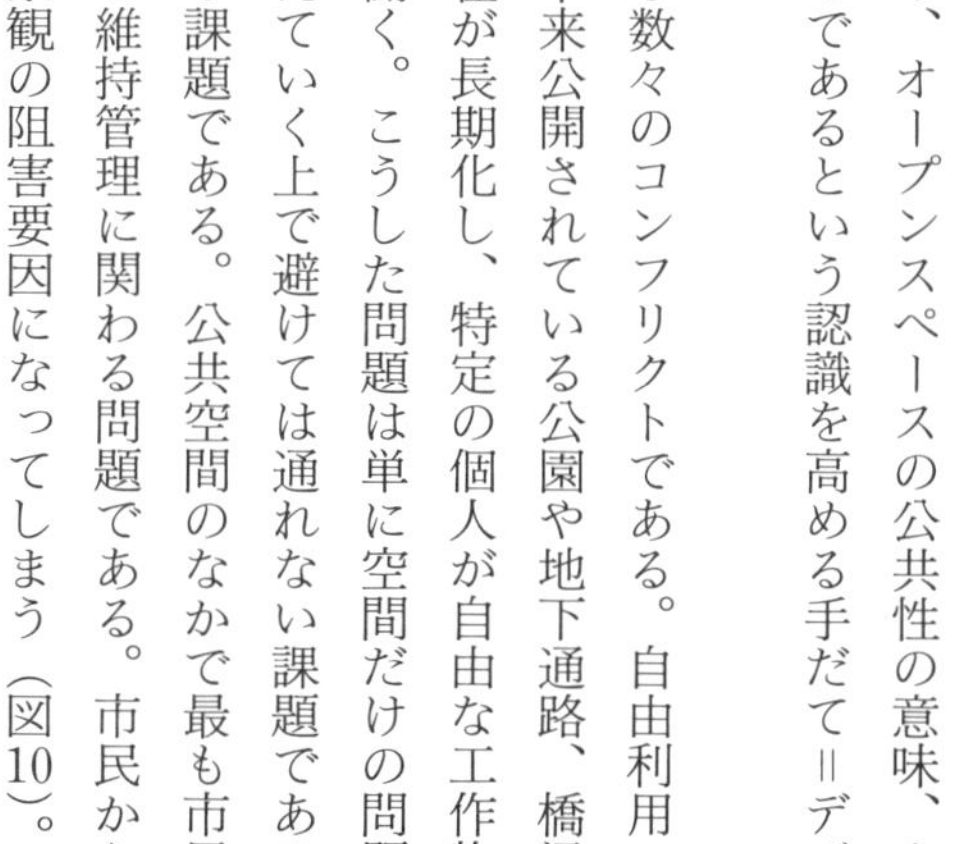

図10　剪定によって無残な姿となった主要道路の街路樹

一方、広場や街路に設置された花飾りが一夜のうちに持ち去られ、空っぽのプランターだけが残されていることなどもある。オープンスペースの植物は絶え間ない維持管理が必要とされるが、それには植物の育成に対する市民的合意形成が不可欠で、それがなければ都市の美しい景観は維持できない。

このように、都市のオープンスペースの美しさをつくりだしていくためには数多くの課題が考えられるが、しかし逆に考えると、オープンスペースを美しくつくりだし、育てていくことによって、日本の都市が美しくなるということができるのではないか。

4 オープンスペースの構成とデザイン

普段何気なく歩いている街だが、街の構成には多くの法律や制度が関わっている。例えば道路には車道と歩道の区別があり、それは道路法で定められた基準に従っており、道路交通法によって通行の仕方が定められる。道路の上空に張り出している看板や、テント、アーケード、路上の電柱や屋台などもそれぞれ該当する法律で規制されている。公園、河川敷、広場や公開空地、寺や神社の境内など、街のオープンスペースはどれをとっても法制度と無関係ではありえない。

街のオープンスペースは様々な種類の空間の複合体であり、それぞれにいくつかの法制度が絡みあって構成されており、それが街並みの形となって現れている。構造上の規制のほかにも、そこの事業に誰が資金を出すのか、そこの維持管理に誰が責任を持つのかといったことも決められる。それらの法制度を抜きにしてオープンスペースのデザインは考えられない。

都市デザインの立場からすると、それらの法制度に縛られて、お互いが連続する一体的な空間をつくりにくいという問題がある。そのことが街並みをよりまとまりのある美しいものにしようとするときの阻害要因となることもある。

しかし、このことは法制度の存在が問題であるというよりも、むしろ、今まで街のオープンスペースを連続する一体的な空間として考えることに無関心であった我々デザイナーの問題であるように思われる。連続する空間としてデザインしようとする意識と実行力があればそのことは可能であり、以下に紹介するように既に先進的な成功事例が報告されている。しかしながら、既存の街並みで都市の美しさを回復しようとするとき、オープンスペースの連続性をつくる重要性はもっと強く認識されねばならない。そのためには都市のオープンスペースがどのように構成されているのか、その実態を認識することがまず必要である。

❖三つの外部空間と四つの境界線

都市のオープンスペースは三つの構成要素に分けられる。これを都市の「三つの外部空間」と呼ぶことにする。

①道路や公園、駅前広場などの公共施設の空間。河川や高速道路、鉄道敷きなどの空間もこれに含める。

②敷地内の外部空間。一般には建築物の外構と呼ばれる部分。開放された前庭や犬走り、公開空地、ピロティ、車寄せ、屋外駐車場などがこれに該当する。寺や神社の境内もこれに含まれる。

③前記の二つの外部空間に面する建築物や高塀のファサード。一般に今までこのことがオープンスペースの一部と考えられることはなかった。しかし芦原義信が『街並みの美学』[*10]で喝破した

*10 岩波書店。

ように、都市のオープンスペースは必ずこれらのファサードで囲まれているものであって、これらのファサードを抜きにして街のオープンスペースのデザインがありえないことは本来自明である。

そしてこれらの三つの外部空間は、それぞれが以下の四つの境界線によって区切られている。これを都市の「四つの境界線」と呼ぶことにする。

①道路や公園などの公共施設と建築物などの敷地の所有者とを分ける境界線（官民境界線）。

②道路と公園、さらに同じ道路であっても市道と県道と国道など公共施設の中の管理者を分ける境界線（官官境界線）。

③建築物などの敷地の所有者同士を分ける境界線（民民境界線）。

これに加えて、

④建築物の内部空間と都市の外部空間の境目になる線（建築の壁面線）。この場合、地面に現れる二次元の線だけでなく、建築物のファサードである三次元の壁面の全体を含んで壁面線と呼ぶ。

都市のオープンスペースのデザインには、「三つの外部空間」のそれぞれをデザインすることに加えて、それらが出会う場所である「四つの境界線」をデザインするという課題があることを忘れてはならない。このような二つの視点を持つことによって初めて、街並みをつくるオープンスペースのデザインが可能になる。ここでは主として「四つの境界線」をデザインする視点から都市のオープンスペースのあり方を考える。

❖官民境界線のデザイン

少し注意して見ていると、境界線が存在することが結果的に街を歩きにくく、窮屈で、猥雑なも

図11　大阪都心部の公開空地

のにしていることが多いのに気づくはずだ。

都市のデザインは詰まるところ、この「四つの境界線」をいかにデザインするかということであるとも言えるが、多くの場合、この境界線があたかもないかのように消し去る（見えなくする）ことが最も成功した都市デザインとなる。それによって境界線を越えた空間の連続性が生まれ、街並みの連続性が目に見えてくる。

しかしその場合にも、境界線の存在を担保する技術的あるいはデザイン的解決がなされていることは前提である。境界線はあるべくしてあるものであって、その存在を無視したデザインは本来ありえない。

図11は大阪都心部の公開空地を道路側から眺めたものである。大きく育った欅の枝が歩道の上までかぶさって、都心部では貴重な緑の木陰をつくっている。人の背丈ほどもある石垣のテクスチャーも素晴らしい。

しかし欲を言えば、この石垣はもう三メートル敷地の奥に引いていて欲しかった。狭い道路に狭い歩道しかないこの街では、公開空地が街並みの中に十分に生かされているとは言い難い。敷地の中に歩道状の公開空地がとられて、その奥に石垣と欅の木立があれば、もっと素晴らしい風景が生まれたはずだ。そうすることによって、狭い道路であってもゆとりのある広い歩道が生まれ、道路の反対側からも石垣と欅のある街並みの風景が、十分な引きを持って眺められたはずである。

ここでは石垣が建築の敷地と道路との境界線に沿ってつくられている。歩道状公開空地の制度がまだなかったときの設計である。設計者がこの境界線を既定のものと見て機械的に石垣の線をここに引いてしまったらしい（よく考えた結果であるかもしれないが、例え話として了解して欲しい）。

中根千枝は、「どの家も屋敷の外廓には背の高い密生した樹木の垣根がめぐらしてあり、隣家との

図12　「庭」文化の残滓ともいえる都心の植栽帯

図13　道路境界線のわずかな段差が空間を分断している

間のスペースは、どちらからも容易に顔を出して交流するという社交の場にはなっておらず、むしろ無人の、無言の境界を示している。住居である家自体は庭に向かって開け放たれているが、屋敷全体としてみるときわめて閉鎖的にできている。ある建築学者の言によると、西欧的建築とくらべると、日本の家の建物は家具にあたり、屋敷をとりまく樹木が壁にあたるという。私の社会学的考察もこの見方と軌を一にしている」[*11]と言っている。

　中根が言うように、「庭」があって「建物」があるという家の伝統を持つ我々は、たとえ町なかであっても自分の庭をつい囲い込んでしまう。その囲い込みが道路境界線に沿って現れる。それがこの石垣である。だからこの石垣の内側に入ると、街の雰囲気とはうって変わった日本式の庭園がひっそりと訪れる人を待っている。石垣は街並みをつくるというよりも、公開空地を街から切り離して自分だけの庭を確保するために置かれている。

　図12はその矮小化された姿だと考えればわからないでもない。植物虐待法があれば直ちに抵触しそうな貧相な植栽がしばしば町なかで見られるのは、我々の「庭」文化の残滓《ざんさい》であろうか。図13では植栽はしていなくとも「ここまでは自分の庭だ」という意識が、どうしても形に現れてしまったものだ。わずか一〇センチの段差であっても、それがもたらす都市空間の断絶にデザイナーは関心を持って欲しい。

　歩道状公開空地の制度がある今日、公開空地の道路境界線が町なかから消えていく傾向にあるのは喜ばしい。図14の公開空地では歩道と完全に一体にするだけでなく、制度上必要な植栽帯をすべて建築物の裏側に集めて成功している。通りに面する公開空地を囲んで高さの揃った建築物のファサードが連続して、敷石だけの公開空地と一体になったシンプルでのびやかな都市空間が生まれている。そして裏にまわると十分な厚みを持った豊かな植栽帯が待ち受けている。

*11　『適応の条件』講談社。

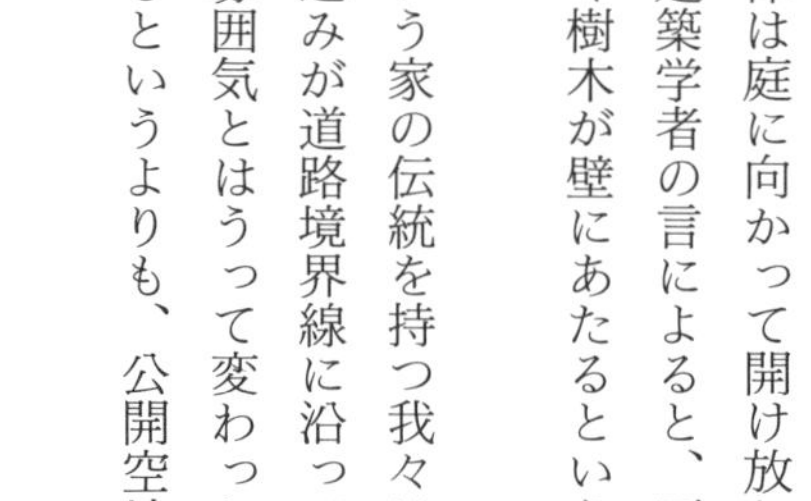

図14　大阪都心部の歩道状公開空地

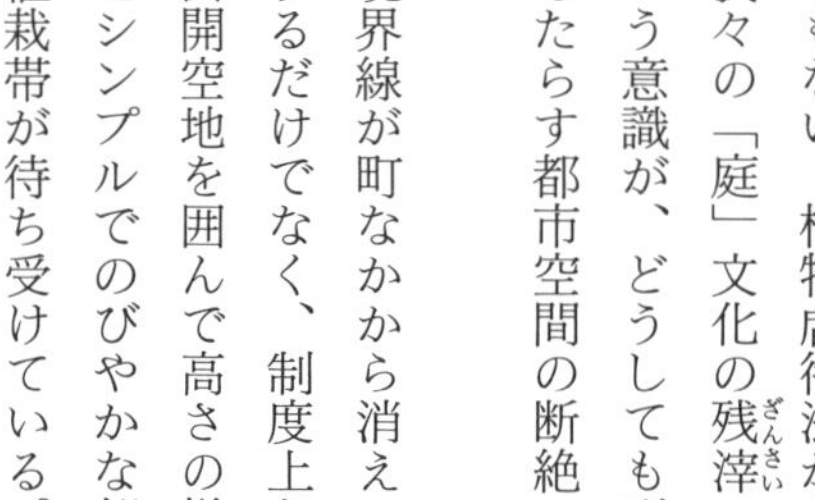

図15　道路境界線を見えなくする精緻かつ大らかなディテール

図15では敷地の中と道路とを連続させようとする積極的な意図が読みとれる。敷地と道路との段差を解消するために、敷地内の敷石は丁寧に道路面に向かって傾斜し、敷地の角ではわずかな曲面を描いてすりついていく。ここではアーケードの空間が見事に都市空間の一部として生きている。

筆者が関わった北九州市小倉の紫川リバーサイド計画（図16）では、河川敷と道路、建築敷地の一体化を実現した。ここでは仕上げ材をすべて統一することで境界線を消している。さらに建築物から張り出した展望デッキが河川敷上空を占用し、河川構造物が建築敷地の地下を占用するという相互乗り入れを実現した。

このデザインは工事区分、管理区分に対応する仕組みが確認された上で実現していることは言うまでもない。多くのデザイナーは境界線で囲まれた空間の中だけをデザインすることに慣らされている。通常は設計委託や工事の発注がこの限られた範囲を対象に進められるからやむをえないという事情がある。境界線を消すということは、境界線を見えなくする新たな仕組みとデザインをつくるということであって、境界線のデザインという仕事がそこでは自覚されていなければならない。そのことは、ここで取り上げる「四つの境界線」のいずれにも共通する課題である。

境界線を消すばかりではなく、境界線自体をデザインすることによって街並みをつくるオープンスペースのデザインにも注目したい。京都などわが国の伝統的な町家の街並みにその例を見ることができる。例えば、京都の町家の表構えでは、官民境界線は犬走りの先端に現れる(図17)。道路境界線から壁面線まで、犬走りの部分のデザインに、京町家の都市デザインの見せ場が現れる。大屋根、庇屋根、むしこ窓、格子、簾、犬矢来、駒寄せ。このように見事な都市デザインの手法を持っていても、同じ町なかですら、それが現代建築の街並みのデザインにうまく取り入れられている例は稀である。境界線のデザインがないがしろにされている。

図16　北九州市紫川リバーサイドプロジェクト

図17　京都の町家のデザインの見せ場は犬走り部分にある

❖官官境界線のデザイン

筆者が設計に関わった大阪ビジネスパーク（ＯＢＰ）の公園（リバーサイドプロムナード）には、二つの官官境界線が見られる。河川敷と公園の境界線、公園と道路（市道）の境界線である。その他に道路と敷地の境界線（官民境界線）もある（図18）。

ここで私達は河川敷と公園の境界線を消して、連続する一つの川沿いの公園としてデザインした（図19）。道路の一部もまた公園との境界線が見えないように連続させている。歩いているところは公園であっても道路の歩道を歩いていると思う人がいてもおかしくない。車道を挟んで反対側にも歩道状の空地があるが、これは私有の敷地の中の「協定緑地」である。河川敷〜公園〜道路〜敷地の四つの空間を一つの連続するリバーサイドプロムナードとしてデザインしている。

同じような例を東京お台場シーサイドプロムナードに見ることができる。ここではお台場海浜公園と区画街路、私有の敷地の三つが境界線を越えて一体の空間としてデザインされている。人工地盤や歩行者デッキによって連続する街並みのデザインが成功して人気がある。

徳島市の新町川シンボル公園（図20）でも、私達は河川敷と公園の境界線を消して、ここでは大きく護岸構造まで変えてしまった。直接水に触れることのできる川に戻したことで、新町川は再び徳島市民のシンボル空間となっている。

しばしば憧れの対象として例に挙げられるロンドンの広大な都市公園であるリージェント・パークや半月形のテラスハウスに囲まれた公園、クレセントはもともと周囲の住宅開発と一体のものとしてつくられている。[*12] そしてそれらは見事に周囲の街並みと融合している。それに比べると、わが国の都市公園はしばしば堅固な植栽帯やフェンスで囲まれており、街の中で孤立していることが多い（図21）。都市の中の貴重な自然環境をいかにして都市空間に連続させていくのか、オープンスペ

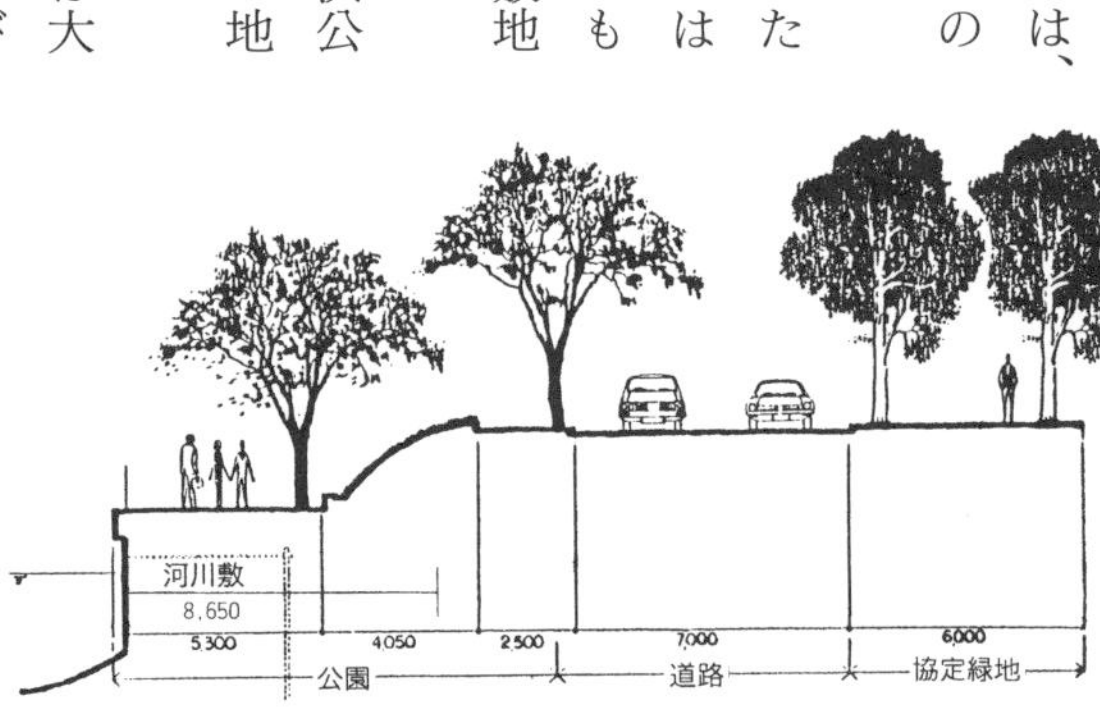

図18　ＯＢＰのリバーサイドプロムナード断面図

図20　徳島市新町川シンボル公園

ースをいかにしてつないでいくのか、そのような視点から官官境界線のデザインは見直されねばならない。

福岡市の警固公園（図22）はその好例である。道路と公園を一体として整備し、さらに隣接する建築の敷地に入ってその内部にまで連続する空間を実現している。多くの人々が往来する街の賑わいと公園の静かな佇まいが巧みに組み合わされている。

※民民境界線のデザイン

大阪市船場地区には、細街路の中心から六メートルまたは五メートル、セットバックして建築するという、「船場建築線」が定められている。建て替えが進むにつれて歩道状の空地が増えてくるので、街は少しずつ歩きやすくなっている。しかし、図23のような、道路からのセットバックはしても、正面から見たときの自分の表構えはしっかりと保っておきたいと表明しているかのような場所もある。何のために後退するのかはほとんど理解されていないのではないか。

同じ地区でも、その後退線を生かして見事に街並みをつくっている例もある(図24)。ここでは隣接する敷地の境界線は見事に消されている。もちろん敷地と道路との境界線も消されている。

前出のＯＢＰでは、スーパーブロックの中で「中央広場」の建築協定を結んでいる（図25）。民民の境界線に沿って互いに一〇メートルずつ後退し、そこに広場をつくる。境界線の塀をつくる代わりにそこに広場をつくる。こうして境界線を消し、街のオープンスペースをつないでいく。ここでもオープンスペースが街の連続性をつくっている。

しかしこのような例は限られた大規模都市開発では見られても、建築物の周囲にかなりのオープンスペースが確保できる街は多くない。建物が互いに接近して建ち並び、その間にわずかな隙間が

（前頁）図19　ＯＢＰのリバーサイドプロムナード

＊12　鈴木博之『ロンドン』筑摩書房。

図21　街の中で孤立している都市公園

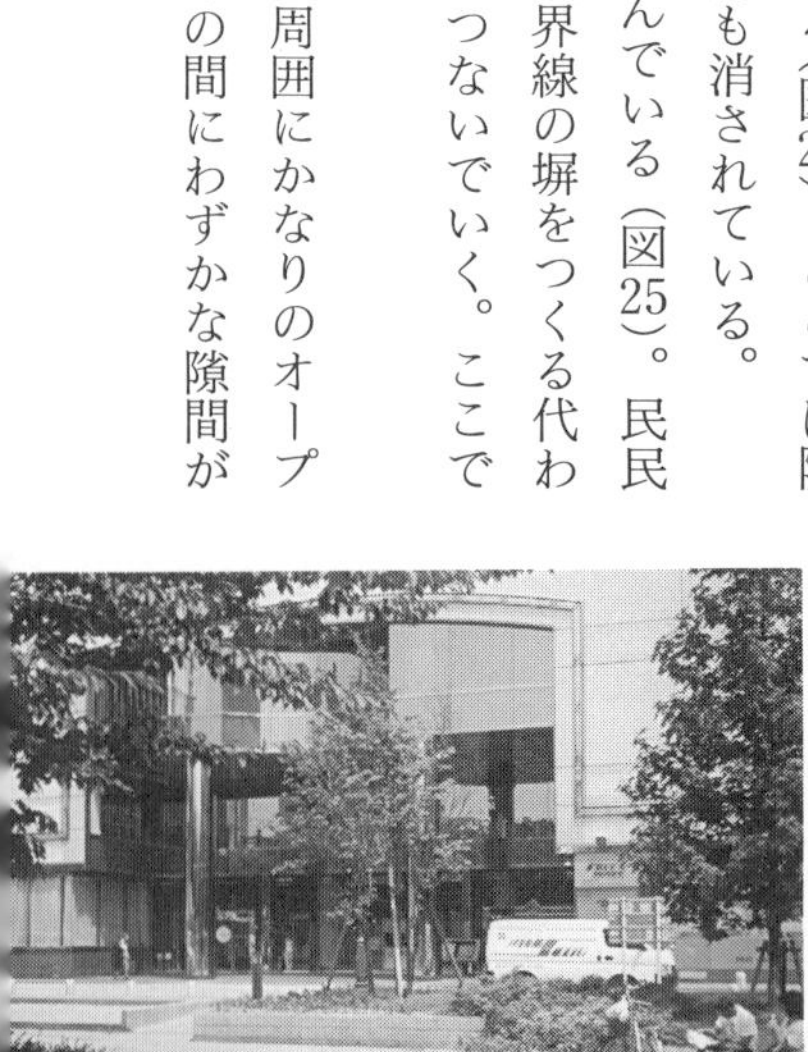

図22　街に連続している都市公園（福岡市警固公園）

あるのが普通である。この隙間に民民境界線が現われる。そしてこの隙間を無神経に放置すれば、都市の風景がどこか雑駁《ざつぱく》な印象を与えるものになることは否めない。

ヨーロッパの街では、原則として戸境壁が連続するのでこのような隙間が現れることはない。そこでは民民境界線が消えて見えなくなっている。これと同じような街並みを、わが国では京都の町家で見ることができる。そこにはやはりある種のまとまりのある美しさが保たれている。

このように戸境壁が連続する街並みでは、必然的に建築物のファサードの連続性がつくられる。戸境壁によって民民境界線を消すデザインは次の建築の壁面線という境界線の視点にも関わってくる。

❖建築の壁面線のデザイン

街では道路境界線と建築の壁面線という二つの境界線が向かい合って並んでいる。そこでは公共の外部空間と建築物のファサードとがあって、その間に敷地内の外部空間があるという三重の空間構造ができている(図26)。伝統的な京都の街並みに見られるように、このことが都市のオープンスペースに複雑な奥行きを感じさせることもあるが、多くの場合、街並み形成に関する建築側の責任回避につながっているのではないだろうか。建築物のファサードは敷地内の外部空間に面しているという意識だけで、直接公共の外部空間に面して街並みにつながっているという緊張感が欠けている。そのことが、わが国の街並みの印象を猥雑なカオス状態にしているのではないだろうか。

先の「官民境界線のデザイン」でとりあげたように、道路境界線（官民境界線）を消すデザインを前提とすれば、あいまいな中間領域がなくなって、都市のオープンスペースは、一つの外部空間と建築物のファサードという、一対一の関係でデザインされることになる。すなわち、都市のオー

図23　分断された船場建築線

図24　連続する船場建築線の街並み

図25　OBPの建築協定「中央広場」

プンスペースをデザインすることが、建築物の形とファサードを決めることになる。芦原義信がイタリアの広場で発見した、都市における「図と地の逆転」とはそのようなことだ[*13]（1節参照）。日本でも京都などの町家の高塀や妻壁面のファサードは、直接、街の通りに面していて、芦原の言うイタリアのファサードと外部空間との関係に近いものを見ることができる（図27）。

筆者は、建築物のファサードと外部空間の地盤面とがつくる交線を「都市の根元線」と名づけて、それをデザインすることをオープンスペース・デザインの基本的な手がかりとしている[*14]。

オープンスペースのデザインが建築物の形とファサードを決定し、オープンスペースは建築物のファサードで囲まれることで形が決まる。カミロ・ジッテの『広場の造形』[*15]は一貫してそのような視点で書かれている。そこで述べられる都市の外部空間と建築物のファサードの間には明確な緊張関係が築かれている。

カミロ・ジッテは、広場を囲む建築のファサードについて、次のような例を挙げる。

「ローマ最大の広場であるサン・ピエトロの広場は、列柱によって限定されているが、これは広大な空間の中でたくみに用いられた壮大なモチーフとなっている。またときには、ザルツブルクの大聖堂の広場におけるごとく、凱旋門と柱廊は一つに結びつき、交叉していることもある。さらにフィレンツェのサンタ・マリア・ノヴェッラの場合のように、柱廊のかわりに、建築的に意匠をこらした壁面で閉ざしたり、バムベルクの旧司教邸や建築家N・グローマンによるアルテンブルクの市庁舎、フライブルクの古い大学、その他多くのところで見られるように、連続する高い壁面で処理し、これに簡単な門、または記念碑的な門をつけたりすることもある」[*16]。

反対に、建築のファサードを引き立てる広場の形について、次のような例を挙げる。

「ルッカにおいても同様に、大広場（ヴィア・デル・ドゥオモ）と大聖堂の対になっている広場が

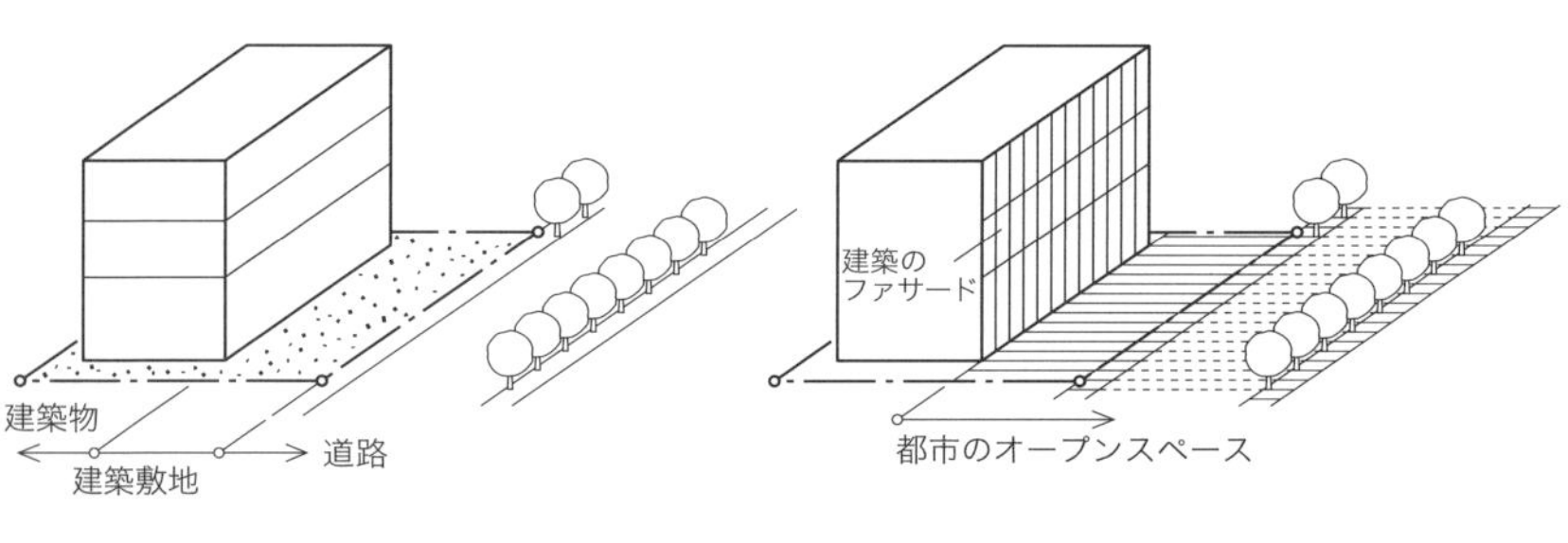

〈分断された都市のオープンスペース〉　〈都市デザインとして捉えられたオープンスペース〉

図26　建築の壁面線と外部空間

すばらしいまとまりをみせている。この対になっている広場は半分が大聖堂の前にあり、もう半分は側面のファサードに沿っているのである。しかも、大聖堂は他の建物に隣接しているのだ。このような例やその他の多くの例は、どのようにして建物の個々のファサードが、そのおかれている様々な広場の眺望を決定しているか十分に示している。すなわち、それらのファサードのおのおのが考えうる限りの最大の効果を上げるように広場が形成されているのである」[＊17]。

建築の壁面線が外部空間とのこのような緊張関係のなかでデザインされるとき、初めて建築物も都市のオープンスペースの一部となれるのである。

都市の「三つの外部空間」と「四つの境界線」をデザインすることが都市のオープンスペースのデザインであることを述べてきた。そのことが街並みと都市空間の連続性をつくる重要な役割を担っていること、そしてわが国の街並みの美しさを確かにしていく鍵を握っていることを強調したい。

5　オープンスペースの美を形成する作法

日本の都市のオープンスペースを美しく育成していくことによって、都市の風格とでもいうべき価値が生まれ、そのことによって都市で多様な交流が生まれ、結果として都市の活気が生まれてくることが期待される。そこで、オープンスペースの美を形成するための作法について考えてみることにする。

図27　高塀がつくる京都の街並み

＊13　芦原義信『街並みの美学』岩波書店。
＊14　井口勝文「都市の根元線をつくろう」『都市環境デザイン』(学芸出版社)所収。
＊15　*Der Städtebau nach seinen künstlerischen Grundsätzen*, 1889 (邦訳／大石敏雄訳『広場の造形』鹿島出版会)。
＊16　前掲＊15。
＊17　前掲＊15。
＊18　教育社会学でいう「地域のおじさん」。その存在は子供の発達を促すのに重要であるとされ、親子、教師と生徒という「タテ」の関係ではなく、「ナナメ」の関係から、子供達に社会の価値観やルールを伝える役割を果たすことが期待されている。

❖愛さなければならない——都市の宝物として

都市のオープンスペースの美を形成するために我々が考えなければならない第一の作法は、公開された公共空間を私的空間と同じように愛することである。愛とはあらゆるものを許容する態度ではなく、オープンスペースの構築や利用に対して対立や衝突があったとしてもそれを回避するために丁寧に関係者が解決点を見出す態度として捉えなければならない。

そうした意味において愛されるオープンスペースは都市の核として人々の感動を生む空間として再生できるといえる。

◇オープンカフェが街路への愛をもたらす　歩道に木陰をもたらす街路樹はカフェの雰囲気を高め、乱雑さの象徴であるゴミや放置された様々なものはカフェの利用者の厳しい視線にさらされた結果、減少していく（図28）。

◇路地空間ではソーシャルアンクル[*18]**の温かいまなざしが感じられる**　親密感のあるスケールの街路空間は地域コミュニティの交流の場となり、ソーシャルアンクルは子供達の安全をやさしく見守る。朝のあいさつと共に街路は美しく整えられていく（図29）。

◇小さな水辺は都市に清々しさを与える　都市を縦横にめぐる小河川は、水に映し出す都市の姿を美しく整えると共に、都市住民に愛されることによって清々しい場になる（図30）。

❖自由でなければならない——都市の舞台として

都市のオープンスペースがあらゆる人々に開放されていること、つまりオープンスペースの自由利用が確保されていることがオープンスペースの美しさを形成する第二の作法である。自由とはもちろんのこと、無法ということではない。当然、そこには利用するときのルールが必要である。

図28　代官山のカフェ

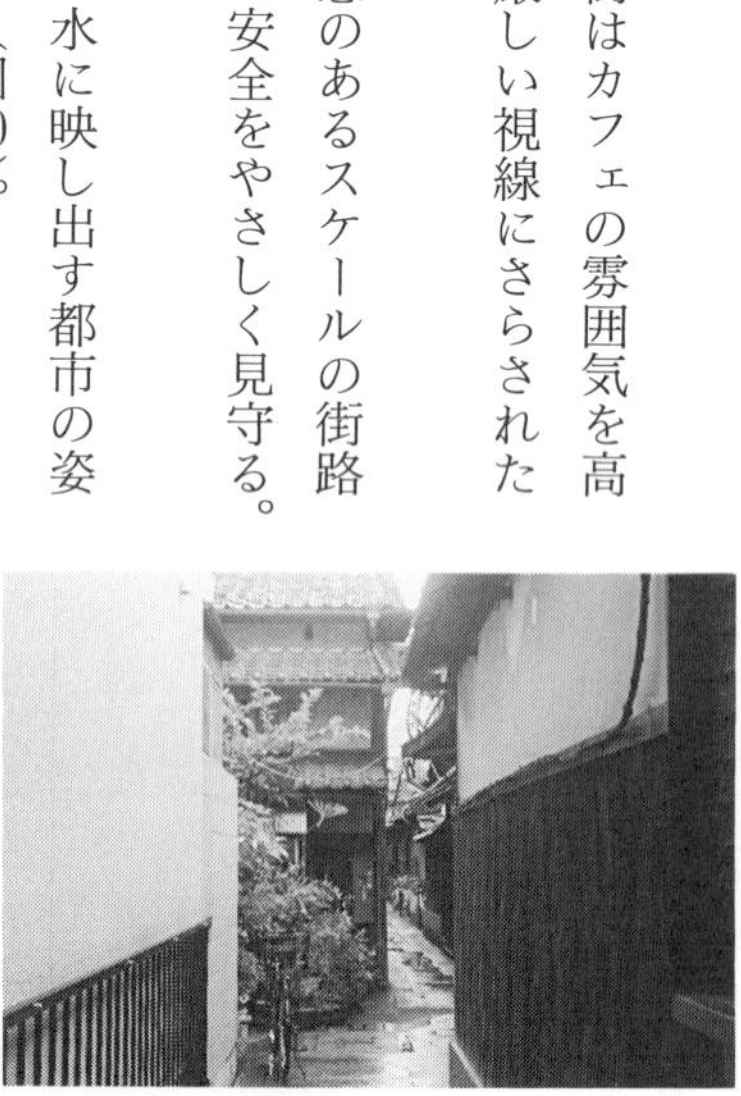

図29　京都の路地空間

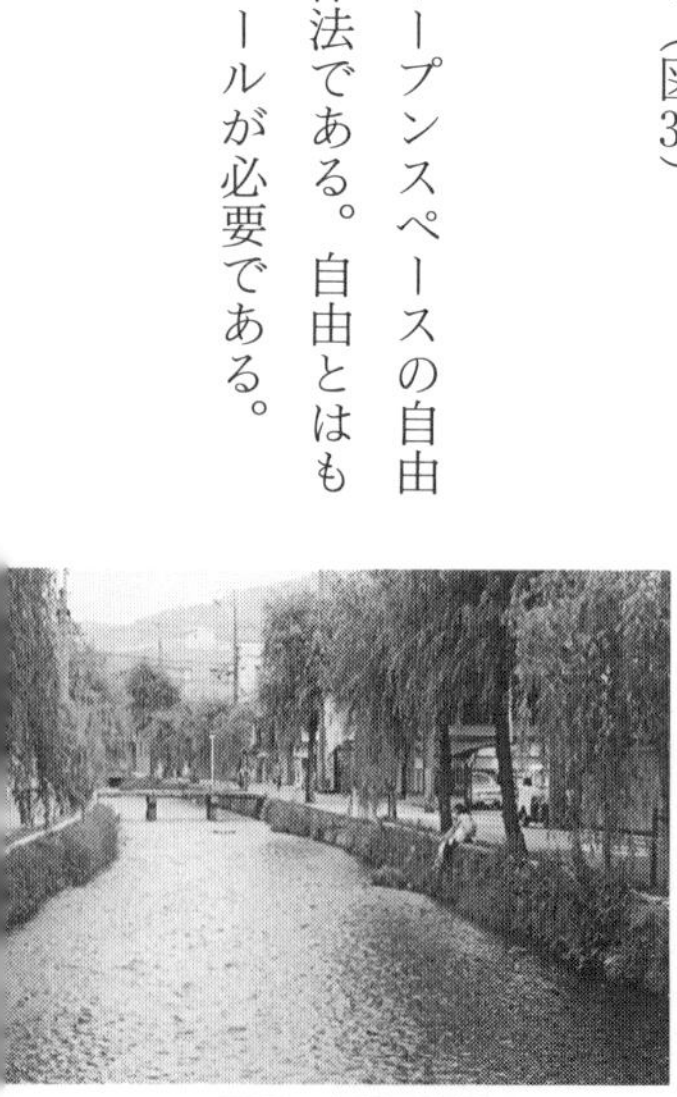

図30　京都の白川

オープンスペースが自由であることによって初めて、人々の共有の舞台として躍動的な美しさを都市にもたらす。

◇公園では様々な活動が展開する

　芝生に腰掛けてサンドイッチをほおばる人、カフェのゆったりした椅子でコーヒーを味わう人、階段で演劇の練習をする人、通勤途上で休憩をとる人、お互いの活動を認めながら、自由にオープンスペースを楽しむ人々の姿は都市景観の美しい情景になっている（図31）。

◇都市の屋上は自由空間となる

　都心の屋上は都市生活のハレの空間になっている。地上の喧騒から離れて結婚式が開かれたり、花を愛でながら一服する場にもなっている。そこに咲いている繊細な花は手折られたりすることなく美しさを保っている。それは単に管理者の目が届いているというよりも、オープンスペースの美しさが人々に空間利用のルールを自然に認識させる空間構成となっていると捉えるべきである（図32）。

◇中世からの都市の舞台は今も機能している

　水の流れは近づいて眺めたい。夕暮れともなると、川岸に腰をおろして愛を語る若者もいれば、犬の散歩をさせる老人もいる。夏には夕涼みを楽しむ床几もある。ゆったりした水辺空間は人の気持ちを解放して様々な活動を導き出し、都市の絶好の舞台となる（図33）。

◈瑞々しくなければならない――都市の自然空間として

　日本の都市は瑞々しくなければならない。それは高温多湿の気候であることにもよるが、植物や水によって醸し出される瑞々しさが日本人の感性を育み、都市の美しさをつくりだしてきた最大の特徴であったからである。

図31　パリのシトロエン公園

図32　OCATの屋上庭園

図33　賀茂川の河原

都市の瑞々しい様相を保つため、効果的に自然を配置すること、これが日本の都市を美しくするための第三の作法である。

◇街路の美しさは並木が演出する　もしも御堂筋にイチョウがなければどんなに殺伐とした風景を露呈するであろうか。樹木の持つスケール感、四季の色合いの変化、特に雨の日の葉の瑞々しさ。都市の最も象徴的な自然空間が街路樹である（図34）。

◇森は人間を含めたあらゆる生物にとって自然性のシンボルとなる

全国各地からの献木によってつくられた明治神宮の森は、一〇〇年を経過して、まさに都市のオアシスとなっている。多くの鳥達もこの森を住処としている（図35）。

◇パブリックガーデンが瑞々しさと美を提供する　夏の暑い日々を過ごすには、水と緑と土の空間、つまり都市の庭が最適である。公開されている庭園＝都市のパブリックガーデンは日本の都市に瑞々しさと同時に美を提供する（図36）。

❖場所の持つ言葉を読まなければならない——都市の記憶を継承する空間として

都市空間は多くの言葉を持っている。それは長い歴史を空間に蓄積してきたからである。特にオープンスペースには場所性、歴史性が色濃く残されている。この都市の記憶を継承する空間としてオープンスペースが生き続けるデザインを考えていくこと、これが都市を美しく

図34　御堂筋のイチョウ並木

図35　明治神宮の森

図36　杉並区の太田黒公園
㊨街並みに溶け込んだ入口
㊧静寂と光の空間が都市に清々しさを与える

するための最大の作法である。

◇街の記憶が若者達を引きつける

工場であった都心地区は、再開発によって様々な表情を持つ店舗と住宅が展開してきた。若者達は街にあった記憶の佇まいに新しい息吹が加えられたこの街に集まってくる（図37）。

◇屋敷林が都市の屋外の居間として甦る

都市の住宅地には空間の履歴が詰まっている。その一つが屋敷林である。都市が成長する過程で切りとられ、なくなってしまう屋敷林を継承しつつ、都市のコージーコーナー（居心地のいい空間）として住民の手で仕立てあげられる（図38）。

◇歴史的建造物の場所性を一層醸しだす

中ノ島公会堂は大阪の都心を流れる大川と一体となった景観として認識される。このように都市における歴史的建造物は、オープンスペースに刻み込まれた悠久の時間の記憶によって、その場所性を際立たせることができる（図39）。

❖オープンスペースが街を美しくする

オープンスペースをめぐる四つの作法によって日本の都市を美しくできないかと考えてきた。都市の美を形成するための手法として、前述したように法や制度による規制・誘導が挙げられる。日本の都市では、都市計画法、建築基準法、地区計画制度、各種協定制度などが重層して、無秩序な都市形成を規制・誘導しているはずである。にもかかわらず、

図37　恵比寿ガーデンプレイスの広場

図39　中ノ島公会堂と大川

図38　吉祥寺の木の花小路公園
(右)都市の居間へ導かれるような入口
(左)公園内の植物が心地よい東屋

都市景観が混乱を極めているのは、バラバラな都市の構成要素をつなぐものが欠けているからに違いない。それでは、何が都市の構成要素をつないでいるのか、を考えたときに、オープンスペースが浮かび上がってきた。

都市のオープンスペースが、人々に愛を持って見つめられ、ルールある自由な活動に解放され、しかもそこには瑞々しい自然である土や緑や小さな生物が存在することによって、都市の美しさが育っていくのではないだろうか。またオープンスペースが都市を美しくしていくためには、デザイナーや都市居住者がその土地の記憶をきちんと読み解いていくことが重要であり、様々な法や制度と、プランナー、デザイナー、都市居住者の美をつくりだしたいという作法が一体となることが不可欠である。つまり、オープンスペースと市民が共に成熟していくことが、都市を美しく育てていくことではないかと痛感している。

＊本章の1〜3、5節を宮前が、4節を井口が執筆した。

あとがき

手元に擦り切れてボロボロになった紺色の表紙の雑誌がある。一九六三年に発行された『建築文化〈特集〉日本の都市空間』(彰国社)だ。日本各地の伝統的な集落や寺院、城郭などの集合の型から都市デザインの方法を探ろうとしたものである。今回第3章を執筆している土田旭や伊藤ていじ、磯崎新などが編集と執筆チームの中心的役割を担って情熱を傾けたものである。当時、建築を学ぶ学生と都市に目を向け始めた若い建築家が熱い眼差しで、その特集を手にした。今読み返すと、そこには既にと言おうか、今もってあり続けると言うべきか、わが国における都市デザインの課題が明確に提示されている。

「確固とした未来の姿などなく、都市の姿はますます目に見えなくなってゆくだろう。(中略)揺れ動いて固定しないイメージを〈見えない都市〉と呼んでもいい。(中略)〈見えない都市〉の内部では建築も都市も融解して霧のようになっている。都市デザインが都市と建築の方法的分裂を媒介するとすれば、このようなイメージが方法的に開発されたときである。(中略)〈見えない都市〉という幻影を実体化することだけが有効な賭けである」。

六三年に提示されたこの特集の思いは、常にその後の私達の頭の片隅にあり続けた。そして高度経済成長の六〇年代から九〇年代の三〇年間を通じて、我々は日本の都市空間をつくり変えてしまった。その結果を今、毎日、目の前に見ている。良くも悪くもこの間に我々がつくった都市の姿は目の前に〈見えている〉。意図する、しないにかかわらず、幻影は既に実体化してしまった。

もちろん都市は今も未来に向かって揺れ動いている。その意味では今も〈見えない都市〉であることに変わりはない。

しかし、六〇年代以降につくられた膨大な都市のストックは確実に存在する。そのなかにかろうじて残った「日本の都市空間」はもちろん貴重だし、高度経済成長の三〇年間のストックの存在感はむしろそれ以上に大きい。これからの都市のデザインはそのようなあらゆるストックを修復し、そこに新たな価値あるストックを重ねていくデザインとなるはずである。

思いを同じくする旧知の都市デザイナー、研究者八人が京都でそれぞれの思いを語ったのが本書となって出版された。日本の都市デザインの価値ある展開が始まっていることを私達は信じている。

最後に、気ままな八人を二年間にわたってまとめ、見守り続け、今回の出版にこぎつけて頂いた学芸出版社の前田裕資、宮本裕美のお二人には心よりお礼申し上げなければならない。お二人なくして本書が日の目を見ることはなかった。

二〇〇二年七月七日

執筆者を代表して　井口勝文

プロフィール

（執筆順）

井口勝文（いのくちよしふみ）

一九四一年福岡県生まれ。九州大学工学部建築学科卒業、同大学院博士課程修了。フィレンツェ大学留学（イタリア政府給費留学）。G・C・デカルロ都市・建築設計事務所、㈱竹中工務店を経て、現在、京都造形芸術大学環境デザイン学科教授、INOPLΛS都市建築デザイン研究所所長。著書に『都市環境デザイン』『フィレンツェの秋』など。

樋口忠彦（ひぐちただひこ）

一九四四年埼玉県生まれ。東京大学工学部土木工学科卒業、同大学院工学系研究科博士課程単位取得退学。現在、広島工業大学教授。日本都市計画学会石川賞、サントリー学芸賞、土木学会著作賞、建築学会賞（業績）などを受賞。著書に『景観の構造』『日本の景観』『郊外の風景』『日本人はどのように国土をつくったか』など。

丸茂弘幸（まるもひろゆき）

一九四三年神奈川県生まれ。東京大学工学部都市工学科卒業。同大学院修士課程修了。インドの都市計画・建築大学研究員。フィンランドのP・アホラ建築事務所、イギリスのミルトン・ケインズ開発公社勤務、広島大学講師、関西大学建築学科教授を経てリタイア。著書に『都市環境デザイン』『都市空間の回復』など。

土田　旭（つちだあきら）

一九三七年兵庫県生まれ。東京大学工学部建築学科卒業、同大学院博士課程単位取得。同都市工学科助手を経て、㈱都市環境研究所設立、現在同上会長。京都造形芸術大学客員教授。著書に『日本の都市空間』『アーバンデザイン　軌跡と実践手法』『日本の都市を美しくする』など。

山崎正史（やまさきまさふみ）

一九四七年京都市生まれ。京都大学工学部建築学科卒業。㈱浦辺設計、京都大学工学部建築学科助手、立命館大学理工学部助教授を経て、現在、同大学教授。一九九八年フランス国立科学研究所客員研究員としてパリに滞在。著書に『京の都市意匠—景観形成の伝統』など。

吉田慎悟（よしだしんご）

一九四九年生まれ。武蔵野美術大学造形学部基礎デザイン学科卒業後渡仏、ジャン・フィリップ・ランクロ教授のアトリエで環境色彩計画を学ぶ。現在、㈱カラープランニングセンター取締役、㈲クリマ代表取締役、武蔵野美術大学客員教授。著書に『まちの色をつくる』『景観法を活用するための環境色彩計画』など。

面出　薫（めんでかおる）

一九五〇年東京生まれ。東京芸術大学美術研究科修士課程修了。九〇年㈱ライティング プランナーズ アソシエーツを設立。東京国際フォーラム、JR京都駅、仙台メディアテーク等の照明計画を担当。現在、武蔵野美術大学教授、市民参加の照明文化研究会「照明探偵団」団長としても活躍中。毎日デザイン賞ほか受賞歴多数。著書に『世界照明探偵団』『都市と建築の照明デザイン』など。

宮前保子（みやまえやすこ）

一九五一年大阪府生まれ。京都大学大学院農学研究科博士課程修了。㈱都市科学研究所、㈱荒木造園設計事務所を経て、九〇年㈱スペースビジョン研究所を設立。九八〜〇二年まで京都造形芸術大学助教授。現在、㈱スペースビジョン研究所所長。著書に『グリーンネットワークシティ』『〝イングリッシュガーデン〟の源流』など。

都市のデザイン
〈きわだつ〉から〈おさまる〉へ

二〇〇二年八月三〇日　初版第一刷発行
二〇二三年一月一〇日　初版第七刷発行

編　者　都市美研究会
発行者　井口夏実
発行所　株式会社 学芸出版社
〒六〇〇―八二一六
京都市下京区木津屋橋通西洞院東入
電話　〇七五―三四三―〇八一一
http://www.gakugei-pub.jp/
info@gakugei-pub.jp
装丁　尾崎閑也
印刷　イチダ写真製版
製本　新生製本

ISBN978－4－7615－2292－6　Printed in Japan